Fully Understanding **Physical Mathematics**

なっとくする 新装版
物理数学

講談社

本書は『なっとくする物理数学』(1995年7月,
講談社刊)を新装版として再出版するものです。

は じ め に

　この本は，大学などの講義のわくに余りとらわれることなく，多くの人たちに，あの気の進まない数学が，なぜ，どんな具合に科学に利用されるのかを述べてみたものである。それにしても，物理数学の本としてはやさしすぎはしないか，知っていることの羅列だ，といわれそうな気がする。

　しかし一般に書物を出版したとき，もっと難解に，というよりもやさしくわかりやすくの声のほうが圧倒的に多い。「そんな声に甘えて内容をやさしく平易にしてしまう，安易な著者の姿勢こそ問題だ」と，しかつめらしい顔をする学校の先生も多い。確かに読者の層は厚く，要求も多様にわたるけれども，やさしすぎる本が一冊くらいあってもいいではないか，というのが筆者の気持ちである。

　物理数学の本には，数学者以外には高度・難解と思われる内容が，びっしりと詰っている。かりにそれを教科書として用いた場合には，よほど密度の濃い授業を——したがって宿題・レポートの類でうんと学生を苦しめて——進行させなければ全部を尽くせない。それを参考書として手許に置く場合には，まさに辞典的活用となり，必要な項目を虫食い的に調べるだけで，他の大部分は手つかず，ということになりかねない。筆者の手許にも，このての本は大分あるが，恥しながらそのほとんどの項は「そのまま」で，読まれてもいない。

　そのようにもったいない（？）ことをせず，寝ころんでも読める——いささかオーバーかもしれないが——物理数学の本をと考えたのである。当然，数式が入ってはくるが，本書に一応目を通すだけと決心した（？）人には，数式そのものは飛ばして（のちほど，ときには何年かしてゆっくり調べて頂くことにして），読んでもらっても差し支えない。かなり複雑な数式も出てくるが，ほほう，こんな面倒な計算をするのか，ではなぜこんな式に直面する破目になるのだろうかと，その「いわれ」を知って頂くだけでも結構である。

式と必死にとりくむ場面は専門の数学書にまかせればいい。なぜ式を使うことになったのか，つまり言葉だけではどうしても語り尽くせないから，やむをえず式に頼ったのだ，という背景を知ってもらいたい。そうして読者は，本書の（式は別として）言葉の記述だけを読んで頂ければ，最後まで残さずに読み終えることもできるのではないか，と思っている。

　ただ，せめてもの罪ほろぼし（？）に，各章の終りに練習問題を付けておいた。かなり面倒なものもあるから，心ずしもこれらの問題に付き合うこともあるまい。要は，物理学になぜ数学が心要かを理解して頂くのが，本書の最大の狙いである。

　　1995年　春

　　　　　　　　　　　　　　　　　　　　　　　　　　　都 筑 卓 司

なっとくする物理数学

目次

第1章 なぜ微分・積分か ……9

- なぜ力学か ……9
- 速さを式に ……11
- 3時ジャストに速さなどあるのか ……13
- 瞬間の速さは実在する ……14
- 数学の無限小は物理学で通用するか ……18
- 解きやすい微分，解きにくい積分 ……19
- 微分はできるが積分不可能な実例 ……21
- 電気料金は積分で ……22
- 逆演算はむずかしい ……23
- 微分形の法則 ……25
- 積分はなぜ必要か ……27
- 運動方程式をどうぞ ……28
- 力が時間の関数なら ……33
- 力が場所の関数なら ……34
- 球に働く水の抵抗 ……36
- 雨はなぜ等速で降るか ……36
- 空気抵抗が速さの2乗に比例すると ……38
- 日本の重心はどこ？ ……40
- 回りにくさを求める ……46

第2章 パズル感覚で微分方程式を ……53

- 滑るか転がるか ……53
- アキ缶にすると遅くなる ……57

微分方程式にはパターンがある	70
電磁気学では	79
電線を流れる電流は	82
回路の微分方程式	83
コンデンサーは何の役に立つか	96
定常状態が重要	97
交流の場合は	100

第3章 ベクトル解析はこわくない … 107

ベクトルとは何か	107
場のありさまはベクトルで	109
図をみてわかるガウスの定理	110
ガウスの定理をきれいにすると	112
微分形か積分形か	116
微分形のガウスの定理	116
スカラー場とは雲の濃さ	119
div はベクトル場での微分	120
磁気で考えるガウスの定理	122
2つのベクトルが等しい場合	124
ベクトル積では順序が大切	125
3つのベクトル積	126
grad はスカラー場の勾配	128
∇(ナブラ)は grad とどう違うか	130
Δ(ラプラシアン)はラプラスに敬意を表して	130
ラプラスの方程式	132
積の微分を考える	132

rot は回転	133
なぜ回転か	134
起電力と磁界の関係	136
磁界と磁束密度の関係	137
数学的に確かめる	139
rot H は電流密度	142
マクスウェルの電磁方程式	144
rot を含む公式	146
ガウスの定理の積分形	147
ストークスの定理の積分形	148
グリーンの定理	150
マトリックス力学	150
一般相対論をのぞく	151
相対論におけるテンソル	155

第4章 近似値,展開式のリアリティ … 159

なぜ級数を扱うか	159
$\sqrt{2}$ と 1.414 の違い	161
電磁気学における虚数	163
形式解か具体解か	164
インピーダンスの実数化	165
因果関係を発見するのが物理学	166
第1次近似を求めてみる	167
体膨張で近似式体験	168
テーラー展開は,だから必要	171
近似するとはどんなこと	173

曲率を使って ·· *174*
曲線は円弧の集まり ·· *175*
曲率とうず巻き ·· *179*
マクローリン展開が使えるとき ···························· *181*
複雑になる三角関数のテーラー展開 ························ *183*
超越関数の展開 ·· *186*
逆三角関数の展開 ·· *187*
双曲線関数の展開 ·· *188*
近似式で要注意 ·· *190*
どこまで近づけばよいか ···································· *192*
必要で十分な項の数 ·· *193*
どんな周期関数も sin と cos で ···························· *196*
三角形もフーリエ級数で ···································· *197*
フーリエ係数でできるベクトル空間 ························ *198*
無限次元のヒルベルト空間 ·································· *200*
音をヒルベルト空間で考える ······························· *201*
級数の違いが音色？ ·· *202*

第5章 変数と関数の活躍 ·································· *209*

座標変換とは ··· *209*
変数変換とは ··· *212*
フーリエ変換の実際 ·· *214*
なんのためのフーリエ変換 ·································· *216*
ラプラス変換とは ·· *220*
場の量としてのラグランジュ関数 ·························· *222*
関数にもさまざま ·· *226*

三角関数		229
指数関数		230
対数関数		230
見たことのない関数でもビックリしない		235
ガンマ関数		235
ツェータ関数		238
量子力学の関数たち		239
ベッセル関数		241
小手しらべ		244
(問題解答)		251
(索 引)		263

ギリシャ文字

A	α	アルファ	I	ι	イオータ	P	ρ	ロー
B	β	ベータ(ビータ)	K	κ	カッパ	Σ	σ	シグマ
						T	τ	タウ
Γ	γ	ガンマ	Λ	λ	ラムダ	Υ	υ	ユプシロン(ユープサイロン)
Δ	δ	デルタ	M	μ	ミュー			
E	ε	イプシロン(エプサイロン)	N	ν	ニュー	Φ	ϕ	ファイ(フイー)
Z	ζ	ツェータ(ジータ)	Ξ	ξ	グザイ(クシイ)	X	χ	カイ
H	η	イータ(エータ)	O	o	オミクロン	Ψ	ψ	プシイ(プサイ)
Θ	θ	シータ(テータ)	Π	π	パイ(ピー)	Ω	ω	オメガ

第1章
なぜ微分・積分か

なぜ力学か

人間は何千年も昔から自然を観察し，その結果を利用して牧畜や農耕に従事し，さまざまな道具や建築物をつくってきたが，数学は一体どのあたりから利用されるようになったのか。

おそらく，最初は夜空を仰いで輝く星の数やその動きに驚嘆し，それらの遠さを考え，また自分たちの農耕地の長さを測って面積を計算し，器具類の作製に精を出したものと思われる。物理学的な分類に従えば，星の明るさは光学，火の熱さや気温は熱学，水面に立って海岸に打ち寄せるものは波動学を生んだ。さらには雷やイナズマは電磁気学に属する現象であるが，これらが定量的にはもちろんのこと，現象論的にもまとめられて一応の学問体系となったのはずっと後，18世紀に入ってからである。

もっと素朴な測定法として，かなり早い頃から問題になったのは，耕地や所有地の面積計算であろう。人間の足の長さ（たとえば1フィート）などを基に土地の1辺の長さを測って，面積や体積を算出する方法はすでに紀元前からあった。それはけっして単なる形式的方法ではないけれども，通常これに関する学問は幾何学とされ，物理学とはいわない。

しかし自然界を構成するのは距離などの空間ばかりではない。縦，横，高さの3次元の空間のほかに，1次元の時間というものが必要である。この4次元の時空が舞台となって，そのうえで森羅万象，あらゆる事象が出現する。もっとも，時間を第4番目の空間とみなして，4次元空間を初め

て問題にしたのは相対性理論であり，それは20世紀になってから生まれたものであった。

> 物理学は現実的，数学は抽象的あるいは観念的だと言ってしまったら，いささか単純思考だと言われてしまうかもしれないが，実際にはそのような傾向にある。典型的な例を挙げれば，われわれの住むこの世は3次元である。相対性理論では3方向の空間と同じようにいま一つ，時間も考えられるから，数学的な思考を物理学に持ち込んで，4次元の世界というものを考える。空間的には3次元であるが，あと一つ，時間軸を加えて4次元というのは形式論か現実論か。
>
> ここで形式か現実かを論じてもあまり意味はなかろう。とにかく4次元の世界は，あるいは厳密に言えば抽象論かもしれないが，立派に物理学として通用する。通用するどころではなく，数学的な4次元の式そのものが，相対論という物理学である。
>
> 現在の物理学の最先端では，基本粒子はひもの振動のようなものである，と解釈する理論もある。超ひも理論（super string theory）というが，これには26次元が必要である。いろいろと苦心をして物理的次元数を減らしても10次元は残ってしまう。さきの論法のように現実的なものだけが物理学だというのなら，26次元だの10次元だのは到底物理学としては受け入れられない。ところが，これが物理理論として真剣に検討される。これを知る人たちの中には「超ひも理論は，もはや物理学ではなく，数学だ」という人もある。つまりは，現代では物理学と数学との境目がわからなくなってきた，ということである。

相対論はさておき，人間の考え方の中に時間が導入されて，これが長さと組み合わさって（進行距離）÷（所要時間）という量が出てきた。これを「速さ」とよび，もちろん力学の対象となった。

物理学の中でもっとも基本的な分野が力学である。力学というからには「力」が問題ではないのか，力が全く働かず，ただ等速で走っている物体の速さでも力学の対象なのか，といいたくなるが，物理学の分類の中では

力学に含める。単に動きをとり扱う,というだけだったら運動学ともよぶが,これとて力学の一部分とみなされる。これほど力学という範疇は幅広く,投げた小石の運動から近代物理の最先端にまで広がり,したがって本書の物理数学もその例の多くを力学に準拠することになる。

速さを式に

運動の方向まで考慮した場合を「速度」とよび,とにかくその値（絶対値）だけを問題にするときは「速さ」と名づけることはよく知られている。本書ではこの速さを,物理数学の皮切りにすることとしよう。

速さとは,対象となる物体が一定時間内に動いた距離のことであり,普通は

$$v = \frac{x_2 - x_1}{t_2 - t_1} = \frac{\Delta x}{\Delta t} \tag{1.1}$$

と書く。Δt と Δx はそれぞれ時間および距離の差を表すものであり,必ずしも微小時間や微小距離である必要はない。しばしば Δt を1時間として,時速何キロ・メートルということがある。

しかしピッチャーの投げたボールがわずか1秒間たらず走るときでも時速○○キロというのはなぜだろうか。ピッチャーのボールが1時間走ったら……と考えるのはナンセンスであるが,いささかスピードを落とした新幹線くらい……というような比較のために好都合ということなのであろう。いや,やはり秒速で表すべきだ,などといいだしても,理屈屋として（ときには理科人間と揶揄されて）相手にされないのがオチである。

普通,スポーツの記録では,分子（Δx）を一定にしておいて,分母の小ささを争う。（陸上の）100メートルが9.98秒とか,（水泳の）100メートル自由型が48.00秒などといい,この値は小さいほどよいとされる。分数の大きさを比較するには,分母をそろえて分子の大きさを比べるのが普通だが,スポーツでは施設の関係上,距離のほうを一定にしなければならないことは納得できるだろう。ただし競馬では,1着がゴール・インした瞬間の各馬の位置で判定し,1馬身差とか鼻先で勝ったなどという。

数学を使って速さを求めるには,進行した距離（位置の変化,つまり変

位)を時間で微分すればいい,と誰しもがいう。事実そのとおりであり,何の疑いも迷いももたず,人々はこれを実行する。もう少し正確にいうと,進行した距離(これを x としよう)が時間(t とする)の関数として書かれているとき,微分演算をほどこした結果の $\dot{x}$ (実際には dx/dt と書く)が速さを意味する,ということになっている。

当然ながら,最初から距離が関数のかたちで書かれていなかったら,速さなど計算できないし,書きようがない。一般的な約束として,x を t で微分したときの記号を $\dot{x}$ と書く。t は物理的概念の一つであるから,$\dot{x}$ は(数学でなく)物理記号だといってもよいかもしれない。これに対して微分記号の f' のダッシュ(プライムともいう)は,明らかに数学の記号である。

$$x = f(t) \quad \text{なら,速さは} \quad v = \dot{x} = f'(t) \tag{1.2}$$

と書かれる。これがニュートンとライプニッツによって,独立に開発された数学的手法である。微分という数学的意味を初心者に理解させるには,(距離)→(速さ)という,きわめて具体的な物理的現象を例にとりあげるのが一般である。そうして学習者はこれを「うのみ」にして,その後は微分という数学的武器によって,どんどん速さが求められていく。かりに,変位 x が t の2次式になるなら

$$x = at^2 + bt + c, \quad v = 2at + b \tag{1.3}$$

もし特殊関数(たとえば三角関数)なら

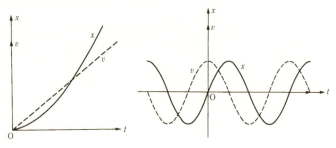

図1.1　変位(x)と速さ(v)の関数表示

$x = A\sin\omega t, \quad v = A\omega\cos\omega t \hspace{4cm} (1.4)$

という結果になる (図 1.1)。ただし，変数 t と関数 x 以外の文字は，すべて定数とする。

3時ジャストに速さなどあるのか

速さは数式的にいかに求められるかの問いに対しては，以上の説明で十分だろうが，ちょっと待っていただきたい。ここで「速さ」という運動学的概念を，もっと深く追求してみるとどうなるか。

具体例を考えてみる。たとえば車で午後零時にお江戸日本橋を出発し，都内を抜けて東名高速を西に走ったとしよう。ここで問題は，午後3時ジャストに「車はどこを走っているか」ということと，同午後3時ジャストに「車のスピードはいくらか」を考えようというわけである。

さて，車の位置の話は，とにかく「裾野市○○町××番地」と答えて，何の疑問も生じないし，別に不思議な点などない。東名高速にいちいち番地があるか，などといわれるかもしれないが，今はそういう話をしているわけではない。3時には，走りつつある車は山北町も小山町も過ぎ，といって三島市には達していない……つまり上記の場所に「厳然として」存在している。もっと正しくいうならば，走りながら存在している，といっても万人がなっとくする。

問題は，3時ジャストの車の速さである。速さという概念は場所，あるいは位置とはいささかわけが違う。今一度，速さというものをじっくり考えなおしていただきたい。

「午後3時」という時刻に速さが存在するかどうかをシビアに（けっしていい加減にではなく）反省してみようというのである。時刻というのは空間に直して考えると点のようなものであり，時間とは，時刻と時刻との間隔をいう。JRやJTBで毎月発行しているのは，何時何分にどこどこの駅を発車する，という時刻を表にしたものである。初期の頃（大正時代か）には時間表と呼んだらしいが，さすがに「時刻表」ということにして，日本語を正しく解釈した。

ところで速さは，繰り返すが，式 (1.1) のように進行距離を，それに要

した時間で割った「商」の値である。いわゆる物理の元(げん)で書けば，長さ〔L〕と時間（けっして時刻ではない）の〔T〕とを組み合わせた〔LT^{-1}〕である。要するにいいたいことは，速さとは，多かれ少なかれ一定時間，物を走らせてみて，その間の距離と時間とから算出されるべきものではないかということだ。ピッチャーの投げたボールが時速何キロだというのは，いささか滑稽でもあるが，換算してあるのだから，それはそれでいい。ところがここで問題になっているのは，午後3時ジャストの速さなるものが存在するのかどうかという大問題である。

3時から3時1秒の間でもないし，2時59分59秒999から3時までの1万分の1秒の速さでもない。3時ジャストのジャストを強調したい。そこはそれ，世の中きびしくしたら定義（あるいは実測）ができないから，3時といっても本当は1万分の1秒前後でヤリクリするのか，それとも純粋派を固執して，あくまでも3時ジャストに速度はあると考えていいのか。観念的といおうか形式的といおうか，あるいはもっとオーバーに哲学的とも考えられるこの話に，しばらくはお付き合い願いたいのである。

瞬間の速さは実在する

いきなり結論に走ると，走る物体は3時キッカリに，いやどんな時刻においても，速さをもっているのである。そのような取り決めこそ，ニュートンとライプニッツがあみだしたものである。理屈はあとまわしにして，2人の天才数学者・物理学者はここに「無限小」という概念をもち込んだ。そうして，権威ある「数式」の定義

$$v = \lim_{\Delta t \to 0} \frac{\Delta x}{\Delta t} = \frac{dx}{dt} \tag{1.5}$$

をさだめた。*このときの$\Delta t \to 0$の値は100万分の1秒でも10兆分の一秒でもなく，単なる瞬間，つまり時刻である。そうして定義(1.5)が認知されたからこそ，微分学，積分学そして微分方程式論などが発達することになる。数学——物理現象を巧みに記述する方策——は大いに発展することになり，物理学・天文学・化学その他の自然科学も大いに進歩した。ここ

---

* 「なっとくする熱力学」p.137参照

に速さは，距離を時間で微分すればいいという方法論が生まれたのである。

ここで「瞬間の速さというものが実在する」ということを理解して頂くために——そうして微分という数学的演習が意味をもつために——なっとくのいく例を挙げよう。

確かに速さは，動いている物体を有限時間，観測してその値を知ればよい。瞬間的には，物体は「位置」という性質だけを所有している，と思いたい。

ここで，急に話が変るようだが，導線の中を流れる電流を考えてみる。通常の電磁気学（これを古典電磁気学という人もいる）のようにプラスからマイナスへ流れると考えてもいいし，近代物理学的に電子というものがあって，これがマイナス側からプラス側へ移動するのだとしても，どちらでもかまわない。とにかく導線中に電流 I があると，その周囲には磁界 H が生じる，というのは電磁気学の教えるところ，つまり実験的に「本当のこと」である。

H の値を正しく求めるには，ビオ・サバールの法則というややこしい式（後述）を使うが，ここでは電流があればその結果，磁界が生じている，ということだけを理解してほしい。

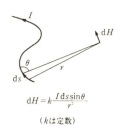

$$dH = k\frac{I\,ds\sin\theta}{r^2}$$
（k は定数）

電荷 Q があれば，その周囲には電界 E が放射状に発生し，磁気量 M があれば（磁気量はN極とS極とで符号は反対で，その絶対値は等しい。したがってN極とS極とが離れていれば……というべきだろう），その付近の空間は磁界 H になる。以上は静（電気量，

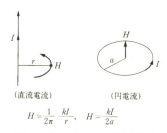

（直流電流）　　　　（円電流）

$$H = \frac{1}{2\pi}\frac{kI}{r},\quad H = \frac{kI}{2a}$$

図1.2　ビオ・サバールの法則（上）とその特殊な例（下）

磁気量）から静（電界，磁界）を生じているのであり，格別に面白い話ではない。ところが動きで定義される電流から，静止している磁界を生じるという現象は，特筆に値するのである。ここで導線が直線だったり，円形コイル状だったりすれば，生じる H は計算しやすく，明らかに磁界 H は電流 I に比例する。

以上の話を踏まえて「速さ」は実在するか，という哲学者の好みそうな事柄を考える。位置（あるいは距離）は静的なもので，数学的にはこれを積分量という。他方，速さのほうは動的で，数学的には微分量である。さらにクーロン単位で表される電気量が積分量，アンペア単位で呼ばれる電流は微分量であるが，この微分量が磁界という静的な量に比例する，というところに話を解きほぐす鍵がある。つまり

〔積分量〕　〔微分量〕〔静的な量〕

位　置 ⟷ 速　さ

電気量 ⟷ 電　流 ＝ 磁　界

さきにややこしい考え方をしてしまったが，要はつぎのようなことをいいたいのである。

この車は3時には裾野市のどこそこにいる。これはいい。しかし微分学の教えるところによって3時ジャストには，たとえば時速60キロである，と数学的に表現しているが，それは本当のことだと思っていいのだろうか。裾野市の高速道路わきの人が，つむっている目を午後3時に一瞬あけて，ああ速いクルマだとか，遅いクルマだとかわかるだろうか。時速何キロというような正確な値でなくても，「走っている」という事実が認識できるだろうか。

現実の問題としては，目をパッとあけてパッと閉じれば，車が走っていることくらいはわかろう。一瞬間見ただけだから，車が「そこにいた」ことだけはわかったが，走っていたかどうかはわからない……などというようなおかしな話は聞いたことがない。推理ドラマはテレビでさかんに放映されているが，目撃者がある人物の存在は認めたけれども，走っているかどうかはわからなかった，などというおかしな話は，脚本家は書かない。要するに，人間が瞬間的に目をあけたといっても，短くても10分の1秒前

後（多分それより長い）であり，Δt は決してゼロではないからである。

カメラのシャッター時間をうんと短く，1000分の1秒くらいにして写せば，専門家が見れば「動き」はわかる。1000分の1ならずとも，100万分の1秒でも Δt は有限であり，無限小ではない。ということは，現実に速さを知るためには有限時間それをみつめなければダメなのか。$\Delta t \to 0$ という式 (1.5) は，数学者の考え出した抽象概念にすぎないのか。

いや，現実に（つまり物理的に）瞬間的速度というものは人の目で見ることができる。なんのことはない，3時ジャストに，自分がクルマに乗っていて，スピード・メーターを見ればいい。クルマは瞬間々々では位置だけが認識されるのかもしれないが，メーターは時速60キロをちゃんと指しているのである。一瞬間メーターを見てすぐ目を閉じたら，針はほとんどゼロを指していた……などというバカな話はない。60キロが多少変化していて58キロでも，メーターの針はつねに何キロかを指しており，クルマが止まらない限りゼロを指すことはない。

となると，なぜスピード・メーターは瞬間々々で有限値を指しているのか。これにはメーターの原理を知らなければならない。実際のメーターのしくみは多少複雑だが，わかりやすく理屈だけを述べよう。

車が走れば当然，車輪はまわる。どんどん走れば，タイヤは回転し続ける。回転すれば，それを発電機につないで電流を生じさせることが可能である。自転車に小型の発電装置がついているのは，しばしばみかける。車輪はまわり続け，そのため車が走っている間はいつも電流が流れつづける。強調するが，この場合には電気があるのではなく，電流が流れているのである。そこでさきに述べたように，（止まっている電気ではなく，流れている）電流が磁界 H をつくるのだから，この H に応じてスピード・メーターの針が振れるようにしておけばいい。

3時には自動車は裾野市××番地におり，そうして時速60キロという性質も併せもつことになる。ある瞬間に「速さ」などというものがあるのか，と疑問にも思うが，電流は確かに存在し，したがって，磁界もできており，針は正しくその瞬間の速さを示していることになる。前ページで表にした微分量と積分量との関係がここで生きてくる。つまりニュートンやライプ

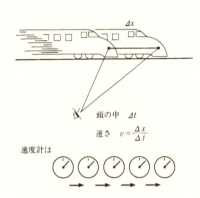

図1.3 時間(Δt)が限りなくゼロに近づいても、速度計の針は常に有限

ニッツの教えをそのまま「うのみ」にしても、かまわないのである。

それならば、「瞬間の速さ」というものはあるのか、というような疑問がなぜ湧いてくるのか。その疑問の出所は人間の感覚にあるといえよう。われわれが外から車を見て、ある瞬間にその位置を認め、それから10分の1秒か20分の1秒か、とにかく有限時間の後に再び位置を見る。その位置の差 Δx を、経過時間 Δt で、頭の中で無意識のうちに割り算しているのである。

こうして人間は速さを認識する。まさに式 (1.5) を人間の脳が計算しているため、瞬間の速さというものに対して、マジメに考えるほどハテナという気になる。しかし Δt をゼロとみなす極限を考えてもいいと主張したのがニュートンであり、またライプニッツであった。こうして微分学は「速さ」という現象をともなって発達していくことになる。

数学の無限小は物理学で通用するか

微分に関してはもはやいい尽くした。これ以上に話を進めるのはくどいだけであり、物理数学を学ぶうえではかえって余分かもしれないが、筆者は今ひとつ突っ込んで説明したい。もう一度、数学というものを離れて、速さについて考えていただきたい。無限小 ($\Delta t \to 0$) の場合などというものが、この世に存在し得るかどうか、もう一度頭をひねってほしいのである。

大きな鏡がある。その前に立ち、自分も別の大型の鏡を両腕にかかえて前方に向けたら、鏡の中に鏡があり、またその中に鏡があり……で無限に続く。いや数学的な形式でいえば無限個であり、鏡の大きさは最終的には

無限小,ということになっている。だから速さも,無限小の時間内 ($\Delta t \to \delta t$)[*]
に存在するのだ,というのがニュートンらの考えであり,これによって上述したように微分学ができあがった。

しかし,物理的に考えて,無限小時間で測った速さというのは実在するものだろうか。これに対して「ノー」といったのがハイゼンベルクであり,ニュートンよりも 300 年のちの 1925 年ごろのことである。実際には速度ではなく,それに質量 m をかけた運動量 $p=mv$ を考えると,対象となるものの位置が(走行車でいえば裾野市××番地というように)判明しているときは,p はきまらない,というよりも p という物理的性質はなくなるのである。位置があいまいで,そのあいまいさ加減が Δx,運動量のほうのあいまいさ加減が Δp なら

$\Delta x \cdot \Delta p \approx h, \qquad h = 6.62607 \times 10^{-34} \mathrm{J \cdot s}$

という式が成立し,これを不確定性原理とよぶ。プランク定数 h の小さいことからもわかるように,これはきわめて微小な対象をとり扱う量子力学の基本量ではあるが,とにかく極限状態の存在を主張する形式的な数学と,他方,究極的な対象では不確かさに厳然として支配される現実的な物理学との根本的な違いを(ハイゼンベルクは)いいたかったのである。だから物理学では,鏡の中の鏡も,同じ図形を無限にくりかえすフラクタルの図も,不確定性原理に突き当たってしまう。

それでは物理学では,無限小の概念に基く微分演算は使用できないのかといえば,そんなことはない。微分も積分も物理学を遂行するためのきわめて有力な道具である。ニュートン力学とか古典物理学とかよばれているものでは,完全に形式的な極限を承認している。量子力学に移った場合に初めて,h という新定数の存在を認めればいい。当然ながら物理数学を進めるにあたっては,微分・積分演算は十二分に活用してよいのである。

解きやすい微分,解きにくい微分

微分の意味を,速さを例にとって述べ,その「存在」にまで触れてきたが,物理数学では理屈よりもその手法を学ぶことを主とする。そうして,

---

[*] デルタの大文字 Δ はたんなる差,小文字 δ は無限に小さい場合に使う。

微分の逆演算を積分というが，両者合わせての微積分は，数値に施されるものではなく，数式に演算される作用である。

　微分も積分も同じ程度にむずかしい，と一般には思われているが，これは間違いである。積分のほうがはるかに解を求めにくい。求めにくいどころか，求まらないことのほうが多いのである。微分は原則的には解く（計算を最後まで遂行すること）のは可能だが，積分はそれが不可能である。

　積分が不可能などとはとんでもない，自分は数学の積分問題は得意だ，高校（あるいは大学）の数学の試験でも積分問題は百パーセントできた，といわれるかもしれない。だいたい市販の数学公式集という分厚い本を買ってくれば，問題としての関数と，その原始関数（それを積分した関数で，不定積分とも言う）が3ページも4ページも，いや20ページも30ページも並んでいるではないか，と思われるだろう。いかにもそのとおりであるが，あれは「原始関数を求めうる積分」だけがのせてあるのである。たとえそれが100個あっても200個あっても，それ以外のものは，まずは解答できないと考えていい。

　これに対して導関数（微分された関数）は原則的にはつねに求められる。原則的にというのは，微分可能なものに限れば，という意味である。微分可能な関数なら微分できるのは当たりまえではないか，といわれそうであるが，微分不可能のほうが特殊であるということだ。たとえば $\tan\theta$ の $\theta = \pi/2$ の点とか，0と1との間で定義された変数 x が，もし有理数なら関数 y は1，逆に x がもし無理数なら y は0などという場合（もちろんこれも立派な関数である。蛇足だが，x を指定したとき，それに対して y が定まるものをすべて関数と呼ぶ）は，とても微分できない。このような妙な（奇妙な，とでもいおうか）ものを除いた他の多くの関数は微分できる。これに対して積分は，公式集には解答可能なサンプルは山ほど出ているが，原則的には積分できないのが普通なのである。

　グラフからも，このことはある程度直観的に理解できる。導関数とは，位置指定した部分の曲線の勾配のことであり，これは関数 $f(x)$ がわかっていれば，これから（素人目にも）数式として導きだせる（ような気がする）。ところが原始関数（積分）はよく知られているように面積を求めてい

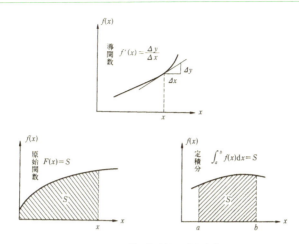

図 1.4 $f(x)$ の導関数（上）と積分（下）

るのであり，「特に規則的な形」でない限り，面積は式の形では求められない。面積の求め方は——いささか古い時代では——方眼紙に書いてその小さなます目を数えたり，同じ厚さの板を切り抜いて重さを測ったり，面積計を周囲ひと回りさせて（これは理論でなく技術であろう）求める。コンピュータによるものは，シンプソンの公式といって区分求積法のような工夫によるが，いくら精度を上げても近似であることには違いがない。

微分はできるが積分不可能な実例

関数のうち，整次関数（x^n〔nは零を含む自然数〕の1次和）と分数関数（分母にxのあるもの）と無理関数（ルートの中にxのあるもの）を総称して代数関数とよび，それ以外のものを一般に超越関数という。特に超越関数では，それ単独なら積分も可能だろうが，これを少しひねったものになると，微分は可能だがもはや積分は求まらない，ということになる。

高校でも習う超越関数は三角関数，指数関数，対数関数の3つであるが，よく知られたように，関数そのものの微積分は，たとえば$\log x$を例にとれば（以後，プライム記号——ダッシュ——は微分を表すこととする）

$$(\log x)' = \frac{1}{x}$$
$$\int \log x \, \mathrm{d}x = x \log x - x + C \tag{1.6}$$

である。上の微分式はよく知っていても、下の積分式は意外と覚えていない学生が多い。

しかし、これら超越関数をわずかにひねったものにすると、微分は可能であっても原始関数は求められないものが多い。つぎにそのいくつかの実例を示しておこう。

$$\begin{aligned}
&\frac{\mathrm{d}}{\mathrm{d}x}\left(\frac{1}{\log x}\right) = -\frac{1}{(\log x)^2} \cdot \frac{1}{x} \\
&\frac{\mathrm{d}}{\mathrm{d}x}\left(\frac{e^x}{x}\right) = \frac{e^x}{x} - \frac{e^x}{x^2} = \frac{e^x}{x}\left(1 - \frac{1}{x}\right) \\
&\frac{\mathrm{d}}{\mathrm{d}x}\left(\frac{\sin x}{x}\right) = \frac{\cos x}{x} - \frac{\sin x}{x^2} \\
&\frac{\mathrm{d}}{\mathrm{d}x}\left(\frac{\cos x}{x}\right) = -\frac{\sin x}{x} - \frac{\cos x}{x^2} \\
&\frac{\mathrm{d}}{\mathrm{d}x}(\log \sin x) = \frac{\cos x}{\sin x} = \frac{1}{\tan x} \quad {}^{*} \\
&\frac{\mathrm{d}}{\mathrm{d}x}(\log \cos x) = \frac{-\sin x}{\cos x} = -\tan x \\
&\frac{\mathrm{d}}{\mathrm{d}x}(e^{-x^2}) = -2x e^{-x^2}
\end{aligned} \tag{1.7}$$

微分の場合は、上記の式はいずれもそうであるが、

$$\frac{\mathrm{d}}{\mathrm{d}x} f(g(x)) = f'(g(x))g'(x) \tag{1.8}$$

の公式を使いさえすればいい。しかし積分では、これが効かない。そのため以上のような簡単な微分可能な関数でも、これの積分となるとおぼつかなくなるものが多いのである。

電気料金は積分で

微分に代表される具体例が「速さ」であれば、積分の例は瞬間々々の積

---

* $\cot x$ あるいは $\operatorname{cosec} x$ や $\sec x$ を使ってもいいが、本書ではできるだけ慣れた $\sin x, \cos x, \tan x$ を用いることにしよう。

み重ね，もっとも適した日本語でいえば（いささか聞きなれないかもしれないが）累積（るいせき）だろう。速さを積分すれば進行距離になるが，これはまともすぎてあまり面白くない。むしろ電流の積分が，導線を通った電気量だといったほうがわかりがいい。いやそれよりも電気系あるいは内燃系の機械の仕事率（単位時間当たりの仕事またはエネルギー）の時間積分が，トータルとして使用したエネルギーになるというのがピンとくる。蛍光灯にしろタングステン電球にしろ，つねに一定の仕事率のものでは，仕事率のワットに使用時間をかけた値がエネルギーになる。しかし機械はつねに一定の最大仕事率で作動しているわけではない。部屋を暖めたり冷したりするインバーターを初め，特に熱的器具にはサーモスタットが付いている。

そこで電気の場合には（一般的には電気の場合に限って），電気エネルギーよりも，仕事率であるワットを問題にすることが多い。確かに日々徴収される電気料金はそのエネルギーすなわち積分値に応じたものではあるが（エネルギーはジュールよりも，キロ・ワット・時〔kWh〕という複合単位で表されている），会社としてはむしろ瞬間的にどれだけのエネルギーを供給できるか，あるいは発電所の能力は何万キロ・ワットか，などという微分値を問題にする。

その理由の一つは，昔は水力発電が主であったわけであり，水道管の中の流量は一定に保たれて，常時そのワット数まで使用してもいいよ，いや使用しなくては無駄（？）になってしまう……ということに由来しているのであろうか。火力や原子力では目いっぱい使われていないときには当然，燃料を減らすことになる。

逆演算はむずかしい

話は冗漫になるが，演算の一般論としてつぎのような基本事実は知っていなければなるまい。足し算の逆演算は引き算である。自然数どうしを足せば和は自然数になるが，引き算では，引かれる数のほうが小さい場合，小学生なら頭が混乱する。マイナスという，子供が考えてもみなかった概念（あるいは定義とよんだほうがいいか？）が必要になってくるからだ。

整数どうしの掛け算では，積はやっぱり自然数になるが，その逆演算の

割り算となるとそうはいかない。一般には商は整数とはなってくれない。整数になる場合は僥倖(ぎょうこう)だと思わなければならはない。

2乗，3乗の逆演算はそれぞれ開平，開立であるが，後者のほうがはるかに面倒なことは論をまたない。筆者の中学時代（戦前）には，割り算と似た（実際にはもっと複雑な）方法で開平の演算をした記憶があるが，今ではすっかり忘れてしまった。教科書的（？）には，いわゆるトライ・アンド・エラーで，それらしい値をつくっては試し，つくっては試しして，桁を進めていった気がする。ただしこのトライ・アンド・エラーはコンピュータのもっとも得意とするところであり，現在では電卓のキーを押すだけで，たちどころに解答を得ることができる。しかし……逆演算はとにかくむずかしい。

> たとえば，次のような掛け算の式があったとする。
> $(5x^6+x^5-6x^4+3x^3+4x^2-7x+5) \times$
> $(3x^6-2x^5+x^4-x^3+3x^2+4x+6)$
> $=15x^{12}-7x^{11}-15x^{10}+17x^9+14x^8+3x^7+46x^6$
> $\quad -30x^5+50x^3+11x^2-22x+30$
>
> 左辺から右辺を求めるには，いわゆるタスキ掛け式に，労さえいとわなければ，遂行できる。ところが逆演算として，右辺の$15x^{12}$に始まる12次式を与えて，さてこれを因数分解せよ，といわれたらどうするか。おそらくほとんどの人は，お手あげに違いない。x^4の項がない，などということは，ヒントにも何にもなりはしない。だいたい，この多項式が因数分解できるのか（もちろん実数の範囲で）どうかもわからない。もしもこの式を一目見て，あるいはじっと見つめて，右辺から左辺への解答を出すことのできた人は，よほどの天才に違いない。
>
> 要は，掛け算はやさしいが因数分解はむずかしい，ということをいいたかったのである。もっと簡単な例としては，
> $(a+b)(a-b)=a^2-b^2$
> がある。掛け算のほうは4回やって，abという同類項が相殺して右辺になることはわかる。それでは右辺が与えられ，因数分解せよという

> 問いを課せられて，なぜ左辺になることがわかるのか。
>
> ほとんど誰もが，そんなことは初めから知っているというに違いない。知っているからできたんだろうが，もし知らなかったらどうするのだ，と変な問答になってしまう。結局は左辺の掛け算をしてみろ，右辺になるではないか，という結果になるだろう。そんなわけで，因数分解のよくできる人とは，
>
> ① 公式を多く暗記している
> ② 与えられた式が，どの公式に適合するかを，よく見抜く能力をもっている
>
> の2つになろう。いい換えると，まともに実行すれば結果に達する，というような共通手段はないということになる。
>
> 積分も因数分解も同じことであり，一般的解法はない。もちろん因数分解と比べれば，場合場合に応じてさまざまな解法が研究されてはいるが，勘のようなものに頼る場合も多い。初心者に，与えられた関数 $f(x)$ が，原始関数 $F(x)$ になることが「どうして」わかるのか，と詰め寄られて，逆に微分してみろ，正しいことがわかるだろう，といい逃れ（?）するようなことにもなるのである。

微分形の法則

なぜ積分にそれほどこだわるのか。物理学では基本法則が微分形で与えられているためである。簡単に1次元だけの例をとれば，運動の方程式として

$$\text{並進}: m\frac{d^2 x}{dt^2} = F \qquad \text{回転}: I\frac{d^2 \theta}{dt^2} = N \tag{1.9}$$

m：質量, F：力, I：慣性モーメント,
N：力のモーメント（トルク）

の関係があることはよく知られている。

また波動学の基礎になるのは波動方程式であるが，波動方程式の解のこ

とを波動関数という。波動関数を u，波の速さを v とすると，1次元（x 方向）だけについての波動方程式は（∂ はラウンドと読まれる）

$$v^2 \frac{\partial^2 u}{\partial x^2} = \frac{\partial^2 u}{\partial t^2} \tag{1.10}$$

となる。波というものは波浪なら海水，音波なら空気，地震波なら固体としての大地というように必ず媒体をもち，それが局部振動し，（媒体ではなしに）その振動自体が速さ v で進行していく現象をいう。関数 u は海面の（平常時に比べての）高さ，音波なら平均密度と比べての粗密の値など，場合場合によって異なるが，その現象は共通に式 (1.10) で表される。

さらに量子力学になると，やはり同様に波動関数 $\psi(x)$（プシイ（プサイ））というものを考えるが，これの2乗 $|\psi(x)|^2 = \psi^*(x)\psi(x)$ が，ある粒子が x という場所に存在する確率（正しくは確率密度）を表すという意味が付与される。

式 (1.10) の典型的な解は，

$$u = A\cos(\omega t \pm kx) + B\sin(\omega t \pm kx) \tag{1.11}$$

であり，波長 λ，波数 k，および振動数 ν と角振動数 ω との関係はそれぞれ，

$$2\pi/\lambda = k, \quad 2\pi\nu = \omega \tag{1.12}$$

また

$$\lambda\nu = v \quad \text{であるから} \quad \omega/k = v \tag{1.13}$$

になる。

$t = $ 一定，つまりある時刻での波の様子は，解 (1.11式) の重ね合わせ（この波は量子の特徴として，すべての可能性を併せもつのである）

$$\sum_n a_n \cos(nx) + \sum_n b_n \sin(nx) \tag{1.14}$$

として書かれ（ただし k は x に繰り込んで，改めて $kx = x$ とした），実際の波形に限りなく近いもの（近似式）をつくることができる。この近似式のことをフーリエ級数と呼ぶ。

19世紀の前半に盛んになった熱学では，場所 x（これも簡単に1次元だけを考える）での温度 $T(x)$ が関数となる。気体中でも固体中でもかまわない。固体中に温度計を突っ込むことは無理だと考えるかもしれないが，

---

* 波として伝播する物理量が位置と時間にどう関係するのかを表す式。

そのような技術的なことは問題外である。もちろん時間 t によっても温度は変化するであろうから，$T(x, t)$ としなければならない。そうして

　　k：熱伝導率，c：比熱，ρ：密度として

$$a = \frac{k}{c\rho} \tag{1.15}$$

を熱拡散率（その元は〔$L^2 T^{-1}$〕）と呼び，温度 T が満足する次の式

$$\frac{\partial T}{\partial t} = a \frac{\partial^2 T}{\partial x^2} \tag{1.16}$$

を基本式として用いる。この式のことを熱伝導方程式という。波動方程式では t の2階微分になっているが，熱伝導方程式では1階微分になっているのが特徴である。

　マクスウェルが前世紀後半に完成させた電磁気学では，光の媒体としてエーテルというものが依然として仮定されていた。ところが実験的にそれが否定されて，相対性理論が生まれることになった。エーテルの代わりに登場したのが電界 E と磁界 H である。通常，これに対する基本式は，3次元空間中の微分式として div E とか rot H とかの記号（div はダイバージェンス，rot はローテンションと読む）を使って書かれるが，これらについてはベクトル解析として，第3章で改めて説明することにしよう。

積分はなぜ必要か

　物理学の法則は一般に，空間座標 (x, y, z) と時間座標 (t) の関数である $Q(x, t)$ というものに着目して（y と z は省略），これの1階または2階の導関数を含む式として与えられる。つまり

$$f\left(\frac{dQ}{dx}, \frac{d^2Q}{dx^2}, \cdots \frac{dQ}{dt}, \cdots x, \ t\right) = 0 \tag{1.17}$$

という微分方程式が与えられる。波動関数 (1.10) や熱学の基本式 (1.16)，それにマクスウェルの電磁方程式などがその典型である。そしてこれで自然界の話はすべてわかった……とするのも一つの考え方かもしれない。しかし式 (1.17) は，その中に dQ/dx，dQ/dt，さらにはそれらの高次導関数を含んでいて，いかにも大ざっぱな感じである。つまり具体的に，dQ/dt や dQ/dx がどんな値になり，また物理量の Q がどんな関数であるのか等は

この式を見ただけでは絶対にわからない。これをもっと具体的かつ実際的にするにはどうすればよいのかという所で，微分方程式を解くという積分演算の必要性が大いに生じてくるのである。式で書けば，(1.17) から，

$$f(Q, x, t) = 0 \tag{1.18}$$

さらにできることなら欲ばって上のような陰関数でなしに，物理量 Q を陽（あらわ）な形にして

$$Q = Q(x, t) \tag{1.19}$$

のように書くことができれば申しぶんない。

方程式を解く，という言葉はしばしば使われる。日本語でいう方程式とは equation（イクエイション）(等式) の訳であり，x につられて y も変わる $y = f(x)$ のような関数をいう。そしてたまたま y がゼロになる場合，x はどんな値でなければならないだろう，と探し求める操作を方程式を解くという。もっと簡単にいえば，陰関数を陽関数にすること，つまり

$$f(x) = 0 \longrightarrow x = a$$

の操作（卑近ないい方をすれば努力）のことである。ただしこの努力は，必ずしもむくわれるとは限らない。

ところが「微分方程式を解く」というのは，これとは違う。式(1.17)の形で与えられたものを，いろいろ苦心して式 (1.18) あるいはできれば式 (1.19) に直すことである。導関数を消し去ることである。微分形をやめることである。

したがって物理学では微分方程式を解く，という作業が圧倒的に多い。さきにも述べたが，数式的に解けるという保証はないが，近似に頼るなり別法によるなりして，大きな努力が必要になる。物理学に微分の逆演算，つまり積分が必要なゆえんである。

運動方程式をどうぞ

この章の最初にも述べたように，物理学の中でもっとも理解しやすく，身近な現象は力学である。物理学が数学を手段として発達してきたのなら

ば，当然，物理数学の主要な部分は力学に適用されることになる。また数学からではなく，物理学から物理数学に入るとしても，もっともなっとくしやすい力学から取りかかるのがいいのである。

物理学の完成したかたちは，温度とか電界の強さとか，とにかく物理量を場所と時間の関数として書いたものがほとんどである。しかし力学はいささか違う。力学では質点の「場所」を，時間の関数として表すのである。たとえば式 (1.17) を質点に用いるなら，物理量Qは質点の存在（$Q=1$）か非存在（$Q=0$）かのどちらかになる。そして質点があれば

$$Q(x, y, z, t)=1 \quad \text{（非存在は恒等的にゼロで無意味）} \tag{1.20}$$

の式が4次元空間における質点の位置を表すことになり，場所と時間は切り離して

$$x=f(t), \quad y=g(t), \quad z=h(t) \tag{1.21}$$

のように書くのがわかりやすい。またそれが質点でなく剛体ならば，式 (1.21) は重心座標を表し，そのほかに各軸のまわりに回転角

$$\theta_x=f_x(t), \quad \theta_y=f_y(t), \quad \theta_z=f_z(t) \tag{1.22}$$

が与えられることになる。力学の基本的記述はこのように単純形式であり，他の一般的物理量の記述とは違う点に注意したい。

ニュートンの運動方程式はよく知られているように変数が時間，関数が位置（座標）である。

そのもっとも単純な形は，一定値g（$-y$方向とする）の重力しか働かない質量mの質点に対する次の式である。

$$m\frac{\mathrm{d}^2 x}{\mathrm{d}t^2}=0, \qquad m\frac{\mathrm{d}^2 y}{\mathrm{d}t^2}=-mg \tag{1.23}$$

両者とも2階の微分方程式であるから，それぞれに積分定数が2つずつ出てきて，それらは$t=0$における速度と$t=0$における位置という物理的事実に対応している。速度のほうをそれぞれ $(v_0\cos\theta, v_0\sin\theta)$，位置のほうをどちらもゼロと「解答者が勝手にきめてやれば」

$$\text{速度は} \begin{cases} v_x=v_0\cos\theta \\ v_y=v_0\sin\theta-gt \end{cases} \tag{1.24}$$

進行距離は
$$\begin{cases} x = v_0 \cos\theta \cdot t \\ y = v_0 \sin\theta \cdot t - \frac{1}{2}gt^2 \end{cases} \quad (1.25)$$

(ただし，v_0 は初速度の絶対値，θ はその仰角)

となる。さきにも述べたように，式 (1.23) が法則として与えられ（というよりも自然界の事実として決まっていて），これから式 (1.25) を導くのが，物理学の最重要の仕事の一つである。式 (1.23) を運動方程式とよぶのに対して，いささかまぎらわしい呼び名であるが，式 (1.25) を運動の式ということがある。運動の式からは，時刻 (t) を任意に指定すれば，その時刻に物体がどこにいたか (x, y) を直ちに知ることができる。また t-x, t-y のグラフを描けば，時間の経過とともに，位置がどう変化していったか（あるいは変化していくか）を，きわめて視覚的にとらえることができる。

式 (1.25) から変数 t を消去して，一つの式にまとめてみると，次のようになって

$$y = (\tan\theta) x - \frac{g}{2 v_0{}^2 \cos^2\theta} x^2 \quad (1.26)$$

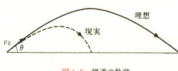

図 1.5 弾道の軌跡

放物線を表す。これはもはや運動とはよばない。単なる軌跡である。式 (1.25) から時間という物理的要素を抜き去れば，こうなるのである。

いささか特殊ないい方をすれば，式 (1.25) は物理学であるのに対して，式 (1.26) は幾何学になっている。

式 (1.26) で $y=0$ となるような x の値は，$x=0$ のほかに

$$x = \frac{2 v_0{}^2}{g} \sin\theta \cos\theta = \frac{v_0{}^2}{g} \sin 2\theta \quad (1.27)$$

がある。これは物体が同一平面に落下したときの，出発点からの水平距離を表している。

なお最高点まで昇るのに要する時間は，式 (1.24) の $v_y=0$ として，$t=(v_0\sin\theta)/g$ であるから，その高さはこれを (1.25) に代入して

$$h=\frac{v_0^2}{2g}\sin^2\theta \tag{1.28}$$

となる。

初速度 v_0 がきまっているとき（投てき力とか，弾丸の初速がほぼこれに該当する），もっとも遠くに飛ばすためには式 (1.27) より

$$\theta=\frac{\pi}{4}\quad(=45°)$$

このときは

$$x(\max)=\frac{v_0^2}{g} \tag{1.29}$$

となり，このときの最大高度は

$$y(\max)=\frac{v_0^2}{4g}=\frac{x(\max)}{4} \tag{1.30}$$

である。

また，真上に投げ上げた場合（$\theta=\pi/2$）の最大高度は

$$h(\max)=\frac{v_0^2}{2g}=\frac{x(\max)}{2} \tag{1.31}$$

となり，最大水平距離と最大高度の間に簡単な関係がみてとれる。

現在とてつもなく発達し，さらに今後も進歩していくであろうコンピュータであるが，もともとは複雑な弾道計算のために開発されたものだという。当日の風向き，その強さ，気温，気圧などさまざまな気象条件のほか，軍艦の備砲なら自艦の動きや遥れ，さては戦艦などの主砲では，地球自転のためのコリオリの力まで考慮しなければならない。しかし弾道が，式（1.26）のようなきれいな放物線にならないもっとも大きな理由は，空気の抵抗である。

第2次世界大戦当時の小銃や機関銃（口径 6.5 mm および 7.7 mm）は初速 600〜650 m/s 程度であった。式（1.29）に当てはめれば，最大射程は 40 km にもなるが，小銃弾がそんなに飛ぶはずもないし，飛ばす

必要もない。小銃弾の最大飛行距離などという話は聞いたことがないが,特別な場合でも 1 km 先の家屋などに,威嚇か信号の目的で撃ち込むのがせいぜいではあるまいか。南方の島の戦闘で弾薬の乏しい日本軍は,機関銃は敵が 100 m 以内,小銃は 50 m 以内のときに限り撃て,とのおふれが出ていたという話も聞いた。

大砲ともなると,いささか話が違う。重巡洋艦の主砲である 20 センチ砲 (50 口径,11 号 20) の初速は 835 m/s,最大飛行距離は 30 数キロ,ちょうど真空中の理論値の半分は飛ぶことになる。

さらに戦艦長門の 40 センチ,大和の 46 センチ砲(いずれも 91 式)の初速度は 780 m/s であり,飛距離は前者がほぼ 40 km,後者は 98 秒間空中を走って 42 km 先に弾着するという。この初速度で,仰角 45 度で真空中を走る式 (1.29) に従えば,距離は 62 km となるから,空気の抵抗があっても大和の弾丸は理想状態の 68 % も飛ぶ勘定になる。弾丸が大きいほど(当然,装薬も多くなるが),空気抵抗に影響されることは少ないらしい。

いずれにしろ現実には空気抵抗があり,そのため弾道は式 (1.26) のようなきれいな放物線にはならない。左右の対称性も失われて,発射角が 45 度程度であっても,弾丸は最高位置を越すあたりから著しく水平速度を減じて,遠距離砲撃の場合にはほとんど真上から,敵の弾は降ってくるという。

海戦の砲撃は,日露戦争で 7 km で砲撃開始,5 km で命中率急激に増加,第一次世界大戦のジェットランド沖では 15 km 程度で英独艦隊は戦い,第二次世界大戦では 20 km 以上で発砲している(たとえばジャバ島沖海戦)。第二次世界大戦初期,対空防禦として上部甲板の厚いドイツ戦艦ビスマルクと,旧式で側面は厚いが上方からの攻撃には弱いイギリス戦艦フッドの砲撃戦では,後者が瞬時にして沈んだことはよく知られている。

なお発射初速度の大きいものに,高射砲(高角砲)と対戦車砲がある。前者は高空まで届くためであり,後者は敵戦車に当たった際,高熱とともにこれを貫徹するためである。

なお装薬だけの大砲（砲弾に推進力があるロケット砲でないもの）で実戦に使用された長距離砲には，むしろ第一次世界大戦のドイツの列車砲がある。煙突のお化けのような長い砲身を，平行なサスペンダーで吊してあり，飛距離は110kmといわれた。パリを守るベルダン，セダン，メッツなどの要塞にはばまれたドイツ軍の前線は進展しない。やむなくこの長距離砲でパリを砲撃した。日本でいえば，北から宇都宮まで進んで来た敵軍が，東京を砲撃したようなものである。

ここで問題。この砲の仰角は45度かそれとも，わずかではあるがそれより大きいか小さいか。そしてそれはなぜか。

答えは，45度より大きく，52〜53度だったらしい。弾道放物線の上部は2万メートルをはるかに越し，そこは成層圏である。空気はほとんどない。したがって弾丸を高く上げてしまって，空気抵抗のほとんどない場所を多く走らせたのである。

とにかくここでの話は，単純な計算では弾道はきれいな放物線になるが，現実にはさまざまな複雑な要素がからまっており，そのため計算器が発明されたことをいいたかったのである。

力が時間の関数なら

式 (1.23) のニュートン方程式は，力が一定の場合だけの単純なものだが，一般に力が時間の関数 $F(t)$ だったらどうなるか。その場合は単純に，t で積分すればいい。式 (1.9) より

$$m\frac{\mathrm{d}^2 x}{\mathrm{d}t^2} = F(t), \text{ この両辺を } t \text{ で積分して}$$

$$m\left\{\left(\frac{\mathrm{d}x}{\mathrm{d}t}\right)_{t=t_2} - \left(\frac{\mathrm{d}x}{\mathrm{d}t}\right)_{t=t_1}\right\} = \int_{t_1}^{t_2} F(t)\,\mathrm{d}t \tag{1.32}$$

左辺が $t=t_1$ から t_2 までの定積分なら，右辺も同じ t 区間の定積分にしなければならない。そうして左辺の物理的意味は，t_2 での運動量 $mv(t_2)$ から，t_1 での運動量 $mv(t_1)$ を引いたものであり，右辺はその間に物体に与えられた力積を表す。いわゆる

● 運動量の変化は，加えられた力積に等しい

という法則そのものであり，ニュートン方程式を一度だけ t で積分した1階の微分方程式がこれに相当することになる。もっとも，力が t ではなしに x の関数として表されているなら，式 (1.32) の右辺は

$$\int_{x_1}^{x_2} F(x) \frac{\mathrm{d}t}{\mathrm{d}x} \mathrm{d}x \text{ または } \int_{x_1}^{x_2} \frac{F(x)}{\mathrm{d}x/\mathrm{d}t} \mathrm{d}x \tag{1.33}$$

(ただし $t=t_1$ で $x=x_1$，t_2 で x_2)

としなければならない。x と t との関係式がわかっていれば式 (1.33) が直ちに解かれるが，それがわかっているくらいなら初めから微分方程式を扱う必要はない。式 (1.33) はあくまで形式的な書き方だと思ったほうがいい。

力が場所の関数なら

では，力が場所 x の関数として $F(x)$ のように与えられていたら，どうとり扱えるのか。運動方程式 (1.9) の左側の式の両辺に，わざと $\mathrm{d}x/\mathrm{d}t$ を掛けてやる。

$$m \frac{\mathrm{d}x}{\mathrm{d}t} \frac{\mathrm{d}^2 x}{\mathrm{d}t^2} = F \frac{\mathrm{d}x}{\mathrm{d}t} \tag{1.34}$$

ところで $(\mathrm{d}x/\mathrm{d}t)^2$ を t で微分すれば，

$$\frac{\mathrm{d}}{\mathrm{d}t}\left(\frac{\mathrm{d}x}{\mathrm{d}t}\right)^2 = 2 \frac{\mathrm{d}x}{\mathrm{d}t} \cdot \frac{\mathrm{d}^2 x}{\mathrm{d}t^2} \tag{1.35}$$

である。この右辺が式 (1.34) の左辺と同じ形であることから，式 (1.35) を式 (1.34) に代入して

$$\frac{m}{2} \frac{\mathrm{d}}{\mathrm{d}t}\left(\frac{\mathrm{d}x}{\mathrm{d}t}\right)^2 = F \frac{\mathrm{d}x}{\mathrm{d}t} \tag{1.36}$$

ここで両辺を t で積分する。左辺は簡単に $(m/2)(\mathrm{d}x/\mathrm{d}t)^2$ となるが，右辺は次のようになる。

$$\int_{t_1}^{t_2} F \frac{\mathrm{d}x}{\mathrm{d}t} \mathrm{d}t = \int_{x_1}^{x_2} F \mathrm{d}x \tag{1.37}$$

式 (1.37) は普通，右辺の式を変数変換 ($x \to t$) といって，左辺のようにすることが多い。実際に F が t の関数として与えられていて，しかも t と x との関係がわかっているときには，変数を x から t に変えるのである。

その場合の注意事項は，積分の上限値，下限値も「それに相当した変数の値」に直さなければならない。

しかし式 (1.37) ではその逆をやっているわけであり，形式的には見たとおり簡単な形になる。厳密ないい方を止めて，手早く理解するためには，式 (1.37) の被積分関数中の分母の dt と，積分演算子の dt とを「約してしまった」と考えても，結果的には間違っていない。とにかくこのようなわけで式 (1.36) を x で積分した結果は

$$\frac{m}{2}\left(\frac{dx}{dt}\right)^2 = \int_{x_1}^{x_2} F(x)\,dx + E \tag{1.38}$$

となり，E は積分定数である。

ここで，力 (F) を距離 (x) で積分したもの（右辺第1項）はポテンシャル・エネルギー $U(x)$ の符号を変えたものに等しいから（実際には $F = -(dU/dx)$ と理解するのが一般である），

$$\frac{m}{2}\left(\frac{dx}{dt}\right)^2 + U(x) = E \tag{1.39}$$

となる。左辺第1項は運動エネルギー，第2項はポテンシャル・エネルギーを表し，その和が E という一定値になることを示している。したがって

- 力学エネルギーが力学の範囲内ではつねに一定であるという式は，ニュートン方程式を x で積分して，1階微分に直したものである。

と結論づけられる。このように初等物理的（あるいは直感的）には当然と思われる事柄も，数式を用いた計算によってきちんと導けることがわかるのである。

さらに式 (1.39) を整理すれば

$$\int \frac{dx}{\sqrt{2(E-U(x))/m}} = t + C \tag{1.40}$$

となり，積分定数 C は初期条件からきめることができる。だがこれはあくまでも形式的な結果であって，この式を解いて $t = f(x)$，さらに $x = g(x)$ にまで到達できる保証は全くない。

球に働く水の抵抗

2階微分方程式というのは，式の中に1階微分が入っていても差し支えない。その典型的な例題として，終端速度の問題がある。

物体が，気体や液体の中を走るときには，その速さに応じて抵抗が生じる。空気中では一般に音速よりも遅い物体の抵抗は速さに比例するし，音速より速いもの（たとえば弾丸など）は速さの2乗に比例するといわれているが，これがどれほど正確なのかははっきりしない。速さの1.3乗とか1.7乗とかに比例することもあろう。しかし低速度では1乗に比例するのは確かであるし，粘性率 η（エータ，習慣的にこのギリシャ文字を使う）の流体中を速さ U で走る（実際にはゆっくり落下する）半径 a の球に働く抵抗 D は

$$D = 6\pi \eta a U \tag{1.41}$$

となることが知られている。これをストークスの法則という。η は Pa·s=$[L^{-1}MT^{-1}]$ で表され，したがって D の元は $[LMT^{-2}]$ で，力の元と同じになる。

この法則は小さな物体（正確にいうとレイノルズ数 $R = \rho U a/\eta$ [ρ は流体の密度] が1より小さい物体）に対して精密な実験を繰り返して得られたものである。感覚的には，抵抗 D は球の断面積 πa^2 に比例するように思えるが，単なる a（半径）に比例しているところが特徴的である。自然現象の中には，われわれの感覚どおりにはなっていないものもあることを知っていなければならない。

雨はなぜ等速で降るか

さて抵抗をもつ流体中の，重力場での運動方程式を

$$m\frac{d^2 x}{dt^2} = mg - \gamma\left(\frac{dx}{dt}\right) \tag{1.42}$$

とおく。抵抗係数として設定した γ（ガンマ，これも習慣的に使われることが多い）は $[MT^{-1}]$ の元をもつ。流体の粘性が大きかったり，物体の大きさに対してその質量が小さかったりすれば γ は大きくなろうが，そのようなもろもろの事情はすべて γ が一人で背負っているわけである。

式 (1.42) は一見して 2 階微分方程式のように見えるが，$(dx/dt)=v$ とおくことにより，1 階になってしまう。積分定数を C, C' あるいは C'' とおいて，

$$m\frac{dv}{dt}=mg-\gamma v \tag{1.42}'$$

$$\therefore \quad \frac{dv}{v-(mg/\gamma)}=-\frac{\gamma}{m}dt$$

左辺を v, 右辺を t で積分して

$$\therefore \quad \log\left(v-\frac{mg}{\gamma}\right)=-\frac{\gamma}{m}t+C$$

$$\therefore \quad v-\frac{mg}{\gamma}=C'e^{-(\gamma/m)t}$$

$t=0$ で $v=0$（初速ゼロ）とすれば

$$v=\frac{mg}{\gamma}(1-e^{-(\gamma/m)t}) \tag{1.43}$$

が解答になる。右辺の指数関数は簡単な微分方程式の結果として，しばしば現れるものであり，漸近線をもつこの形は十分に理解しておく必要があろう。

$t\to\infty$ で $v\to mg/\gamma$ となり，この mg/γ を終端速度という。雨滴などは地上付近ではもはや加速度はなく，すべてこの速度になっていると思われる。

なお式 (1.43) の左辺は dx/dt であり，いま一度 t で積分して，

$$x=\frac{mg}{\gamma}t+\left(\frac{m}{\gamma}\right)^2 ge^{-(\gamma/m)t}+C'' \tag{1.44}$$

$t=0$ で $x=0$ とすると $C''=-(m/\gamma)^2 g$

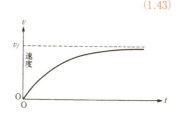

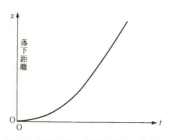

図 1.6　抵抗が速さに比例するときの速度と落下距離。速度は終端速度 v_f に近づく

$$\therefore \quad x = \frac{mg}{\gamma}t - \left(\frac{m}{\gamma}\right)^2 g\{1 - e^{-(\gamma/m)t}\} \tag{1.45}$$

となり，v は時間の経過とともに終端速度 mg/γ に漸近していく。また x は，最初は t に対して曲線的に大きくなるが，やがてはほとんど t に対して線型（1次のかたち）で増大していくことになる（図1.6）。

空気抵抗が速さの2乗に比例すると

それでは空気抵抗が速さの2乗に比例するときはどうなるか。運動方程式は

$$m\frac{d^2 x}{dt^2} = mg - \gamma\left(\frac{dx}{dt}\right)^2 \tag{1.46}$$

であり，今度の抵抗係数は $\gamma = [L^{-1}M]$ となる。

ここでも簡単に $v = dx/dt$，さらに $b = \gamma/m$，$w = \sqrt{mg/\gamma}$ とおけば，運動方程式は

$$\frac{dv}{dt} = -b(v^2 - w^2) \tag{1.47}$$

となり，いわゆる部分分数分解法を使って

$$\frac{dv}{v^2 - w^2} = -b\, dt$$

$$\therefore \quad \frac{1}{2w}\left(-\frac{1}{w-v} - \frac{1}{w+v}\right)dv = -b\, dt$$

$1/x$ の積分が $\log x$ であることを利用して

$$\frac{1}{2w}\log\frac{v-w}{w+v} = -bt + C$$

$$\therefore \quad v = w\frac{1 + C'e^{-2wbt}}{1 - C'e^{-2wbt}} = w + \frac{2wC'e^{-2wbt}}{1 - C'e^{-2wbt}} \tag{1.48}$$

となる。C と $C' = e^{2wC}$ はいずれも積分定数である。

さらに時間 t の間に進行する距離 x を求めれば，

$$x = \int\left(w + \frac{2wC'e^{-2wbt}}{1 - C'e^{-2wbt}}\right)dt + C''$$

$$= wt + \frac{1}{b}\log|1 - C'e^{-2wbt}| + C'' \tag{1.49}$$

もし初期条件として，$t=0$ で $v=0$, $x=0$ とすれば $C'=-1$, $C''=-(1/b)\log 2$ であり

$$v = w\frac{1-e^{-2wbt}}{1+e^{-2wbt}} \tag{1.50}$$

$$x = wt + \frac{1}{b}\log\frac{1+e^{-2wbt}}{2} \tag{1.51}$$

となる。式 (1.50) と式 (1.51) とを，それぞれ式 (1.43) と式 (1.45) とに比べてみると，式のタイプは大違いであるが，これをグラフにしてみると意外と似ている。定性的には式 (1.50) と (1.51) とは図 1.6 のようになって，見た目にはグラフはそれほど変わらないのである。

このように積分においては，被積分関数中のある部分がわずかに違うことによって，原始関数の形式（要するに積分された数式）が全く違うということが多い。しかしグラフにすると類似性が出てくる。抵抗が速度の 1 乗でも 2 乗でも，最初の抵抗は少なく，やがて時間が経過すると終端速度（後者の場合は w）になるという事情は全く同じである。

さきにも述べたとおり，空気抵抗が速度の 2 乗に比例するのはきわめて高速度の場合であり，ここでのように初速度ゼロから考え始めるのは現実的ではない。むしろ発射された弾丸のように，初速度を v_0 としてこれは音速の倍ほどのものを仮定し，物体に働くのは空

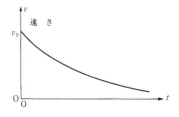

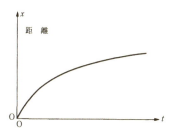

図 1.7　初速 v_0 のとき，抵抗が速さの 2 乗に比例する場合の速度と距離

気の抵抗だけとしたほうが，実際の問題として考えやすい。このときは

$$m\frac{d^2x}{dt^2} = -\gamma\left(\frac{dx}{dt}\right)^2 \tag{1.52}$$

$$\therefore \quad \frac{dv}{dt} = -bv^2 \tag{1.53}$$

$$-\frac{1}{v} = -bt + C$$

$t=0$ で $v=v_0$ $\quad \therefore \quad C = -\dfrac{1}{v_0}$

$$v = \frac{v_0}{1 + v_0 bt} \tag{1.54}$$

$$x = \frac{1}{b}\log(1 + v_0 bt) + C'$$

$t=0$ で $x=0$ だから $C'=0$

$$\therefore \quad x = \frac{1}{b}\log(1 + v_0 bt) \tag{1.55}$$

v は t の増大とともに逆比例的に減少し，x は t の増大で対数的に（きわめてゆっくりと）増加することになる（図1.7）。

日本の重心はどこ？

力学での微分問題は，一般的には変位から速さを，速さから加速度を求めるくらいに限られるが，積分問題としては，重心点の調査と，指定した軸の周囲の慣性モーメントの計算がその典型である。大変具体的（つまり物理的）な事象が多いので，クイズ形式で考えてみよう。

ドラマで有名になった富良野は北海道の「へそ」といわれる。現にその碑がこの町の小学校の校庭にあるらしいが，ここでのへそは重心ということだろう。重心というのは等しい厚さの等質の物体を吊るしたとき，支点の真下にくる。したがってこの実験を2回行えば重心点がみつかることはよく知られている。

面積の中心ではなく文字どおり質量の中心を探すのであれば，これも2回吊るせばいい。この場合，3次元的にふくらんだ物体でもかまわない。やはり鉛直線の交差点が重心である。3次元内に2本の直線があったとき，両者が交わる可能性はほとんどない，と思いたいが，実際には測定法さえ正しければ，重心で交わる。

日本全体の土地の重心としては，松本市やその他長野県あたりの市町村

が名のり出ているようだが，実際の判断はむずかしい。というのも離島は小面積でも重心からの距離が遠く，小島一つ一つを勘定に入れるかどうかで（正確には入れるべきであろうが），重心の位置は多少変わる。特に南海諸島が重心を南西へシフトしようとするだろうし，小島ながら硫黄諸島とか，ずっと南に沖ノ鳥島などがある。また国後島や

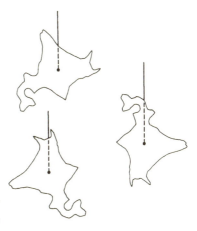

図 1.8　北海道のへそは富良野（重心点のみつけ方）

択捉島は日本だと主張すると，当然ながら重心の位置は変わる。

しからば日本の人口の重心はどこか。1950 年ごろは関ヶ原付近であったらしい。この後徐々に東進しているようである。これは首都圏に集中の傾向がある，という社会的問題であろう。もっとも，現在では長良川鉄道（美濃太田―北濃間。旧国鉄の越美南線）の美濃市の付近に日本人口の重心という碑が立っているそうだ。しかしこちらは地形と違って，社会的要因で移動する傾向がある。

物体の重心の求め方は，まず 3 方向を別々に考え，基準点からの距離を

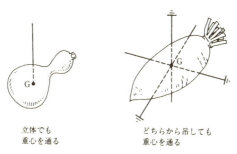

図 1.9　ひょうたんと大根の重心を知る

それぞれ x, y, z とする。その点での体積素片を $dxdydz(=dv)$ とし，密度を ρ とするとき

$$x_G=\frac{\iiint x\cdot\rho dv}{\iiint \rho dv}, \quad y_G=\frac{\iiint y\cdot\rho dv}{\iiint \rho dv}, \quad z_G=\frac{\iiint z\cdot\rho dv}{\iiint \rho dv} \tag{1.56}$$

であることがわかっている。この積分は物体の全体積にわたって行われる。要するに x_G とは，ρ というウエイトを掛けての x 方向の平衡点の位置である。式 (1.56) は，物理数学として最初に積分演算が活躍する場所である。

[問 1-1] 均一な板でできた三角形を考え，底辺を水平にしてみる。重心の高さはどうなるか。次の3つの文章から正しい答えを選べ。ただし，重心の左右の位置は問題にしない。

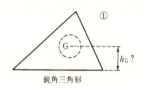

① 正三角形のような規則性のある三角形ならきまっているけれど，不等辺三角形では，重心の高さはまちまちである。

② 鋭角三角形なら重心は高さの何パーセントの所ときまっているが，頂点が底辺の上にないような鈍角三角形なら，鈍角の角度により，重心の高さはまちまちだ。

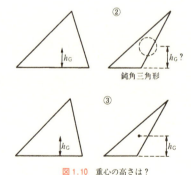

図 1.10 重心の高さは？

③ どんな三角形でも，重心の高さは三角形の高さの何割の所にあるかきまっている。

[解 1-1] 三角形の底辺の長さを a，どんな三角形の場合でも頂点をAと

し，このAから底辺の真中（これを中点とよび，Mとする）に線を引く。これを中線という。三角形を図1.11のように水平方向に細かく分割すれば，中線は各長方形の中心を通るから，重心は中線上のどこかにあるはずである。変数xを下からの長さとすれば，高さxと$x+dx$との間の長方形の質量は$\rho a(h-x)/h \cdot dx$

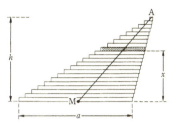

図1.11 重心は中線上にある

であるから，式(1.56)を利用して（この場合の体積素片は$a(h-x)/h \cdot dx$と考える）

$$x_G = \frac{\int_0^h \rho a(h-x)/h \cdot x \, dx}{\int_0^h \rho a(h-x)/h \cdot dx}$$

$$= \frac{\frac{a\rho}{h}\left[\frac{hx^2}{2} - \frac{x^3}{3}\right]_0^h}{ah\rho/2} = \frac{ah^2\rho/6}{ah\rho/2} = \frac{h}{3} \tag{1.57}$$

上式の分母$ah\rho/2$は三角形の質量になる。

〔答〕③

いかなる三角形でも，重心の高さは下から1/3の場所にある。三角形の形態にかかわらず1/3ときまっていることは特筆に値する。ついでに錐体の重心は，どんな形でも下から1/4の所にあることを覚えておくのがいい。

〔問1-2〕 密度は一様，太さは一様ではない長い棒状の物体（たとえば

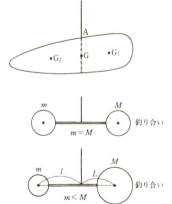

図1.12 太さの均一でない棒を吊るすと

野球のバットのようなもの)をうまく吊るしたら水平になった。当然,上部の支え点Aの真下に重心Gはある(図1.12)。この物体をAGの線で(つまり鉛直に)切ったとき

① 左右で質量は同じ
② 太いほう(図の右側)が質量は大きい
③ 長いほう(図の左側)が質量は大きい

> 推理小説でも,基本的なトリックは10種類もないという。30年も昔,交換殺人の話を読んだときは,うまいことを考えたものだと感心したが,その後はこの基本の応用ばかり。
> 物理パズルも簡単で,しかも解答を聞いてなるほどなあと感じさせるものでなければならない。となると基本的なものはやはり10個もなかろうが,太さの違う棒を吊るすこの問題は,きわめて基礎的なものの一つである。

[解1-2] 図から判断すると,AGを通る鉛直線に垂直にきわめて多くのカットを入れて,薄い板の集合と考えたとき,それぞれ左右で板の重さ,したがって質量は同じになる。だから左の総合も右の総合も同じで解答は①だ,とついいいたくなる。この「いいたくなる」ところがパズルにしやすいポイントなのである。

上の問題では,線AG(面AGといったほうが正確だ)は三角形の場合の中線とは違うのである。要は中線と,重心を通る鉛直線とを混同してはいけないということだ。

三角定規でも,頂点ではなく,辺の一部を支えて吊れば,支点の真下に重心はくるが,重心を通る鉛直線(これはもちろん中線ではない)で二分したとき,左右は同じ体積にならない。図1.12の一番下の図から

$lm = LM$

であることはわかろう。$l > L$ なら $m < M$,つまり太く短いほうが質量は大である。

[答] ②

[問 1-3]　固体金属論になるが，体積 V の金属の中にある自由電子の状態密度 $g(E)$ は（状態密度とは，単位エネルギー当たりの状態の数をいい，状態のエネルギーが E と $E+\mathrm{d}E$ の間にある状態の数を $g(E)\mathrm{d}E$ と書いたときの $g(E)$ のこと）

$$g(E) = 4\pi\left(\frac{2m}{h^2}\right)^{3/2} V\sqrt{E} \tag{1.58}$$

のようにエネルギーの平方根に比例することがわかっている。これは量子論により，自由電子を3次元金属中の定常波にたとえ，幾何学的方法から導かれたものである。m は電子の質量，h はプランク定数，また1つの状態には互いに逆向きのスピンに対する重複度が考慮されている。

さて温度があまり高くないときには，電子はエネルギーの低い状態からぎっしりと詰まり，その最高値 E_F をフェルミ・エネルギーとよぶ。フェルミ・エネルギーがわかっているとき，自由電子の平均エネルギーは次のうちのどれになるか。

① $(6/7)E_F$　② $(4/5)E_F$　③ $(5/7)E_F$
④ $(3/5)E_F$　⑤ $(4/7)E_F$　⑥ $(1/2)E_F$

[解 1-3]　状態密度だの量子論だのが出てきて，初心者はむずかしいと思うかもしれないが，図 1.13 を見て頂きたい。横軸が電子の収まることのできる部屋数，斜線が金属中の電子を表す。もっとわかりやすくいうと，放物型の容器があって，これに水を入れた場合の底から水面までの高さが E_F であった。しからば水の平均の深さはいくらか，ということだ。金属内の電子のエネルギーは，この水の体積だと考えればいい。ただし

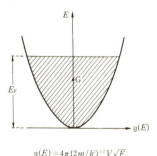

$g(E) = 4\pi(2m/h^2)^{3/2}V\sqrt{E}$

図 1.13　電子の平均エネルギーは？

底から高い位置にある水は，図では位置エネルギーが高いのであるが，実際には運動エネルギーが大きい（つまり速い）と解釈する。要は，この形

＊　「なっとくする統計力学」278 ページ参照。

の重心はどこにあるか,という問題である。上でも下でも同じ幅なら当然 $E_G=E_F/2$ であるが,上のほうが幅が広い(つまり E の関数としての $g(E)$ が大きい)。大きな E の電子が多く,小さな E の電子は少ない。というわけで $(1/2)E_F < E_G < E_F$ であることは見当がつくが,実際の値はどうなるか。

重心の計算式 (1.56) に不必要なものを $C=4\pi(2m/h^2)^{3/2}$ とおいてしまえば(ついでに V も,分母と分子で約分できて)

$$E_G = \frac{\int_0^{E_F} C\sqrt{E}\cdot E\,\mathrm{d}E}{\int_0^{E_F} C\sqrt{E}\,\mathrm{d}E} = \frac{\left[\frac{2}{5}E^{5/2}\right]_0^{E_F}}{\left[\frac{2}{3}E^{3/2}\right]_0^{E_F}} = \frac{3}{5}E_F \tag{1.59}$$

で,深さの $3/5$ のところに重心はある。

〔答〕 ④

ここでは平均を求める場合のウエイトが $\sqrt{E}$ であるが,一般に x^n をウエイトとするとき

$$x_G = \frac{\int_0^a C\cdot x^n x\,\mathrm{d}x}{\int_0^a C\cdot x^n\,\mathrm{d}x} = \frac{[x^{n+2}/n+2]_0^a}{[x^{n+1}/n+1]_0^a}$$
$$= \frac{n+1}{n+2}a$$

となり,n が簡単な分数や整数のとき,重心の高さも分数で表されることになる。

回りにくさを求める

物体を,指定した軸のまわりで回すとき,回転しにくさ(正確にいえば加速・減速しにくさ)を表す値を慣性モーメントという。質点系では,$m_1, m_2, \cdots, m_n$ の質量があり,これらの軸からの距離がそれぞれ $r_1, r_2, \cdots, r_n$ であるとき,慣性モーメント I は,

$$I = \sum m_i r_i^2 \tag{1.60}$$

で定義される。質点系でなく剛体のときは,当然右辺は積分になる。回転の運動方程式は

$$N = I\ddot{\theta} \tag{1.61}$$

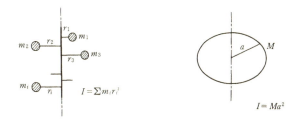

図1.14 質点系(左)とリング状物体(右)の慣性モーメント

であり，N は力のモーメント（力と回転軸までの距離との積）である。また運動エネルギーの並進成分 K_T と，回転成分 K_R は

$$K_T = \frac{m}{2}v^2, \quad K_R = \frac{I}{2}\omega^2 \tag{1.62}$$

ω は角速度

となり，I は m に該当する量である。

半径 a，質量 M のリング状物体の慣性モーメントは，その定義より直ちに

$$I = a^2 M \tag{1.63}$$

であることがわかり，高校物理の教科書などでも，この式は当然のこととして出てくる。換言すると，この形態以外の場合は必ず積分が必要であり，「物理学の中に微積分は入れない」という高校教科の方針のために，リングの場合だけを証明なしに用いている。

リングといっても，すべての質量が半径 a 上にある，きわめて細いものを考えなければならない。実際には宙でこれが自転するということは考えにくいから，中心部を細い針金状のスポークで固定されているものが普通だろう。自転車の車輪などが式 (1.63) で近似される。

〔問1-6〕 長さ l，質量 M の一様な太さの物体（もちろん均一物質）がある。棒の中心を通って棒に垂直な軸に対する慣性モーメントよりも，棒の端を通る軸に対するモーメントのほうが

① 2倍 ② 4倍 ③ 8倍

も大きい。

[解 1-6] 図 1.15 のように，一般に端から a だけ離れた点を通る軸に対する慣性モーメントを求めてみる。棒の方向に x 軸をとり，棒の線密度（単位長さ当たりの質量）を ρ とすると，

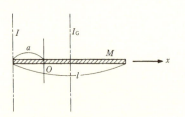

図 1.15 端から a だけ離れた点の慣性モーメント

$$I=\int_{-a}^{l-a} \rho \cdot x^2 \mathrm{d}x = \frac{\rho}{3}\{(l-a)^3-(-a)^3\}$$
$$= \frac{M}{3}(l^2-3la+3a^2) \qquad (\because M=\rho l) \qquad (1.66)$$

軸が中心にあるなら　$a=l/2$ で　$I_G=(M/12)\,l^2$

軸が端にあるなら　$a=0$ で　$I=(M/3)\,l^2$

（重心を通る慣性モーメントを I_G と書く）

[答]　②

もし，いずれも回転軸が端にあり，長さが l と $2l$ という 2 本の棒では，後者のモーメントは 8 倍になる。本問では，長さ l の棒 1 本と，その半分の長さの棒 2 本とを考えることになって，その結果，4 倍が答になる。

[問 1-7]　半径 a，質量 M の円板（厚い円柱でもかまわない）の，中心を通って板に垂直な軸に対する慣性モーメントは $I=Ma^2/2$ である。これは簡単な積分式で計算できるが，高校物理では，微積分を物理にとり入れないというタテマエから，結果だけを暗記させる。

さて同じ厚さ（もちろん均一物質）で，半径だけを 2 倍にした大きな円板をつくったら，これの慣性モーメントは，小さいほうの

①　2 倍　　②　4 倍　　③　8 倍　　④　16 倍

になる。

[解 1-7]　円板の中心から r と $r+\mathrm{d}r$ との間にある薄い円環の質量は $2\pi r \rho \mathrm{d}r$ である。ただし ρ は面密度 $(M/\pi a^2)$ を表すとする。

$$I = \int_0^a 2\pi r \rho r^2 \mathrm{d}r = 2\pi \rho \frac{a^4}{4}$$
$$= M\frac{a^2}{2} \tag{1.64}$$

一見すると I は半径 a の 2 乗に比例するから，倍の半径の円板なら I は 4 倍になるような気がするが，それは違う。M も 4 倍になり，結果的には 16 倍も大きくなるのである。半径が倍になっただけで，16 倍ものトルクを加えてやらなければ，同じ角加速度を得られないのである。その比較のためには式 (1.64) の最後から 2 番目の辺 $\pi \rho a^4/2$ に注目しなければならない。なお，質量が M であるなら，どんなに厚い円板あるいは円柱でも，$I = Ma^2/2$ と書くことができる。

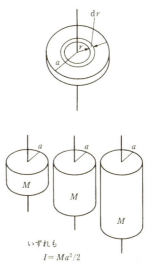

図 1.16 半径と慣性モーメント

〔答〕 ④

〔問 1-8〕 なか抜きの筒（ドーナツ式円環）の中心を通って面に垂直な軸に対する慣性モーメントを考える。軸の通っている所には物体はないが，

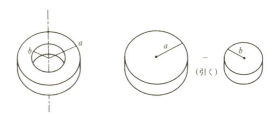

図 1.17 円環の慣性モーメント

そんなことはかまわない。無限に軽いサブでも付いていると想像すればいい。外側の半径を a, 内側を b, 質量を M とすると，この慣性モーメントは，次のどちらか。

① $M(a^2+b^2)/2$
② $M(a^2-b^2)/2$

〔解 1-8〕 これは物理の計算問題の典型的なハメ手である。試験の時間に追われて，急いで○×をつけろといわれると，初めの人はつい②が正しいとしてしまう。出題者もかなり意地悪だが，問 1-7 と同様に，M の意味を十分に理解しておかなければならない。$M=\pi\rho(a^2-b^2)$ である。直ちに I を求める積分にとりかかれば，前問を参照にして

$$I=\int_b^a 2\pi r\rho r^2 \mathrm{d}r = \frac{\pi}{2}\rho(a^4-b^4)$$
$$=\frac{\pi}{2}\rho(a^2-b^2)(a^2+b^2)=\frac{M}{2}(a^2+b^2) \tag{1.63}$$

中抜きだから（あるいは穴だから）当然 a^2-b^2 が正しいような気がするがそうではない。$a^4-b^4=(a^2-b^2)(a^2+b^2)$ と因数分解して，a^2-b^2 のほうが M の要素になり，プラスのほうが残るのである。つまり中抜きの効果は M に繰り込まれてしまうため，みかけの式は a^2+b^2 のかたちで残るのだと思えばいい。

〔答〕 ①が正しく②は間違い

第1章問題

微分方程式のうちでも、もっとも簡単な変数分離型を扱った。すなわち
$$\frac{dy}{dx} = \frac{f(x)}{g(y)} \quad \text{あるいは} \quad f(x)dx = g(y)dy$$
の形であり、両辺ともそれぞれの変数で積分すればいい。物理的事象にこだわらず、数学の問題として考えてみる。

〔問 1-1〕 次の1階の微分方程式を解け。

(i) $\dfrac{dy}{dx} = 4x$ 　　(ii) $\dfrac{dy}{dx} + 3y = 0$

(iii) $\dfrac{dy}{dx} - 2xy = 0$ 　　(iv) $\dfrac{dy}{dx} - 2y = 3$

(v) $\dfrac{dy}{dx} + 6\dfrac{x}{y} = 0$ 　　(vi) $\dfrac{dy}{dx} - \dfrac{4}{xy} = 0$

〔問 1-2〕 次の微分方程式を解け。

(i) $\dfrac{dy}{dx} = (x-a)(x-b)$ 　　(ii) $\dfrac{dy}{dx} = (y-a)(y-b)$

(iii) $\dfrac{dy}{dx}(a^2-y^2) + (b^2-x^2) = 0$ 　　(iv) $\dfrac{dy}{dx}(a^2-x^2) + (b^2-y^2) = 0$

(v) $\dfrac{dy}{dx}(1+x^2) + (1+y^2) = 0$ 　　(vi) $\dfrac{dy}{dx} \cdot y\sqrt{1+x^2} + x\sqrt{1+y^2} = 0$

公　式

(iv)で $\displaystyle\int \frac{dx}{a^2-x^2} = \frac{1}{2a}\log\frac{a+x}{a-x} = \frac{1}{a}\tanh^{-1}\frac{x}{a} \quad (x<a)$

(v)で $\displaystyle\int \frac{dx}{1+x^2} = \tan^{-1}x$ 　　　　　　　　　　　　　　を利用する。

〔問 1-3〕 次の微分方程式を解け。

(i) $\dfrac{dy}{dx} = \sin(x+y) - \sin(x-y)$

(ii) $x\dfrac{dy}{dx} + 2y = xy\dfrac{dy}{dx}$

(iii) $y\dfrac{dy}{dx} = xe^{x^2+y^2}$

(iv) $\dfrac{dy}{dx} = \cos(x+y)$ （註：$x+y=u$ とおく）

(v) $\dfrac{dy}{dx} = x^2 + xe^{-y} - x^2 e^{-y} - x$

(vi) $\dfrac{dy}{dx}(x+y)^2 = 1$

公式

(i)で $\displaystyle\int \dfrac{dx}{\sin x} = \log\left|\tan\dfrac{x}{2}\right|$ を利用する。

（解答は巻末）

第2章
パズル感覚で微分方程式を

滑るか転がるか

ニュートン方程式 (1.9) や，物理学の基本法則を表す式 (1.17) では，式の中に導関数，しかも2階の導関数を含んでいる。この導関数を「ほどく」，つまり導関数を消すことを微分方程式を解くと称し，理論物理の大きな部分がこれにたずさわっていることは第1章で述べた。この章では微分方程式の考え方と，それを解くテクニックを習得する。これも物理数学の大切な仕事の一つになる。

前章でも述べたように，波動学，熱学，電磁気学等，物理学のあらゆる分野に微分方程式が現れる。再三述べるように，直感的な，しかも簡潔な運動方程式がきまっている好例が力学であり，普段，とり扱われる場合が多いのも力学だ。したがって回転をも含めたニュートン方程式にたちかえって，微分方程式を解いていくことを考えよう。

まるい物体が斜面を転がる問題は，簡単な力学の典型例である。文字 θ は回転角として使用するため，斜面の傾角は α

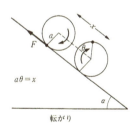

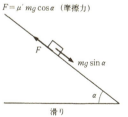

図 2.1 転がり(上)と滑り(下)

としよう。回転物体の質量を m とすれば，この物体に働く力は重力の mg である。したがって斜面にそった下方へは $mg\sin\alpha$ の力が働く。この斜面が物体に及ぼす力を，斜面にそった方向とそれに垂直な方向とに分けて，斜面にそった方向には速度と反対向きに F，垂直方向には R が働くとする。

R は抗力とよばれるが，通常は，まるい物体でも四角な物体でも $R=mg\cos\alpha$ となる。しかし特別な設問の場合のほかは，R は物体の進行方向と垂直なために，摩擦力（静止摩擦力 μR または 動摩擦力 $\mu' R$）を使用する以外に，あまり問題にされない。

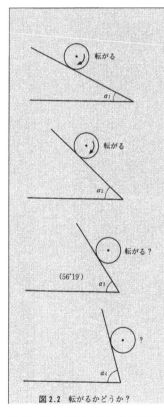

図 2.2 転がるかどうか？

傾角 α の斜面上に，円柱のようなものを乗せたとき，それは必ず転がる，として問題を解くのが普通であり，「この手」の話はそれでよし，としている。

しかし，本当にそれでよいのか。円柱はいつも斜面をぐるぐる転がるだけか。こうしたことに，常に疑問をもたなければならない。

確かに傾角 α が小さいときには，円柱は転がるだろう。しかし，傾角 α が 90 度，つまり崖のように立った坂だったら，円柱はストンと真下に落ちる。これはなっとくできる。では α が 85 度なら，80 度なら，……と考えてみると，はてどうかなと心配にもなる。自分で試してみても，円柱は回ったり落ちたりで，どうもはっきりしない。

とにかく α が 90 度でなければ，多かれ少なかれ抗力 $R=mg\cos\alpha$

で斜面は物体を押しているのだから，この「押し」のために接触点が力学的不動点（瞬間的には動かない点）になり，この点を中心として重心は下方に流れ，結局は回転することになるのだ……との説は，かなり説得力がある。確かにそのとおりだ，斜面が鉛直でないかぎり転がるのだ，といいたくなる。しかしこれは違う。接触点は斜面の急なとき，必ずしも力学的不動点にはなり得ないのである。傾角が大きい場合には，実際には滑$\dot{り}$な$\dot{が}$ら$\dot{転}$が$\dot{る}$のである。したがって，たんに転がる場合と，滑りながら転がる場合の 2 つに分け，円柱を例にとって調べてみる。

傾角 α，円柱の質量 m，半径 a，斜面における摩擦力を F とする。

〔1〕 全く滑りがないときニュートン方程式は

$$\left.\begin{array}{l} m\ddot{x}=mg\sin\alpha-F \\ I\ddot{\theta}=Fa \quad (I=ma^2/2) \\ \text{回転だけのため} \quad a\theta=x, \ a\dot{\theta}=\dot{x}, \ a\ddot{\theta}=\ddot{x} \end{array}\right\} \quad (2.1)$$

この式から未知数 $\ddot{x}$ と F とを求めれば

$$\ddot{x}=\frac{2}{3}g\sin\alpha, \quad F=\frac{1}{3}mg\sin\alpha \tag{2.2}$$

ここで力 F は，最大摩擦力を越えない（だから滑らない）から

$$\frac{1}{3}mg\sin\alpha \leq \mu mg\cos\alpha \quad \therefore \quad \tan\alpha \leq 3\mu \tag{2.3}$$

ちなみに円柱に限らず，慣性モーメント $I=Cma^2$ のまるい物体なら式 (2.3) は

$$\tan\alpha \leq \frac{1+C}{C}\mu \tag{2.4}$$

となる。C は形によってきまる値であり，形態因子とよぶことができる。リングのように C が 1 に近いものなら，$\arctan 2\mu$ 以下の傾角で転がり，それ以上なら滑りが始まることになる。ちなみに C の値は，リングなら 1，円柱なら 1/2，球なら 2/5，球殻なら 2/3 である。

〔2〕 滑りつつ転がり落ちるとき

円柱を例にとり，$\tan\alpha > 3\mu$ の場合を考える。このとき摩擦力 F は

$$F = \mu' R = \mu' mg \cos \alpha \quad (\mu' は動摩擦係数で, \mu > \mu') \tag{2.5}$$

したがって重心に対する運動方程式は

$$m\ddot{x} = mg \sin \alpha - \mu' mg \cos \alpha \quad \therefore \quad \ddot{x} = g(\sin \alpha - \mu' \cos \alpha) \tag{2.6}$$

$\tan \alpha > 3\mu > 3\mu' > \mu'$ から $\sin \alpha - \mu' \cos \alpha > 0$

したがって $\ddot{x} > 0$ であり,重心は式 (2.6) の一定加速度で斜面にそって落ちることになる。式 (2.6) を t で積分し,$t=0$ で $\dot{x}=0$ とおけば

$$\dot{x} = g(\sin \alpha - \mu' \cos \alpha) t \tag{2.7}$$

また回転については $t=0$ で $\omega = \dot{\theta} = 0$ として

$$\frac{m}{2} a^2 \ddot{\theta} = mg \mu' a \cos \alpha \quad t で積分して \quad a\dot{\theta} = 2\mu' g \cos \alpha \cdot t \tag{2.8}$$

したがって接触点の移動する速度は

$$\dot{x} - a\dot{\theta} = g(\sin \alpha - 3\mu' \cos \alpha) t \tag{2.9}$$

である。式 (2.7) と式 (2.9) から,$\dot{x}$(並進速度)も $\dot{\theta}$(回転速度)も時間 t に比例することがわかる。

斜面を,円柱とか球とかが転がる場合,出題者は「円柱は滑らないものとする」とか,式 (2.4) を問題に記入することを忘れてはならない。もしそれがなければ,解答者の方は,滑りながら転がる〔2〕の場合も,併せて答えなければならない。

ちなみに $\mu = 1/2$ なら,四角な物体が静止の状態から滑り出すための条件は $\alpha = 45$ 度以上であるが,円柱が転がるだけでなく,滑る条件は $\alpha = \arctan 3\mu = \arctan 1.5 = 56$ 度 19 分ほどになり,相当切り立った(といっても鉛直にはほど遠い)角度からである。この程度の角度からなら(もちろん $\mu = 0.5$ の場合であるが),転がるだけでなく滑りも加わるのではないか,ということは何となくなっとくされよう。

四角な物体が滑る場合には式 (2.7) にみるように,斜面下方へ $g \sin \alpha t$,それをいくらかでも殺いでいる項が $-\mu' g \cos \alpha \cdot t$ である。ところが滑る円柱のときには,慣性モーメントが相対的には斜面上方へ滑ろうとする要因となり,そのために物体の落下速度に対して式 (2.7) と (2.9) にみるように $-2\mu' g \cos \alpha \cdot t$ だけ余計に「防害」が生じることになる。係数の 2 は円板であるためであり,リングとか球だったら,値は少し違ってくる。

アキ缶にすると遅くなる

再び，傾角 α が十分小さく，転がるだけの場合を考えよう。式 (2.1) から（ただし $I = Cma^2$），中心の加速度は

$$\ddot{x} = \frac{mg\sin\alpha}{m + I/a^2} = \frac{g\sin\alpha}{1+C} \tag{2.10}$$

であり，C はすぐ前に述べたように形態因子である。ちなみに加速度は

リング：$\ddot{x} = (1/2)g\sin\alpha$，円柱：$(2/3)g\sin\alpha$

球：$\ddot{x} = (5/7)g\sin\alpha$，球殻：$(3/5)g\sin\alpha$ (2.11)

というような差がある。

逆にいえば，円柱なら中まで詰まって密度が一様であるかぎり，それが大きくても小さくても，長くても短くても，重くても軽くても，同じ加速度になる。自由落下で空気抵抗が無視できるときには，ガリレオの発見どおり，重くても軽くても下方への加速度が g になるのと同じ理由である。

ちなみに肉入の缶詰と，肉を取りだしたアキ缶とでは後者のほうが遅い。中心部の軽い球と，中心部に重いものを詰めた球とでは，前者のほうが遅い。肉入り缶詰と，ジュース入り缶詰とでは，前者のほうが遅い。

最後の，肉入り缶とジュース入り缶との転がり競走は，面白いほどその差が出て，つねにジュースが勝つ。両方の缶の重さや大きさには関係しない。肉缶は通常の円柱形であるのに対して，液体入りの缶は，力学的にそうなっていないためである。

液体缶は，最初は缶と缶に密着したわずかの液体は回転するだろうが，内部の液体はまわることなく，斜面下方へ並進運動してしまうのである。それだけ回転に費す

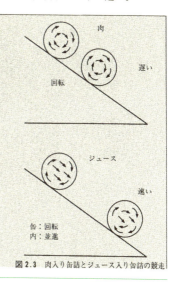

図 2.3 肉入り缶詰とジュース入り缶詰の競走

> エネルギーは少なくてすみ，並進のほうで頑張ってしまうことになる。
> しかし長いこと転がせば，液体内摩擦により，やがて全体が回転して
> いくことになる。

まるい物体が転がる場合の，初速度と初めの位置をともにゼロとすれば式 (2.10) より

$$v = \frac{g\sin\alpha}{1+C}t$$
$$x = \frac{1}{2}\frac{g\sin\alpha}{1+C}t^2 \tag{2.12}$$

鉛直方向に h，したがって斜面にそった方向に $h/\sin\alpha$ だけ落下するのに要する時間は，上の第2式より

$$t = \sqrt{\frac{2(1+C)}{g}}\frac{\sqrt{h}}{\sin\alpha} \tag{2.13}$$

したがってこのときの，並進エネルギー K_T と回転エネルギー K_R とはその定義により

$$K_T = \frac{m}{2}v^2 = \frac{mgh}{1+C} \tag{2.14}$$

$$K_R = \frac{I}{2}\omega^2 = \frac{ma^2C}{2}\left(\frac{v}{a}\right)^2 = mgh\frac{C}{1+C} \tag{2.15}$$

当然，$K_T + K_R = mgh$ であるが，位置エネルギー mgh の，並進と回転への分配の比率は

$$K_T : K_R = \frac{1}{1+C} : \frac{C}{1+C} = 1 : C \tag{2.16}$$

であり，構造因子 C が大きいほど，位置エネルギーの大きな部分を回転に費すことになる。

	K_T	K_R
リング	1/2	1/2
球　殻	3/5	2/5
円　柱	2/3	1/3
球	5/7	2/7

〔問 2-1〕 慣性モーメントを無視できる定滑車に糸をかけ，両端にそれぞれ m_1, m_2（ただし $m_1 > m_2$ とする）のおもりを吊る。このとき当然，重いほうの m_1 が下がるわけだが，その結果 m_1 は？

① おもりが両方にあるから，等速度で下がる

② 定滑車はないのと同じだから，g の加速度でどんどん速くなる。

③ $gm_1/(m_1+m_2)$ の加速度で下がる

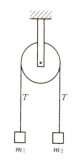

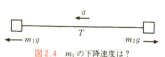

図 2.4 m_1 の下降速度は？

④ $gm_1/(m_1-m_2)$ の加速度で下がる

⑤ $g(m_1-m_2)/(m_1+m_2)$ の加速度で下がる

⑥ $g(m_1+m_2)/(m_1-m_2)$ の加速度で下がる

⑦ m_1 側と m_2 側との加速度（の絶対値）は同じではない

〔解 2-1〕 これは滑車を使ったもっともやさしい問題である。糸はピンと張られているから m_1 側の下がる速度と m_2 側の上がる速度，同様に両方の加速度も同じであり，まず⑦が消える。最初手で押さえて止めておいても，手を放せば静止からだんだん速くなるから①でもない。m_1 だけが自由落下するなら，働く重力は $m_1 g$，これを質量 m_1 で割ると加速度は g となるが，この場合は糸で何がしかの力で上へ引っ張られているのであるから，加速度は g より小さく，②は消える。とすると，③，④，⑤，⑥のうちのどれかになるが，加速度が g より大きくなる④と⑥は消える。

以上は，ときには感覚的に力学の解答を考えてみるのも必要だ，といいたかったわけであり，なれた学習者なら，図 2.4 からすぐに答えの見当がつくだろう。定滑車というのは，つまりは糸（あるいは糸に働く張力）の向きを変えることだけに役立つ。図 2.4 の定滑車の問題は，同図下のように見直されて，左に $m_1 g$ の力で，右に $m_2 g$ の力で糸を引っ張っていること

になる。微分方程式などと大げさなことをいわずとも、加速度 a は常に $a = F/m$ であるから、この場合

$$a = \frac{F}{m} = \frac{m_1 - m_2}{m_1 + m_2} g$$

となる。

〔答〕 ⑤ なお、分子、分母にともに m_1, m_2 が入っていて、分子は小さく(引き算)、分母は大きく(足し算)なっている。

〔問 2-2〕 図 2.4 の定滑車にかかる糸の張力 T はどうなるか。ここでの張力とは、糸(あるいは細長い固体)のどの断面で仮想的に切ったとしても、切断面を引き離そうとする力のことである(糸の場合の張力とは単位面積あたりの力ではなく、全体の引っ張りの力をいう)。

① m_1 側と m_2 側とでは張力は違う
② 張力は両側で等しく $m_1 m_2 g/(m_1 + m_2)$
③ 張力は両側で等しく $2 m_1 m_2 g/(m_1 + m_2)$

もちろんこのほかにも解答群(いわゆるダミーとしての答え)はつくれるが、答えが力 mg の元をもたなければならないため、分母を m の 1 乗、分子を 2 乗として、考えられる例はこの程度だろう。

〔解 2-2〕 定滑車に慣性モーメントがあれば、糸の張力は左右で違い、その差が力のモーメントになって(正しくは力の差と半径との積)、定滑車に角加速度をつけることになる。しかし定滑車の慣性モーメントを無視した本問では、まず①が消える。したがって糸の張力をどこでも T とすると、m_1 に対して、そして m_2 に対して運動方程式は成立し

$$m_1 g - T = m_1 a, \quad T - m_2 g = m_2 a \tag{2.17}$$

a は前問でわかっているから、式 (2.17) のどちらの式を使っても

$$T = \frac{2 m_1 m_2}{m_1 + m_2} g \tag{2.18}$$

であり、m_1 と m_2 とについて(当然ながら)対称の式になる。m_1 と m_2 のどちらが大きくても、この式は成立する。

〔答〕 ③

〔問2-3〕 今度は図2.4で定滑車の半径をr，その質量をM（したがって慣性モーメントは$I=Mr^2/2$）としたときの，m_1の落下加速度と糸の張力を考えてみよう（図2.5）。

定量的な（数値的な）計算は後に正しく行うとして，感覚で想像可能な事柄を述べて，それが正しい（○）か，間違っている（×）かを考えてみよう。ただし$m_1>m_2$とする。

① m_1は下がり，m_2は上がるが，その途中に慣性モーメントをもつ定滑車があるために，両者の加速度（上向きか下向きかさ問わない）は同じではない。

② m_1の下方への加速度は，m_1-m_2に比例する。

③ m_1の下方への加速度は，積m_1m_2に比例する。

④ m_1の下方への加速度は，定滑車を同じ厚さのまま，半径の大きいものにとりかえると，大きくなる。

⑤ m_1側の糸の張力がT_1，m_2側がT_2だというが，同じ1本の糸の張力が場所によって違うのはおかしい。同じはずである。

⑥ T_1とT_2とが同じであれ，異なった値であれ，m_1とm_2とはそのままにしておいて滑車の慣性モーメントIを大きくすると，糸の張力は大きくなる。

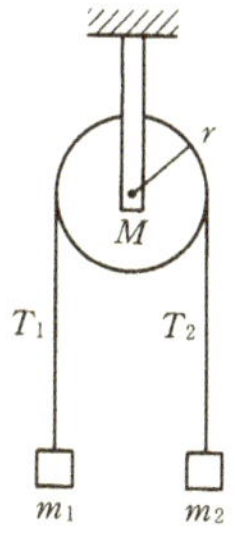

〔解2-3〕 ① 糸はつねにピンと張っているから，両方のおもりの加速度の絶対値は等しいから（×）。

⑤ 前問題で，両側の糸の張力が違うことを述べたから（×）。

図2.5 m_1の加速度と張力Tを考える

しかしこの問題は，想像だけではなかなかピンとこない。②，③，④，⑥については，正しく式を解かなければならない。

前問ではm_1とm_2とを両端とする1本の糸におきかえたが，今度はm_1の周囲，m_2の周囲および定滑車について，それぞれに運動方程式をたてなければならない。

m_1について　　$m_1g-T_1=m_1a$　　　　　　　　　　　　　　(A)

m_2について　　$T_2-m_2g=m_2a$　　　　　　　　　　　　　　(B)

滑車について　　$rT_1 - rT_2 = I\ddot{\theta}$ 　　　　　　　　　　　　　　　　(C)

ところが $r\theta = x$, 　∴　$r\ddot{\theta} = a$

したがって (C) は

$rT_1 - rT_2 = Ia/r$ 　　　　　　　　　　　　　　　　　　　　(C)′

3個の未知数 a, T_1, T_2 に対して，3個の式 (A), (B), (C)′ があるから解くことができる。詳細は割愛して結果のみを書くと

$$a = \frac{m_1 - m_2}{m_1 + m_2 + I/r^2} g = \frac{m_1 - m_2}{m_1 + m_2 + M/2} g \tag{2.19}$$

$$T_1 = m_1 g \frac{2m_2 + I/r^2}{m_1 + m_2 + I/r^2} = \frac{2m_2 + M/2}{m_1 + m_2 + M/2} m_1 g \tag{2.20}$$

$$T_2 = m_2 g \frac{2m_1 + I/r^2}{m_1 + m_2 + I/r^2} = \frac{2m_1 + M/2}{m_1 + m_2 + M/2} m_2 g \tag{2.21}$$

この結果から改めて

①×，②○，③×，④×，⑤×，⑥×

特に⑥は，たとえ式 (2.20), (2.21) がわかっても答えはむずかしい。こんなときの推測は，極端に I（または M）が 0 に近いとき（下表左）と無限に大きいとき（下表右）の T_1 と T_2 を比較するのがいい。そのとき

T_1 ;　$\dfrac{2m_1 m_2}{m_1 + m_2} g \longleftrightarrow m_1 g$

T_2 ;　$\dfrac{2m_1 m_2}{m_1 + m_2} g \longleftrightarrow m_2 g$

$M \to \infty$ では分数が 1 になるとした。以上から，I を大きくしていくと張力 T_1 は大きくなり，T_2 は小さくなることがわかる。滑車が大きいときは，T_1 と T_2 との差額が大きくないと，これに角加速度が与えられない……したがって m_1 はなかなか落下しない……と考えればよい。

力学パズルのハメ手をもう一つ

図 2.6 のように机の隅にある定滑車を通して，机上には摩擦を無視できる質量 m の物体が，また糸の鉛直部分の他端には質量 M の物体が吊られている。このときの物体の加速度 a は，力が Mg，質量が $M+m$ であるから

$$a = \frac{M}{M+m}g \quad (2.22)$$

であり,ついでに運動方程式から糸の張力を求めると

$$T = \frac{Mm}{M+m}g \quad (2.23)$$

となる。張力に関するかぎり,M と m とは対称であり,どちらがコロ付き車でどちらがぶら下がりの重りであっても(意外にも)同一結果になる。

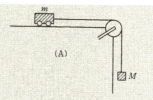

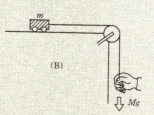

図 2.6 手で引っ張ると?

問題は図(A)でなく(B)である。M の重りの代わりに,手で下方へ Mg の力で引っ張ったらどうなるか。一定の力で引っ張るのはむずかしいし,かなり練習しても,早くなりつつ力は一定というのは熟練(?)を要するが,理論的に不可能ではない。そこで

○ 地球が Mg の力で下方に引こうと,人間の手が同じ力で下方に引いても,結果は当然同じであり,コロ付き車の加速度は同じだ,と答えさせるのが本問のハメ手である。図 1.12 の場合と並んで,物理トリックの代表例の一つといえる。

しかしこの 2 つの結果は異なる。糸を下に引こうとする力はどちらも Mg には違いないが,加速される物体の質量が,前者では $m+M$ であるのに対して,後者では m だけである。要するに手は質量 m だけを加速すればいいのだから,その加速度 a' は当然,前者よりも大きい。

$$a' = \frac{Mg}{m} \quad (2.24)$$

張力は

$$T' = a'm = Mg \quad (2.25)$$

であり,つねに手で糸を引く力になる。摩擦のない車の質量 m が大きくても小さくても,T には関係しないところが特徴的である。

> とにかく手で糸を下方に引っ張るこの問題は，たいへん誤解されやすい。

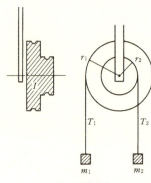

図2.7 同軸滑車

〔問 2-4〕 滑車の問題はいろいろ応用，活用されるが，一つだけ例題として図2.7のような同軸滑車を考えてみよう。半径が r_1 と r_2，糸につるした重りの質量および糸の張力はそれぞれ m_1, m_2 と T_1, T_2 とする。滑車の慣性モーメントは I とする。感覚的に考えて，つぎの結果になるような気がするが，正しければ○，間違っていたら×にせよ。

① m_1r_1 と m_2r_2 とを比較して，大きいほうの重りが落下する。
② T_1 と T_2 とを比較して，大きいほうが下降する糸である。
③ T_1 と T_2 との比は，m_1gr_1 と m_2gr_2 との比に等しい。

〔解 2-4〕 ①はそのとおりだが，②はあやしい。いわんや③の考え方はあまりに単純であり，そんな簡単なものではない……と知っていただきたい。m_1 が下降したときの加速度を a_1，m_2 の上昇加速度を a_2，滑車の反時計側への回転角を θ とすると，運動方程式は

$$
\left.
\begin{array}{ll}
m_1 \text{について} & m_1 a_1 = m_1 g - T_1 \\
m_2 \text{について} & m_2 a_2 = T_2 - m_2 g \\
\text{滑車について} & I\ddot{\theta} = r_1 T_1 - r_2 T_2
\end{array}
\right\}
\quad (2.26)
$$

ただし $a_1 = r_1 \ddot{\theta}$, $a_2 = r_2 \ddot{\theta}$（θ は共通）。これから $a_1 : a_2 = r_1 : r_2$ であることがわかる。

式 (2.26) の3つの方程式から，未知数 a_1, T_1, T_2 を解くことができる。途中の計算を省略して

$$\ddot{\theta} = \frac{m_1 r_1 - m_2 r_2}{m_1 r_1^2 + m_2 r_2^2 + I} g, \quad a_1 = r_1 \ddot{\theta}, \quad a_2 = r_2 \ddot{\theta}$$

$$T_1 = \frac{m_2 r_2 (r_1 + r_2) + I}{m_1 r_1{}^2 + m_2 r_2{}^2 + I} m_1 g, \qquad T_2 = \frac{m_1 r_1 (r_1 + r_2) + I}{m_1 r_1{}^2 + m_2 r_2{}^2 + I} m_2 g \qquad (2.27)$$

$m_1 r_1 - m_2 r_2 > 0$ なら $\ddot{\theta} > 0$. したがって $a_1 > 0$, $a_2 > 0$ で m_1 は下がり，m_2 は上がる.

$I \to 0$ では $T_1 : T_2 = r_2 : r_1$ であり，$I \to \infty$ では $T_1 : T_2 = m_1 : m_2$ である. つまり滑車が軽いときは張力は半径に逆比例し(明らかに②は違う)，滑車がうんと重い(Iが大きい)ときは張力はほとんど重りの質量に比例する. したがって前者で $T_1 < T_2$, 後者では質量の大きい方の T が大きく，糸の張力のどちらが大きいかは，いちがいにいえない. いわんや式 (2.27) の T_1 と T_2 との比を調べると，③のような簡単な結果にはならない.

〔答〕 ① ○, ② ×, ③ ×

〔問 2-5〕 今度は図 2.8 のように円柱型の糸巻きに糸をいっぱいに巻き，一端を天井に固定して放つ. 当然，糸巻きは，ほどけながら，つまり回転しながら落下するだろう. 糸巻きは常に円柱形だとし，半径を r, 質量を(いつまでも)M だとする. 当然ながら慣性モーメントは $I = Mr^2/2$ となる. 糸巻きの中心の落下加速度 a と，糸の張力 T とを考えてみるのであるが，つぎのことは正しいか.

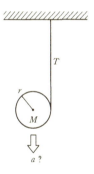

図 2.8 糸巻きの行く末は？

① 糸巻きは鉛直下方に落下するのであるから，ほどけながらといえども，地上のすべての物体と同じく加速度は g である.

② 円柱が転がりながら落ちる場合を式 (2.2) で調べた. 加速度はこの場合も多分 $(2/3)g$ だろう.

③ 「転がる」と「ほどける」とではメカニズムが全く違う. 一端を糸で上方へ引っ張られているのであるから，落下の加速度は $(2/3)g$ より小さい.

④ いや，斜面で $(2/3)g$ なら，今度は鉛直下方へ動くのだから，加速

は $(2/3)g$ より大きい。

⑤ 張力は、たとえ糸がほどけるという事実があるにしろ、つねに $T=Mg$ だ。

⑥ いや、転がりの加速度が $(2/3)$ 倍だから、張力も $T=(2/3)Mg$ だろう。

⑦ いや、張力はまた別だろう。Mg でも $(2/3)Mg$ でもないのではないか。

[解 2-5] 張力を T、重心の落下加速度をわかりやすく $\ddot{x}$、糸巻きの回転加速度を $\ddot{\theta}$、慣性モーメントに最初から $Mr^2/2$ を使えば

$$\left.\begin{array}{l} M\ddot{x} = Mg - T \\ (Mr^2/2)\ddot{\theta} = rT \end{array}\right\} \tag{2.28}$$

ただし $r\theta = x$, $r\dot{\theta} = \dot{x}$, $r\ddot{\theta} = \ddot{x}$、このことから T と $\ddot{x}$ とを未知数として解けば

$$\ddot{x} = (2/3)g, \quad T = (1/3)Mg \tag{2.29}$$

$2/3$ とか $1/3$ とか、妙な因子が出てきたが、これは円板の慣性モーメント(形態因子 $C=1/2$)のなせるわざであり、マリ状の糸巻きだったら、多少、係数は違ってくる。

[答] ① ×, ② ○, ③ ×, ④ ×, ⑤ ×, ⑥ ×, ⑦ ○

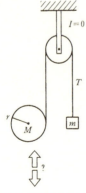

図 2.9 定滑車を入れたら？

[問 2-6] 前問では糸の一端を天井に固定したが、ここでは、定滑車($I=0$ とする)で糸の方向を変え、その先端に質量 m のおもりをつけたらどうなるだろう。定量的なことは計算の後にまわして、カンだけで考えられるつぎのことは正しいだろうか。

① 糸巻きの落下速度は、前問のように糸の一端が固定されている時には $(2/3)g$ であるが、今度はこれより小さい。

② いや、糸は右側の重りでぐいぐいと

ほどかれるのだから,糸巻きの落下は,かえって$(2/3)g$より大きくなる。
③ 糸巻きと重りは,同じ加速度で仲よく平行的に落下していく。
④ 重りのほうはただ落ちるだけであるから,重りのほうが落下加速度は大きい。
⑤ 糸の張力は,慣性モーメントのない定滑車にかけられているのだから,左右は同じで,今度こそMg(またはmg)である。
⑥ 重りの引っ張りが本ものの力だから,糸の張力はmgだ。
⑦ 糸は両方から引っ張られているわけであるから,$mg+Mg=(m+M)g$となる。

〔解2-6〕とにかく式をたてて解こう。ただし糸巻きの重心は下方へx_1,重りは下方へx_2動くとし,糸巻きの回転角はθ,糸の張力はTである。

$$\left.\begin{array}{l}\text{糸巻きの並進}\quad M\ddot{x}_1=Mg-T\\ \text{糸巻きの回転}\quad (Mr^2/2)\ddot{\theta}=rT\\ \text{重りの並進}\quad m\ddot{x}_2=mg-T\end{array}\right\} \quad (2.30)$$

糸の長さの増加する加速度は$\ddot{x}_1+\ddot{x}_2$であるから$\ddot{x}_1+\ddot{x}_2=r\ddot{\theta}$

以上の4式を連立式にして解いて

$$\text{糸巻き}\quad \ddot{x}_1=\frac{M+m}{3m+M}g, \quad \text{重り}\quad \ddot{x}_2=\frac{3m-M}{3m+M}g$$

$$\text{張力}\quad T=\frac{2mM}{3m+M}g \quad (2.31)$$

つまり糸巻きは,反対側の重りmがいくら大きくても,$\ddot{x}_1>0$で下方に加速する。これに対して重りのほうは,$3m<M$なら$\ddot{x}_2<0$で上に加速してしまう。つまり糸巻きがうんと重く,重りが軽ければ,重りが上がることはあり得るが,糸巻きのほうは,たとえ上方へ強く引かれても,自らは糸をほどいて常に下方に加速する。

$m=M$のとき,$\ddot{x}_1=\ddot{x}_2=(1/2)g$, $T=(m/2)g$になるのも面白い,

$M\to 0$なら$\ddot{x}_1=(1/3)g$, $\ddot{x}_2=g$(自由落下)

$\qquad T\approx 0$(糸は遊んでしまう)

$m\to 0$なら$\ddot{x}_1=g$(自由落下),$\ddot{x}_2=-g$(上がる)

$T \approx 0$（これも遊んでしまう）

[答] ①× 必ずしも小さくはない。$\ddot{x}_1 \approx g$ もあり得る。

②× もちろん小さいこともある

③×, ④×, ⑤×, ⑥×, ⑦×

式（2.31）の計算結果のようになり，①～⑦のいずれかの判断も正しくはない。

〔落ち着いて考えてみること〕

 前問で糸巻きの落下加速度は，逆側のおもり m が非常に軽いときは下方へ g，m がうんと重い（相対的には $M \to 0$）ときは下方へ $g/3$ であり，とにかく糸をほどきながら落下することはわかった。極端に考えて m が1トン，2トンでも糸巻きが上に上がることはない。ではどんな力で引いても絶対に糸巻きが上がることはないのか。

 ここであきらめてはいけない。物理的内容をいま一度吟味してみる必要がある。

 糸巻きの他端に重いものを吊すということは，引きの「力」mg を大きくすることである。m をいくら大きくしても，糸を引く加速度は g にすぎない。

 では「人間の手で，あるいは機械に頼って，g よりも大きな加速で引いたらどうか」

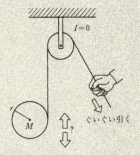

図2.10 どんな力で引いても上がらないのか

ということに気がつかなければならない。糸の力がいくら強くても，それだけすばやく糸巻きから糸がほどけるだけであり，糸巻きは上がろうとしない。大きな加速で引いてこそ，糸巻きは上がる。

 まず糸巻きを静止させるための引く側の加速度を $\ddot{x}_0$ とすれば，式（2.30）の上の2つの式で $\ddot{x}_1 = 0$ とおいて，連立して解き

$$\ddot{\theta} = 2g/r, \quad \ddot{x}_0 = r\ddot{\theta} = 2g, \quad さらに \quad T = Mg \qquad (2.32)$$

> つまり糸巻きを宙に静止（もちろん回転はする）させるためには，重力 g の2倍の加速度で糸を引けばいい。
>
> さらに糸巻きの重心を，上方に $\ddot{x}_0$ の加速度で上げたければ，式 (2.30) から
>
> $$r\ddot{\theta}+\ddot{x}_0 = 2g + 3\ddot{x}_0 \tag{2.33}$$
>
> の加速度で糸を引かなければならない。結局，糸巻きを上方に $\ddot{x}_0$ の加速度で上げるためには，糸を引く加速度を，まず宙に浮かせるためには $2g$，また $\ddot{x}_0$ の加速で上に上げるためにはその3倍の $3\ddot{x}_0$ の加速で引くことが必要なのである。
>
> しかしとにかく，糸をすばやく（速さでなく大きな加速度で）引くことにより，糸巻きが上がる場合もあることがわかる。

[問 2-7] 図 2.11 のように，定滑車の両側に糸を巻きつけて，その質量，半径をそれぞれ M_1, M_2 および r_1, r_2 とする。糸の張力はどこででも等しく T，そして下方への変位をそれぞれ x_1, x_2 とする。2つの糸巻きの加速度 $\ddot{x}_1$, $\ddot{x}_2$ および張力 T はどうなるだろう。

① 両方とも糸巻きだから，下方への加速度は全く同じ $(2/3)g$ である。

② いや，加速度は違う。半径の小さいほうが質点に類似していて加速度は大。

③ 加速度の大きさは糸巻きの半径には無関係。質量の大きいほうが加速は大。

④ 両方の加速度の和 $\ddot{x}_1 + \ddot{x}_2$ は，それらの質量や半径に関係なく一定値だ。

⑤ 張力 T は，図 2.8 の場合を参照して $(1/3)(M_1+M_2)/2 \cdot g$ である。

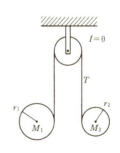

図 2.11 糸巻きを2つに

⑥ いや，質量を平均にする必要はない。張力は $(1/3)(M_1+M_2)g$ だ。

[解 2-7] 問題の①〜⑥は，わかったようなわからないような感覚である。あまりなっとくできるものではない。そのため正面から式を解こう。M_1 側の糸巻きの回転角（図では反時計回り）を θ_1，M_2 側のそれを時計回

りで θ_2 とする。定滑車は慣性モーメントがないとしたから，糸の方向を変えるだけであり，この回転は考えなくていい。2つの糸巻きのニュートン方程式を書けば

$$\left.\begin{array}{l} M_1\ddot{x}_1 = M_1 g - T, \quad (M_1 r_1^2/2)\ddot{\theta}_1 = r_1 T \\ M_2\ddot{x}_2 = M_2 g - T, \quad (M_2 r_2^2/2)\ddot{\theta}_2 = r_2 T \\ \text{ただし } \ddot{x}_1 + \ddot{x}_2 = r_1\ddot{\theta}_1 + r_2\ddot{\theta}_2 \end{array}\right\} \quad (2.34)$$

以上の 5 式から未知数 $\ddot{x}_1$, $\ddot{x}_2$, $\ddot{\theta}_1$, $\ddot{\theta}_2$, T が求められる。結果は

$$\ddot{x}_1 = \frac{3M_1 + M_2}{3(M_1 + M_2)} g, \qquad \ddot{x}_2 = \frac{M_1 + 3M_2}{3(M_1 + M_2)} g$$

$$r_1\ddot{\theta}_1 = \frac{4M_2}{3(M_1 + M_2)} g, \qquad r_2\ddot{\theta}_2 = \frac{4M_1}{3(M_1 + M_2)} g$$

$$T = \frac{2M_1 M_2}{3(M_1 + M_2)} g \qquad (2.35)$$

解答は M_1 側と M_2 側とで全く対称である。どちらも落下し，上がることなどない。では同じように落ちるのか。それとも加速度，したがって速さは違うのかは誘導式 (2.35) をみて，落ち着いて答えればいい。直接に答えるまえに，極端な場合を想定して（記号 $\gg$ は極端に大きな差を表す），結果がどんな具合になるかを調べておくことも大切である。

$M_1 \ll M_2$ から $M_1 \gg M_2$ になる過程で

 M_1 の落下加速度 $\ddot{x}_1$ は $g/3$ から g に

 M_2 の落下加速度 $\ddot{x}_2$ は g から $g/3$ に

 $r_1\ddot{\theta}_1$（円周）の加速度は $(4/3)g$ から 0 に

 $r_2\ddot{\theta}_2$ の加速度は 0 から $(4/3)g$ になる。

張力 T は $M_1 = M_2$ のとき $T = mg/3$ であり，一方が圧倒的に重い（あるいは軽い）と $T \to 0$ となる。軽いほうの糸巻きは $g/3$ の加速度で落ちながらも，糸への抵抗はほとんど示さず，糸は「遊び」の状態に近づいてしまうからである。

〔答〕 ① ×，② ×，③ ○，④ ○，⑤ ×，⑥ ×

微分方程式にはパターンがある

力学においては，方程式中の微分型はほとんどが d^2x/dt^2 であった。この

微分型が加速度を表し、しかも加速度と質量との積が、代表的な物理量であるところの「力」になるためである。

今度は力学以外で、しかも直感的にも理解しやすい物理的事項を探していくことにしよう。対象のほうをなるべく同じものに揃えるため、化学反応速度論について微分方程式を解く訓練をしてみたい。化学反応の時間的経過を調べるこの一般論は、理論化学の範疇に入るかもしれないが、内容そのものは普遍的な一般論であり、その一般的であるがために、物理学の一部ともいえそうである。話はけっしてむずかしいものではなく、きわめて常識的に方程式がたてられるものである。

① 1次反応　　$A \longrightarrow B$

1つのものがそのまま他のものに変化する最も簡単な反応。化学反応では、このように一方的（不可逆という）にのみ進行するものは、ほとんどない。たとえば酸素とオゾンとの関係も $3O_2 \rightleftharpoons 2O_3$ というように、条件によって右にも左にも移動する。大気中のオゾン層の破壊とは、右辺から左辺に移りやすくなる事実をいうのであろう。

むしろ原子核反応に、この例が多い（式の括弧中は半減期）。

$^{238}_{92}U \longrightarrow ^{234}_{90}UX_1$　$(4.5 \times 10^{11}$ 年$)$

$^{226}_{88}Ra \longrightarrow ^{222}_{86}Rn$　$(8 \times 10^4$ 年$)$

とか、β 崩壊の

$n \longrightarrow p + e + \nu_e$ $(1000$ 秒$)$

は一方的であり、もしこれの逆反応がみつかれば、大統一理論（弱結合、電磁結合、さらに強結合が同一理論から説明できるという、近代物理学の目標の一つ）を立証する画期的なことになる。

要は、AがBになるのであるが、Bの増える量（同時にAの減る量）は、その時刻でのAの量に比例する。Aがたくさんあれば、単位時間内にBに変化するものが多く、Aが少なければ、Bの増加も少ない。

最初 $(t=0)$ のAの量は a、Bの量は 0 とし、時刻 t でのAの量を x（したがってBの量は $a-x$）とする。a や x は、重量でもモル数でも、また気体ならば同一条件での体積でもいい。あるいはミクロの立場をとり、原子

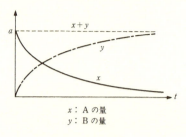

x：Aの量
y：Bの量

図 2.12　1次反応

の数とか分子の数，または素粒子の数でもいい。そのときは 10^{24} もの数になるが，左辺も右辺も大きいのだから，かまわない。

1次変化式は，簡単に

$$-\frac{dx}{dt} = kx \quad (2.36)$$

となることはわかろう。

k は単位時間に，A のどれほどが変化してしまうかの割合を表す定数であり，反応定数とよぶ。k が大きいほど反応の変化は大きい（あるいは速い）。式を変数分離で

$$\frac{dx}{x} = -k dt \quad \text{として，積分すれば}$$

$$\log x = -kt + C \quad \therefore \quad x = C' e^{-kt}$$

となり，$t=0$ で $x=a$ であることから

$$x = a e^{-kt} \quad (2.37)$$

したがって B の量は $a - x = a(1 - e^{-kt})$

となる。指数の肩が，変数（特に時間）にマイナスを掛けた形になるのは，簡単な物理問題ではしばしば表れるものであるから，グラフとともに十分に理解しておかなければならない。

② 2次反応　A + B ⟶ Q

A と B とが反応（化学だったら化合）して第3の物質になる場合。反応の右辺は Q だけでなく，もっと複数の物質でもかまわない。

例としては $C + O_2 \longrightarrow CO_2$ などが考えられるが（当然，A は炭素，B は酸素と考える），気体論としては炭塵の爆発になってしまうから，化学反応速度論としてはあまり適当でないかもしれない。

最初（$t=0$），A の量を a，B の量を b とする。変数 x を Q の量とすれば，A の量は $(a-x)$，B の量は $(b-x)$ となり，反応速度係数を k とすると

$$\frac{dx}{dt} = k(a-x)(b-x) \quad \therefore \quad \frac{dx}{(a-x)(b-x)} = k\,dt \tag{2.38}$$

いわゆる部分分数分解をすると

$$\frac{1}{(a-x)(b-x)} = \frac{A}{a-x} + \frac{B}{b-x}$$

$\therefore \quad Ab - Ax + Ba - Bx = 1 \qquad x$ のどんな値でもこれが成立するには

$$\begin{cases} Ab + Ba = 1 \\ A + B = 0 \end{cases} \quad \text{これから} \quad \begin{cases} A = \dfrac{1}{(b-a)} \\ B = \dfrac{1}{(a-b)} \end{cases}$$

よって式 (2.38) を t で積分すると

$$\frac{1}{a-b}\log(a-x) - \frac{1}{a-b}\log(b-x) = kt + C$$

$$\therefore \quad \log\frac{b-x}{a-x} = -(a-b)kt + C'$$

$$\therefore \quad \frac{b-x}{a-x} = C'' e^{-kt(a-b)}$$

ここで,初期条件は $t=0$ で $x=0$ $\therefore$ $C''=b/a$ であるから,

$$\frac{b-x}{a-x} = \frac{b}{a} e^{-k(a-b)t}$$

$$\therefore \quad x = b\left\{\frac{1 - e^{-k(a-b)t}}{1 - (b/a)e^{-k(a-b)t}}\right\}$$

または $\quad x = \dfrac{1 - e^{-k(a-b)t}}{(1/b) - (1/a)e^{-k(a-b)t}}$ \hfill (2.39)

となる。

式 (2.39) の曲線(図 2.13)を見ると,$t \to \infty$ で x は a もしくは b に漸近するが,その値は a と b のうちの小さいほうである。反応の結果,A,B の少ないほうはすべて Q に変化するが,多いほうは $a-b$ または $b-a$ だけ残ることは十分になっとくできよう。式 (2.39) は複雑ではあるが,結局はマイナスの指数関数型であり,ある水平線に漸近する。

ところが,ここでこと終りとしてはならない。物理でもっとも注意すべきことの一つでもあるが……$a=b$ のケースを改めて調べてやらなければならない。もちろん解の式 (2.39) に $a=b$ の場合を代入してみると,す

ぐにその式が得られる，というのなら特別にことわる必要はない。一般的な解が式 (2.39) である，とすればいいのであるが，この場合はそうはいかない。積分というものは，被積分関数のわずかな違いで，原始関数が全く別の形になってしまうのである。

改めて式 (2.38) で $a=b$ なら

$$\frac{dx}{dt}=k(a-x)^2 \qquad (2.40)$$

$$\therefore \quad \frac{dx}{(a-x)^2}=kdt$$

$$\therefore \quad \frac{1}{a-x}=kt+C$$

初期条件を入れて

$$\therefore \quad kt=\frac{1}{a-x}-\frac{1}{a}$$

$$=\frac{1}{a}\frac{x}{a-x}$$

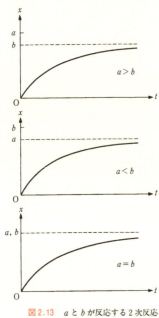

図2.13 a と b が反応する2次反応

$$\therefore \quad x=\frac{a^2kt}{1+akt} \qquad (2.41)$$

図2.13 に見るように，式 (2.39) と式 (2.41) は図にするとよく似ているが，式は全く違う。式 (2.39) では指数関数的に漸近するのであるが，式(2.41)は途中の式でみるように，$a-x$ と t とが反比例様の関係にあり，逆1乗的に漸近する。傾向が似ていれば同じようなものではないか，との考え方もあるが，関数形は全く違うのであるから，$a=b$ のときにかぎり，注意が必要である。

とにかくこの2次反応においては，式 (2.39) だけを解答とするのは不完全であり，式 (2.41) も併せて述べなければならない。

③ 連続1次反応　　A ⟶ B ⟶ C

$^{226}_{88}\text{Ra}-(1602\text{ 年})\longrightarrow {}^{222}_{86}\text{Rn}-(3.824\text{ 日})\longrightarrow {}^{218}_{84}\text{Po}$

などの原子核崩壊がその一例である。一般論として $A\longrightarrow B$ の反応係数を k_1, $B\longrightarrow C$ のそれを k_2 とする。最初は ($t=0$)，Aのみが量 a だけ存在し，BもCもないとする。やがてAからBができ，そしてCに移っていくだろう。この場合，注目されるのは k_1 と k_2 の値である。

k_1 が (k_2 よりも) うんと大きければ，ある時刻ではBがかなり多くなる。これは容易に想像できる。それでは k_1 が小さく，k_2 が大きかったらどうなるか。AからBへは(単位時間に)わずかしか変化しない。ところがBはすぐCに変ってしまう。もしこれが流れ作業だったら，$B\longrightarrow C$ の熟練工はBのできるのを待ちかまえていて，すぐCにしてしまう。材料として，Bがたまるようなことは考えられない。では，自然現象でもそうであ

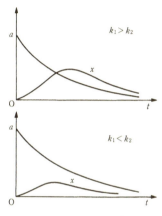

図2.14 連続1次反応

ろうか。k_1 と k_2 との比がある臨界値を超えると，Bが存在するひまはない……ということも起こりそうであるが，一方，それは変だという気もする。こんなときには微分方程式を正しく解いてやればいい。

Bの量に特別に注目しよう。$A\longrightarrow B$ はすでに計算した式 (2.37) により，時刻 t においてはAの量は $ae^{-k_1 t}$ である。このとき，Bの量 x については，その減少の速さ $-dx/dt$ とは，みずからCに移行すること ($k_2 x$) と，Aからやってくること ($-k_1 ae^{-k_1 t}$) の両方の総合であるため，方程式は

$$-\frac{dx}{dt}=k_2 x-k_1 ae^{-k_1 t} \qquad (2.42)$$

というふうに，指数関数を含んだややこしいものになる。ここで，右辺第2項がなければ当然（Aを積分定数として）

$x=Ae^{-k_2 t}$

になる。これはB$\longrightarrow$Cの過程だけを表したものであり、A$\longrightarrow$Bの過程も考慮して結局、解を

$$x = Ae^{-k_2 t} - Ae^{-k_1 t} \tag{2.43}$$

とおいてみる。なぜなら、右辺第1項だけなら$t=0$で有限値(A)になってしまうが、実際には$t=0$でx（Bの量）は0であるから、第2項の係数も同じAでなければならない。そうしてこの種の反応（2次反応）は時間に対しては指数関数的に減るものであるから、右辺第2項のように、反応係数をk_1として指数にするのが望ましい……と推測するのである。

原始関数を求めるのは、ある程度カンに頼ることであると最初に述べた。ここでも、なぜ解を式(2.43)のようにおくのかをいぶかる初心者も多かろうが、結局はこのような方法で前途が開けるものである……と馴れて頂くほかはない。

さて式(2.43)を式(2.42)に代入して微分すると

$$Ak_2 e^{-k_2 t} - Ak_1 e^{-k_1 t} = Ak_2(e^{-k_2 t} - e^{-k_1 t}) - k_1 a e^{-k_1 t} \tag{2.44}$$

$e^{-k_2 t}$を含む項は両辺で相殺し、$e^{-k_1 t}$の項を両辺で等しいとおけば

$$-Ak_1 = -Ak_2 - k_1 a \quad \therefore \quad A = \frac{ak_1}{k_1 - k_2} \tag{2.45}$$

これで積分定数Aが求められたから、Bの量xは、このAを式(2.43)に代入して

$$\begin{aligned}x &= \frac{ak_1}{k_1 - k_2}(e^{-k_2 t} - e^{-k_1 t}) \\ \text{or } &= \frac{ak_1}{k_2 - k_1}(e^{-k_1 t} - e^{-k_2 t})\end{aligned} \tag{2.46}$$

この式でみるように、$k_1 > k_2$なら（A$\longrightarrow$Bが大）xはつねに正、$k_2 > k_1$なら（B$\longrightarrow$Cが大）、下の式からxはこれまた正である。結局、$t=0$や$t \longrightarrow \infty$でxはゼロとなるが、中間ではxはつねに「存在している」わけである。たとえB$\longrightarrow$Cが熟練工ですばやくても（$k_2 \gg k_1$）、式(2.46)の下の式でみるように、xは$t=0$から徐々に大きくなり、極大を経て、漸減していくことに変りはない。

Bの量xが最大になる時間は式(2.46)をtで微分して0とおき

$$t_m = \frac{1}{k_1 - k_2} \log \frac{k_1}{k_2}$$

$$= \frac{1}{k_2 - k_1} \log \frac{k_2}{k_1} \quad (2.47)$$

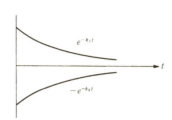

である。右辺は式を 1 つ書けば十分であるが（因子が 2 つとも負なら，t_m はやはり正になるから），わかりやすく 2 つの式を書いた。

なお式 (2.46) の t での 2 階微分が $0 \sim t_m$ の間で正から負，$t_m \sim \infty$ の間で負から正に変る。つまり各々の区間で 1 つずつの変曲点をもち，どのような場合でも B の量 x は図 2.15 のようになる。

なお C の量 y は

$$y = a - [A] - [B]$$

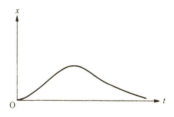

図 2.15　B の量 x は 2 つの減少指数関数の差

$$= a - ae^{-k_1 t} - \frac{k_1 a}{k_1 - k_2}(e^{-k_2 t} - e^{-k_1 t})$$

$$= a \left\{ 1 - \frac{k_2}{k_2 - k_1} e^{-k_1 t} + \frac{k_1}{k_2 - k_1} e^{-k_2 t} \right\} \quad (2.43)$$

であり，0 から漸次増加して a になっていく。

もし 2 つの反応係数が同じなら ($k_1 = k_2$)，微分方程式は普通のかたちで（?），解くことができる。式 (2.42) より

$$-\frac{dx}{dt} = kx - kae^{-kt} \quad (2.49)$$

両辺に e^{kt} をかけてみると　　$\frac{dx}{dt} e^{kt} + ke^{kt} \cdot x = ka$

$$\therefore \quad \frac{d}{dt}(x \cdot e^{kt}) = ka \quad \therefore \quad xe^{kt} = kat + C$$

$t = 0$ で $x = 0$ したがって $C = 0$

$$\therefore \quad xe^{kt} = kat \quad \therefore \quad x = akte^{-kt} \quad (2.50)$$

式 (2.50) はグラフを描けば式 (2.46) ときわめてよく似ているが，式

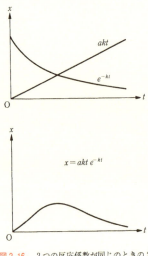

図2.16 2つの反応係数が同じのときの2次反応

のかたちはまるで違う。式 (2.46) が2つの減少指数関数の差になっているのに対して，式 (2.50) のほうは，原点を通る直線と減少指数関数との積（図2.16 参照）になっているのである。

このように一つの現象に直面して微分方程式を立ててそれを解く場合，特殊なケースでの解答も併記しなければ，正しい答えとはいえないのである。

④ 3次反応　A＋B＋C ⟶ Q

初期条件 ($t=0$) として，A，B，Cの量をそれぞれ a，b，c とする。時間 t だけ後の，Qの量を x とし，反応係数を k とすれば

$$\frac{dx}{dt}=k(a-x)(b-x)(c-x) \tag{2.51}$$

2次反応の場合と同様に，部分分数分解を行い

$$\frac{1}{a-x}\frac{1}{b-x}\frac{1}{c-x}=\frac{A}{a-x}+\frac{B}{b-x}+\frac{C}{c-x}$$

3元1次方程式から A，B，C を求める。さらに変数分離法で微分方程式を解き，初期条件 $t=0$ で $x=0$ を考慮すれば

$$kt=\frac{1}{(a-b)(a-c)}\log\frac{a}{a-x}+\frac{1}{(b-a)(b-c)}\log\frac{b}{b-x}$$
$$+\frac{1}{(c-a)(c-b)}\log\frac{c}{c-x} \tag{2.52}$$

が得られる。量 a，b，c がサイクリック（循環的）になるのは当然である。上式は変数 x の関数として，t が得られるかたちになっているが，物理的内容からは，変数 t の関数として，x が得られるに越したことはない。しかし，いたずらに式を複雑化するよりも，式 (2.52) を解として表現す

るほうが式ははるかにスマートになろう。

このように物理数学の結果としては,「見易い」ということも要素の一つに入れておいていい。

3次反応の例外として $b=c$ なら

$$\frac{dx}{dt}=k(a-x)(b-x)^2 \tag{2.53}$$

$$\therefore \quad kt=\frac{1}{(a-b)^2}\left(\frac{a-b}{b-x}+\log\frac{b-x}{a-x}\right) \tag{2.54}$$

となり,式 (2.52) とはかなり違った形になる。それでは $a=b=c$ ならどうか。これは特殊な場合として次に調べよう。

⑤ 同じ物質（あるいは異なる物質でも等量）の n 次反応

方程式は

$$\frac{dx}{dt}=k(a-x)^n \tag{2.55}$$

もちろん $n=2$ でも,3でも,それ以上でもいい(積分の特色として,$n=1$ だけは除く)。

この微分方程式を解けば

$$kt=\frac{1}{n-1}\left\{\frac{1}{(a-x)^{n-1}}-\frac{1}{a^{n-1}}\right\} \tag{2.56}$$

であり,対数関数は全く出てこない。

一般にA（量 a）,B（量 b）……N（量 n）が化合してQになる N 次反応では,②や④と同じように微分方程式は変数分離型になり,部分分数分解をして,t を x（Qの量）の関数の形に表す——丹念に式を扱っていけば——ことが可能である。このとき,初めにもっとも少ない量が,$t \to \infty$ でゼロに漸近し,他の量は反応の性質から,すべてが並行的に減少していくことになる（次頁図 2.17）。

電磁気学では

簡単な微分形を方程式の中に含む例として,広範な電気回路の問題がある。電磁気の話は,一般物理学では力学についで重要視され,教科書でも

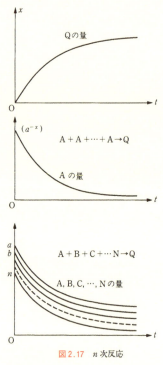

図 2.17　n 次反応

多くの頁数が費される。ところが,「ものの動き」などを主体とする力学は視覚で十分にとらえることができるのに対して,電気といえば照明,テレビ,洗濯機,電子レンジなどという身の回りの多くの機器を作動させるものであることは承知しているが,見馴れたものとはいい難い。きわめて重要なものではあるが,何せ目に見えないものであるから,原理のようなものから説き明かされても,とらえどころがない。その「妙」なものが,大手を振って物理学の中の主要部を示め,しかもこの抽象的(?)なものを理解して,それに関する問題を解かなければ履修したことにはならない……というようなことから,教える側としては,いろいろな工夫が必要となるのである。

　第 1 章から述べてきた力学も,また化学反応速度論も,多かれ少なかれ対象物のイメージをつかむことができる。ところが電気となると,照明以外には見たこともないし,しいて五感への感覚経験はと聞かれれば,ドアのノブに触れた瞬間「ビリッ」ときた,あれが電気だ,というほどの認識しかない。

　確かにこの意味では,電気は抽象物といえるかもしれない。しかし抽象的だからといって物理学の隅で小さくなっていろ,というわけにはいかない。それでは電気のとり扱いはどうするか。理解できる絵ともなれば,煌煌と輝く電灯を描いて強い(あるいは大きな)電気だ,暗い絵では電気が

ほとんどない……などといったところで、それ以上の進歩も発展も期待できない。電気とはこういうものだとさまざまな定義を覚え込んでもらい、それらの量的関係を数学を使って調べ、研究していくほかはない。

　磁気についても、磁石が鉄を吸い着けることと、磁針が南北を向く事柄のほかは、一般には何も知られていない。このようなわけで、電磁気はその実体がつかみにくいこと（身の回りに電機製品がうんとあるにもかかわらず）、さらに数式を使ってそれらの量的関係を計算していかなければならないこと、の二重苦（？）のために、特別に物理の好きな人を除いては——特に文系の人たちには——苦手な（というよりも、本当にいやな）学問である。こんな目に見えないものを、しかも数学を使って学べ、という要請によって、理系を志望する学生がますます減少しているのではないか……と筆者は考えるのである。

　しかし、ここで愚知を並べていても始まらない。ものに大きさとか重さ、形や（動くときには）速さがあるように、電気についての定義量を覚えなければならない。力学量は、長さ $[L]$、質量 $[M]$、時間 $[T]$ の組み合わせですべてが組み立てられるが、電磁気学ではこれらと独立に（つまり L, M, T とは無関係に）いま一つの量的定義をしなければならない。もっともわかりやすいのは、電気量としての単位（実用的にはこれを1クーロンとよぶ）をきめるのがいいが、現実的に測定可能な量として、電流（i）の単位アンペア*（記号Aまたはamp）を定義する。これから連鎖的に

　電気量（量の記号Q）：クーロン〔またはC〕

　電気抵抗（記号R）：オーム〔Ω〕

　起電力、電圧、電位差（記号VまたはE）：ボルト〔V〕

　自己誘導（L）：ヘンリー〔H〕

　電気容量（C）：ファラッド〔F〕

などが電気回路中の量として扱われる。この中で、通常の器具にとりつける部品としては1ファラッドはあまりに大きく、マイクロ・ファラッド

＊　1908年以来、1アンペアは硝酸銀の水溶液を通過して毎秒0.001118gの銀を分離する電流ときめられていたが、1948年の第9回国際度量衡総会で、真空中に1m離した2本の導線に流したとき、1m当たりに 2×10^{-7} ニュートンの力の働く電流ときめられ、1960年の第10回総会で、国際単位系の基本単位として、採択された。

〔μF〕が用いられることが多い。

なお電界の強さ〔E〕には（どうしたわけか）単位名がなく，1m当たり何ボルト〔V/m〕かで表す以外に方法はない。

電線を流れる電流は

電気の専門的な話はさておき，ここでは簡単な微分方程式の問題として電気回路を考えていく。2枚の金属板を対立させたものがもっとも簡単なコンデンサー（蓄電器）であり，一方の板に$+Q$，他方に$-Q$を貯えることができる。このときコンデンサーのもつ電荷（電気量）はQであり（Qと$|-Q|$だから$2Q$だとか，Qと$-Q$でゼロだ，などと考えてはいけない），両板間の電位差は$E=Q/C$，このQが減るときは

$$i=-\frac{dQ}{dt} \tag{2.57}$$

の電流となって，電荷は逃げていくことになる。あるいは逆にiの電流が流れて，それがすべてコンデンサーに貯えられるときには

$$Q=\int i\,dt \tag{2.58}$$

であり，電気回路の問題で，電流iを関数とするときは式(2.57)を，また電気量Qを関数とするときには式(2.58)を使う。定常状態（時間に関係なくきまる）ではオームの法則

$$i=\frac{V}{R} \quad \text{または} \quad V=iR \tag{2.59}$$

が成立することは，電流のもっとも基礎的な知識である。

さて，複雑な回路があるときに，注目した導線にどの程度の電流が流れているかを問われる場合がもっとも多い。電流iがわかれば，その両端の電位差V，あるいはその部分の電気抵抗をRとしたとき

$$P=Vi=i^2R=\frac{V^2}{R} \tag{2.60}$$

のどの式を用いても，単位時間中に消費される電気エネルギーを表し，単位〔L^2MT^{-3}〕に相当するこの量を通常は仕事率，電気工学では簡単に「電力」とよんでいる。SI単位系ではワットである。実際にはこの仕事は，照

明，電熱器，さらにはモーターなどに用いられて，エレベーターや電車を動かすことになる。

> 式 (2.60) をみると，電力は i^2R で R に比例するようでもあるし，V^2/R で R に反比例するようでもある。真実はどちらか。
>
> a が定数なら $y=ax$ は比例，$y=a/x$ は反比例であるが，電力の場合は係数 (i^2 や V^2) が定数ではないから，何ともいえない。i が一定なら抵抗に比例するし，V が一定なら抵抗に反比例するのである。ちょうど円運動の向心力 f が
>
> $$f=\frac{mv^2}{r}=m\omega^2 r$$
>
> で，半径 r に反比例するのか，比例するのかという疑問と同じである。円弧を走る速さ v が一定なら半径は小さいほど f は大きくなるが，角速度 ω が一定なら，r が大きいほど糸の張りは強くなる。このように，数式に対応する物理現象は，現実を十分に把握していなければならない。
>
> 家庭の電気の場合，電力会社から引かれている2本の電線の間の電圧は（実際には交流であるが），つねに 100 V になるように設置されている。そのため，明るい電球は抵抗が小さく，暗いものは大きな抵抗をもっていると考えてよい。物理的機器は，大きな装置ほど大きな結果が得られるのが普通であるが，電流に関しては逆になっているところが面白い。

回路の微分方程式

回路中の電流の値を計算するにはキルヒホッフの法則を用いる。よく知られているように，第1と第2とに分かれ

第1法則：回路の任意の1点に入る電流の和は，そこから出る電流の和に等しい。

ただし，ここでいう1点とは，コンデンサーなどの場合はその両極板を

含めたすべてでなければならない。たとえば正の極板だけに注目しても，そこに電気がたまったり，減少したりする。また任意の1点というのは，1本の導線の途中でもかまわない。電流の量は線の途中で変化することはないから，入った「ぶん」だけ，必ず出ていく。

第2法則：任意の閉じた回路を考えたとき，その回路中の（広義の）全起電力は，各導線の抵抗 R_k とそこを流れる電流 i_k との積を足しあわせたものに等しい。ただし，電流や起電力の向きは，あらかじめ定めておくものとする（たとえば時計回りを正）。逆向きなら当然，負になる。つまり

$$\sum_k i_k R_k = \sum_i V_i \qquad (2.61)$$

であり，この式を用いて，回路のいろいろな部分の電流を求めることになる。

もし起電力 V_i が電池だけだったら，回路網がいかに複雑でも幾何学の問題におきかえることができるが，実際には途中に自己誘導やコンデンサーがあるために，話は複雑になる。

コイル状の記号（図 2.18 の L の部分）で示される自己誘導は，それを通る電流に時間的変化があるとき，コイル内の空間の磁界が変化して（回路自体に電磁誘導が生じて），急激な電流の増減を緩和する働きをする。つまり，あたかもそこに

$$V_L = -L \frac{di}{dt} \qquad (2.62)$$

の起電力が生じて電流の流れを妨げるのと同じ結果になる。L（自己インダクタンス）は装置によってきま

第1法則

$$\sum_{i=1}^{n} i_i = 0$$

第2法則

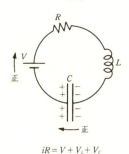

$$iR = V + V_L + V_C$$
$$V_L = -L \frac{di}{dt}$$
$$V_C = \frac{Q}{C}$$

図 2.18　キルヒホッフの法則。ただし第2法則で，C を右から左へ見て，負→正となっているとき，C には正の電位差 V_C があるときめる。

る値であり，V_L の向きはつねに電流の増加の向きと反対である。

コンデンサーについては式 (2.57) で述べたが，2 枚の板の間の電位差は Q/C である。つまりここに Q/C だけの電位のギャップがあることを認めなければならないが，これの符号が面倒である……というよりも，書物によって必ずしも一致していないから，学習者は注意を要する。

いま図 2.18 の下図で時計回りを正としたとき，2 枚の極板が右から左へみて，負・正というふうになっている場合に，V_c を正とみなす。ここで $V_c = Q/C$ だけ電位が上がっているからであり，一般論としては

$$V_c = \frac{Q}{C} \tag{2.63}$$

である。電流が流れれば Q の値は変化するが(増加もあれば，減少もある)，とにかくコンデンサーには V_c だけの起電力があると考える（ただし後の直流理論では，V_c の符号を逆にとることもあるから注意が必要になる)。このようにきめると 1 個の任意の閉回路において

$$Ri = V + V_L + V_c = V - L\frac{di}{dt} + \frac{Q}{C} \tag{2.64}$$

が成立する。ただし各項は，同じ回路における和($iR = \sum i_n R_n$, $L_i [di/dt] = \sum L_n [di_n/dt]$ など）と考える。この式を整理して，電源（電池とか交流電源とか）による起電力だけを右辺におけば

$$L\frac{di}{dt} + Ri - \frac{Q}{C} = V \tag{2.64}'$$

となる。変数は t であるが，関数は Q と i とが混合している。式 (2.57) を用いて Q に統一すれば，式 (2.64)′ の両辺の符号を変えて

$$L\frac{d^2Q}{dt^2} + R\frac{dQ}{dt} + \frac{Q}{C} = -V \tag{2.65}$$

あるいは式 (2.64)′ を t で微分して，i に統一すれば

$$L\frac{d^2i}{dt^2} + R\frac{di}{dt} + \frac{1}{C}i = \frac{dV}{dt} \tag{2.66}$$

となり，似たような 2 階微分方程式が得られる。実際に電流回路の問題を解く場合には，式 (2.65) あるいは式 (2.66) を出発点として，ここから計算を進めていくことになる。

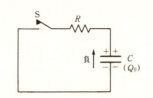

例 2-1 図 2.19 のように回路にコンデンサー（C はコンデンサーそのものを示すが，同時にその容量の値でもあるとする）と，抵抗 R（これも抵抗を指定する記号であると同時に，その値をも兼ねるとする）だけがある，もっとも単純な場合を考える。もし初めに，コンデンサー C が電気をもっていなければ，スイッチ S を閉じても，当然ながら何事も起こらない。単に2枚の金属板がある，というだけのことである。

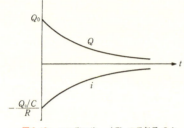

図 2.19　コンデンサー（C）の電気量 Q と電流 i の関係

そこで最初，コンデンサーは Q_0 の電気を蓄えていたとしよう。時計回りを正とすると，コンデンサーは図の上の板が正電気，下の板が負電気なら，V_c は式 (2.63) の定義によってマイナスになる（また電流も反時計回りで，マイナスになるのはすぐにわかる）。回路には電源もコイル（L）も入っていないので，式 (2.64) で Q/C を左辺へ移項して

$$Ri - Q/C = 0 \tag{2.67}$$

関数を Q に統一するため，$i = (-dQ/dt)$ として

$$R\frac{dQ}{dt} + \frac{Q}{C} = 0 \quad \therefore \quad \frac{dQ}{Q} = -\frac{dt}{CR}$$

$$\therefore \quad \log Q = -\frac{t}{CR} + A \quad \therefore \quad Q = Be^{-t/CR} \quad \text{（ただし A および B は積分定数）}$$

$t = 0$ で $Q = Q_0$ の初期条件を入れて

$$Q = Q_0 e^{-t/CR} \tag{2.68}$$

これが時刻 t におけるコンデンサーの電荷であり，その量は漸近的に減

っていくことになる。

電流を求めるには，上式を t で微分すればいい。$(e^x)'=e^x$ だから

$$i=\frac{dQ}{dt}=-\frac{Q_0}{CR}e^{-t/CR}=-\frac{E_0}{R}e^{-t/CR} \tag{2.69}$$

ただし $E_0=Q_0/C$ は，コンデンサーの最初の電位である。Q と i とはもちろん別の物理量であるが，Q が正なら i は負（ここでは反時計回り）になることは覚えておかなくてはならない。そうして時間とともに指数関数的に値が減少するのは，自然界の中にことに多くみられる現象であり，したがって微分方程式の解も指数関数となるものが多い。

例 2-2 図2.20のように，閉回路の中に起電力 E（電界との混同がないとき，電池などの起電力は E を使うことが多い），抵抗 R，自己誘導 L があるとき，今度は i を関数とみなして式 (2.64)′ を使ってみる。

$$L\frac{di}{dt}+Ri=E \tag{2.70}$$

（一般に電位は V，起電力は E とする傾向があるが，両者はかなり混同して使われている）

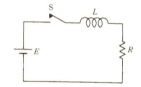

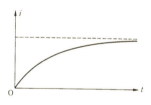

図 2.20　起電力 (E) と抵抗 (R) と自己誘導 (L) のある回路

変数分離法により

$$\frac{di}{E-Ri}=\frac{dt}{L} \tag{2.70}'$$

とし，両辺をそれぞれ積分すれば

$$-\frac{1}{R}\log(E-Ri)=\frac{t}{L}+c$$

$$\therefore\quad E-Ri=c'e^{-Rt/L} \tag{2.71}$$

初期条件は $t=0$ で $i=0$ であるから $c'=E$ である。

したがって

$$E - Ri = Ee^{-Rt/L} \quad \text{すなわち} \quad i = \frac{E}{R}(1 - e^{-Rt/L}) \tag{2.72}$$

となる。

電流 i は右辺に見るように t の関数で，$1-\exp(-Rt/L)$ のかたちで増加することになるが，間もなく（実際にすぐさま）一定値 $i=E/R$ のオームの法則どおりになる。

一般に微分方程式 (2.70)′ の，関数 i の t 依存部分を過渡解，$i=E/R$ の部分を定常解とよぶことがある。当然のことながら，定常解は時間に無関係である。

例 2-3　回路に起電力 E のほかに，抵抗 R とコンデンサー C とがある場合。

ここでは式 (2.65) をあてはめるのであるが，ここでの Q（コンデンサーの電荷）とは，時計回りにみて 2 枚の極板が負・正となっている場合が正であり，逆に正・負，すなわち電池の正極と極板の正板，そして電池の負極と板の負板とが導線でつながっているときには（直流で，特に十分時間がたった後は，このほうが自然である） Q の値は負にしなければならない。

そこで式 (2.65) は交流のときに使うことにして，直流では，電池の正極と導線で結ばれている極板を正，負極と結ばれている側を負と改めよう。つまり $-Q$ を改めて Q' とし，*　そのため式 (2.65) は

$$L \frac{d^2 Q'}{dt^2} + R \frac{dQ'}{dt} + \frac{Q'}{C} = V \tag{2.65′}$$

と書くことにする。

さてこの例 2-3 では，方程式は次のようになる。

$$R \frac{dQ'}{dt} + \frac{Q'}{C} = E \tag{2.72}$$

さきにも述べたように，E は V と同じ。この式は前例の式 (2.70) と全く同様にして解け，

---

*　多くの書物では Q の符号がまちまちであり，簡単に書き流されていて，わかりにくい。

$$Q' = CE + Be^{-t/CR} \quad (2.73)$$

$t=0$ で $Q=-Q_0$ つまり $Q'=Q_0$ とすれば

$$Q' = CE + (Q_0 - CE)e^{-t/CR} \quad (2.74)$$

もし $CE > Q_0$ ならむしろ

$$Q' = CE - (CE - Q_0)e^{-t/CR} \quad (2.74)$$

としたほうがわかりやすいだろう。いずれにしても Q' は (極板の上側の正電荷は) 時間の経過とともに CE に漸近する。キルヒホッフの式を忠実に解釈した Q は、極板の下側にたまる正電気であり、これは $Q = -Q' = -CE$ に漸近することになる。

一方、電流のほうは

$$i = -\frac{dQ}{dt} = \frac{dQ'}{dt}$$
$$= \frac{E - Q_0/C}{R} e^{-t/CR} \quad (2.75)$$

あるいは $EC < Q_0$ の場合にはわかりやすく

$$i = -\frac{Q_0/C - E}{R} e^{-t/CR} \quad (2.75)'$$

となり、いずれにしろゼロに漸近する。ただし初めから $CE = Q_0 (=-Q)$ であったら、スイッチSを閉じても、何の変化も起こらないことは直感的になっとくできよう。

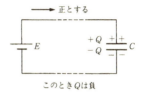

図2.21 コンデンサーにたまる電荷 Q

例 2-4　閉回路に自己誘導 L と、コンデンサー C とがある場合。

電源がない場合には、コンデンサーにある電気量の符号は、式の上では問題にならない (右辺の V あるいは $-V$ がゼロだから)。とにかくコンデンサーの電気量を Q とすると

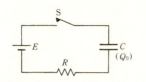

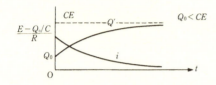

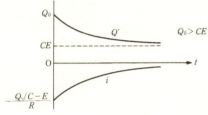

図 2.22　起電力 (E) と抵抗 (R) とコンデンサー (C)

$$L\frac{d^2Q}{dt^2}+\frac{Q}{C}=0 \quad (2.76)$$

これはいわゆる単振動の式 $\ddot{Q}=-(1/LC)Q$ であり，実関数での解は sine と cosine の 2 つであって（逆にいうと，そのほかには全くなくて），A と B とを積分定数とすれば

$$Q=A\sin(t/\sqrt{LC})+B\cos(t/\sqrt{LC}) \quad (2.77)$$

であることは「公式的に」知っている。

しかし，つねに公式的にといわずに，一度はまともに解いてみよう。そうしてここで，虚数 i の使い方をも覚えておこう。

2 階微分方程式 (2.76) の解を

$$Q=Ae^{Bt} \quad (2.78)$$

とおいてみる。A と B は，これからきめてやる定数であるが，なぜこう仮定する

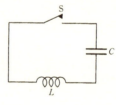

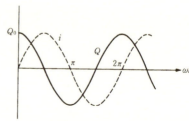

図 2.23　自己誘導 (L) とコンデンサー (C) のある場合

かはこの本の最初のほうで述べたように，勘とか馴れとかと答えるしかなかろう。強いていえば，この方程式は（2階）微分しても同じ形をしている，という点を重視して，微分しても不変な指数関数を採用してみた，というところか。これを式 (2.76) に代入すると ($\ddot{Q}=B^2Ae^{Bt}$ なので)

$$LB^2+\frac{1}{C}=0 \quad \therefore \quad B=\pm j\frac{1}{\sqrt{LC}}=\pm j\omega$$

ただし $\omega=1/\sqrt{LC}$ \hfill (2.79)

ここで，虚数 i の代わりに，電気の問題では電流の記号と混同しないように，わざと j を用いる。

したがって方程式の解は，式 (2.79) の B を (2.78) に代入して

$$Q=A_1e^{j\omega t}+A_2e^{-j\omega t}$$
$$=A_1'\cos\omega t+A_2'\sin\omega t \quad (2.80)$$

ただし $A_1'=A_1+A_2$, $A_2'=j(A_1-A_2)$

なお，ここでは次の公式を使った。

$$\sin x=(e^{ix}-e^{-ix})/2i, \quad \cos x=(e^{ix}+e^{-ix})/2$$

電流はさらに次のようになる。

$$i=-\frac{dQ}{dt}=-j\omega(A_1e^{j\omega t}-A_2e^{-j\omega t})$$
$$=\omega(A_1'\sin\omega t-A_2'\cos\omega t) \quad (2.81)$$

ここで初期条件 $t=0$ で $Q=Q_0$

を使うと（もし時計回りに固執するなら，コンデンサーの極板は時計回りの向きに，$-Q_0$，$+Q_0$ である）

$Q_0=A_1'$, $A_2'=0$

$\therefore \quad Q=Q_0\cos\omega t$ （図 2.21 の下側の極板の電荷）

$\quad i=\omega Q_0\sin\omega t$ （時計回り） \hfill (2.82)

ここでの解法で，一度は虚数（古典物理学の立場でいえば，それに対応する量をもたない特殊な数）を用いたが，数学的手法で再び実数に戻り，結局，電気量も電流も実数で記述されることになっているところが，きわめて興味深く感じられる。

> 1辺が1の正方形の対角線の長さは1.414…であり、小数点以下10桁でも20桁でも数は並べられる。設計図を描くにはそれで十分であろう。しかし、数学的厳密さに固執するひとは、たとえ誤差がどんなに小さくても近似値はいやだ、と言うかもしれない。そんなひとのために、数学では無理数 $\sqrt{2}$ を準備していてくれるのである。実際に、この世(?)には、有理数よりも無理数の方が遥かに多いのであるが(稠密であると言ったほうがいいかもしれない)、とにかく無理数までを含めたすべての数を実数とよぶ。そうして自然界にあるすべての物理量の大きさは、その量の単位(数学的にいえば1)を、原則として実数倍して表されることになる。
>
> 原則的にといったのは、実数だけでなく虚数をも含めた複素数が用いられることがあるからだ。力学の振動理論や電気の交流理論で $\sqrt{-1}=i$ が使われることがあるが、これはあくまで便宜上であり、実際の大きさは実数で表されるべきである。
>
> ただし量子力学での状態関数 $\phi(x)$ は本質的に複素数である場合が多い。量子力学という特殊数学(むしろ特殊物理学というべきか)では、観測する以前の状態というものは測定者には未知なるものであり、これが虚数を含んでいても矛盾は起こらない。ただし測定した場合の値は固有値といって、必ず実数になっているのである。見ることのできるものはすべて実数……になるように、物理学はまことに巧妙に数学を利用しているといえる。

なお、コンデンサーの起電力 Q/C と電流 i とはいずれも正弦波であるが、式 (2.82) にみるように位相は90度 ($\pi/2$ ラジアン) ずれている。両者の位相差 θ に対して、$\cos\theta$ を力率とよび、力率が1(i と V との角度のずれがない)なら、この電流は100％の仕事をするし、0なら全く仕事をしない。ここでの場合 (例2-4) は全く仕事はなしで、ジュール熱も光も発しない。電気抵抗 R がないのだから、電流が仕事をしないのはあたりまえであるが、これはむしろ逆に考えるべきである。回路中に R がないときは

(現実的には多かれ少なかれ抵抗はあるのだが……), V と i との位相差は90度, つまり力率はゼロになってしまうのである.

例 2-5　回路に自己誘導 L と, コンデンサー C と, 今度は電池 E があるとき. ただし問題を簡単にするために, 最初コンデンサーには電荷はないものとする.

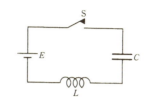

もし L がなければ, コンデンサーに直ちに $-Q = -CE$ の電荷がたまって, それで終りである. ただし電池と同じ回り方では, コンデンサーの極板は正・負となるために, 電荷をマイ

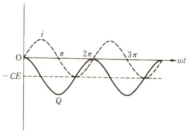

図 2.24　起電力 (E) が加わると

ナスとした (通常の問題集では, 符号を気にしないことも多いが).

微分方程式は式 (2.65) により

$$L\frac{d^2 Q}{dt^2} + \frac{Q}{C} = -E \tag{2.83}$$

定常解 (t に無関係な解) は $Q = -CE$ 　　　　(2.84)

過渡解は例 2-4 の場合と同じようにして解いて

$$Q = A_1 \sin \omega t_1 + A_2 \cos \omega t_1 \tag{2.85}$$

ただし $\omega = 1/\sqrt{LC}$

となるから一般解 (定常解と過渡解の和) は

$$Q = -CE + A_1 \sin \omega t + A_2 \cos \omega t$$

$t = 0$ で $Q = 0$ だから $A_2 = CE$

$$\therefore \quad Q = -CE(1 - \cos \omega t) \tag{2.86}$$

したがって回路を流れる電流は

$$i=-\frac{dQ}{dt}=CE\omega\sin\omega t=\frac{E}{\sqrt{L/C}}\sin\omega t \tag{2.87}$$

図2.24からわかるように,コンデンサーの下側の極板の正電荷Qは,$-CE$を中心として,0と$-2CE$の間を正弦的に増減している。ただし電流iは,Eのない前例と全く同じになる(図2.24,鎖線)。

本例の場合でも,電圧と電流の間の位相は90度($=\pi/2$ラジアン)であり,力率はゼロになる。したがって電池Eは何の仕事もしない。いい換えれば消耗しないのである。ただ電池のために極板の電気量を,双方ともにCEだけマイナスにシフト(ずらすこと)しているのである。

例2-6 回路中に,L,C,R,Eのすべてがある場合,今度は電荷Qを変数としよう。

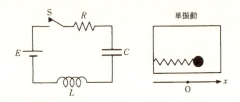

この場合も(振動の微分方程式に合わせるように),コンデンサーの極板の電荷を,正の向きに$-Q$,Qの順でなしに,$+Q'$,$-Q'$としよう。このときは,式(2.65)は,これまでのようにVはEとして

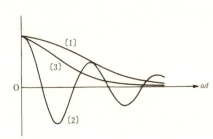

図2.25 L,C,R,Eのすべてがある回路

$$L\frac{d^2Q'}{dt^2}+R\frac{dQ'}{dt}+\frac{Q'}{C}=E \tag{2.88}$$

と書かれる。

さきの例と同じように定常解は

$$Q'=CE \tag{2.89}$$

であり，過渡解は

$$L\frac{d^2 Q'}{dt^2} + R\frac{dQ'}{dt} + \frac{Q'}{C} = 0 \tag{2.90}$$

から解くことにする。

　この式は，抵抗のある場合の単振動の微分方程式と同じである。その抵抗を速度に比例し，反対向きに作用するものと考えると，式の中に1階微分の項が入ってきて

$$m\frac{d^2 x}{dt^2} = -kx - \eta\left(\frac{dx}{dt}\right) \tag{2.91}$$

$$\therefore \quad \frac{d^2 x}{dt^2} + 2\gamma\frac{dx}{dt} + \omega_0^2 x = 0 \tag{2.91}'$$

ただし $\omega_0 = \sqrt{k/m}$, $\gamma = \eta/2m$

　γ（あるいは 2γ）を抵抗係数などとよぶ。

　この形の微分方程式は，代表的な2階微分であり，2次式 $y^2 + 2\gamma y + \omega_0^2 = 0$ の2根をそれぞれ α, β とすれば

$$y = A_1 e^{\alpha t} + A_2 e^{\beta t} \tag{2.92}$$

になることは，逆に微分してみれば直ちにわかるであろう。

　ここで2次式の解は

$$y = -\gamma \pm \sqrt{\gamma^2 - \omega_0^2}$$

となるわけであるが，この判別式によって，解は3通りに分けて記述される（図2.25）。

〔1〕 $\gamma > \omega_0$ のとき（抵抗の大きいとき）

　　電流回路では，$R^2 > 4(L/C)$ に相当する。

$$x = e^{-\gamma t}(B_1 e^{t\sqrt{\gamma^2 - \omega_0^2}} + B_2 e^{-t\sqrt{\gamma^2 - \omega_0^2}}) \tag{2.93}$$

この関数は時間の経過とともに，すみやかに減衰していく。

〔2〕 $\gamma < \omega_0$ のとき（抵抗が小さいとき）

　　電流では，$R^2 < 4(L/C)$ に相当。

$$x = e^{-\gamma t}(B_1 \cos t\sqrt{\omega_0^2 - \gamma^2} + B_2 \sin t\sqrt{\omega_0^2 - \gamma^2}) \tag{2.94}$$

この関数は一応，正弦波になるが，その振幅は指数関数的に減少していく。ただし〔2〕では，符号の逆転は必ず存在する。

〔3〕　$\gamma=\omega_0$

　　電流では，$R^2=4(L/C)$ に相当。

$$x=e^{-\gamma t}(B_1+B_2 t) \tag{2.95}$$

この場合も，グラフ的には〔1〕と同じで，関数は符号を変えることなく，ゼロに収束する。ただ，その集束が比較的早い。〔3〕の場合はきわめて特殊なケースであり，現実に $\gamma=\omega_0$，つまり R が $2\sqrt{L/C}$ に「ちょうど」一致することなどはあり得ない，と考えてもいい。しかし物理数学として式をとり扱う以上，〔1〕や〔2〕と全く違った解になる〔3〕を，見落としてはいけない。

　ただし電流の場合には，〔1〕，〔2〕，〔3〕のケースのいずれにも，定常解 $Q'=CE$ があることを忘れてはならない。また初期条件としては，単振動では $t=0$ で振子を振幅の端においた。

　電気回路については，定常解をも含めた初期条件は必ずしも図のようにはならないが，電気抵抗 R が $2\sqrt{L/C}$ よりも小さければ振動形であり，R が $2\sqrt{L/C}$ に等しいか，これより大きければ，単なる漸近減衰形になる。

コンデンサーは何の役に立つか

　回路の途中にあるコンデンサーは，これまでの図からもわかるように，そこで導線が切れていることを意味している。何のことはない，要するに電流を断ち切る装置にすぎない。過渡期の短時間中での計算の対象にはなるが，結局は電流を通さないこんなものが，何の役に立つのか……と思いたくなる。

　にもかかわらず，通信機一般にコンデンサーが幅広く使われているのはなぜか。回路に交流を流すことが多いからである。といっても 2 枚の極板の間に電気が通るわけではない。真空放電のような特殊な場合しか，電気は流れない。電気は流れなくてもコンデンサーの 2 枚の極板は，交流電圧がかかると正・負がたちまち負・正，そうしてまた正・負となることを繰

り返す。

　板上の電気量が激しく変化するため，回路には電流が流れることになるのである。コンデンサーが2つ，3つ，……と直列につながっていようとも，その中間の導線には同じように電流が流れる。つまりコンデンサーは，直流に対しては電流をストップさせる機能をもつが，交流は通してしまう……と考えていい。ただし電気容量Cがあれば，コンデンサーがなくて導線がつながっている場合とは違って，交流の電圧や電流をなにかしら変化させる役目をする。どんな役目をするかが，微分方程式を解いて求められることになる。

定常状態が重要

　交流の場合，定常状態が問題であり，過渡解というものは（スイッチSを閉じた瞬間と，長らく電流を通した後に開いた瞬間以外は）ほとんど問題にしない。過渡解を求めるのは，交流に対する予備知識のためと，物理数学として微分方程式に馴れるためだと考えてもいい。さらにQの符号なども，直流のときほど神経質にならなくてもいい。要は交流での正弦形の電流が，同じく正弦形の起電力と比べてどの程度位相が遅れるかを知れば十分なのである。

　式 (2.65) で，右辺は電源の起電力であるから，これを $E_0 \sin \omega t$ とおくと

$$L\frac{d^2Q}{dt^2} + R\frac{dQ}{dt} + \frac{Q}{C} = E_0 \sin \omega t \tag{2.96}$$

これは式 (2.91)′ と同じように，速度に比例する抵抗のある単振動の式であって，その系に，振動する力が働いている場合である。

　力は，複素数 $F_0 e^{i\omega t}$ で表されるが，実際にはその実数部分だけを採用するとしよう。公式

$e^{i\omega t} = \cos \omega t + i \sin \omega t$

を使って

$$\frac{d^2x}{dt^2} + 2\gamma \frac{dx}{dt} + \omega_0^2 x = \frac{F_0}{m} e^{i\omega t} \tag{2.97}$$

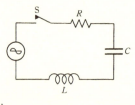

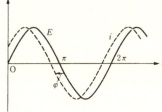

図2.26 $R,\ C,\ L$と交流電源を含む閉回路

γは抵抗係数,$\omega_0=\sqrt{k/m}$,F_0は強制力の振幅であり,式(2.91)′に角振動数ωの力を加えたものになっている。なお力学系では,虚数の記号は,そのままiを使う。

この式をみると,右辺は指数関数になっている。左辺は係数を別にすれば2階微分,1階微分,関数そのものであるから,結局,解は,何度微分しても変らない指数関数である……ということが,馴れるに従ってピンとくるようになる。問題は係数の違いであるが,一応,解を

$$x=Ae^{i\omega t} \tag{2.98}$$

とおいて,Aがどんな形になるかを調べてやることになる。このまま元の微分方程式(2.97)に代入し,両辺を共通項$e^{i\omega t}$で割ると

$$[-\omega^2+2i\gamma\omega+\omega_0^2]A=F_0/m \tag{2.99}$$

となる。Aは複素数にならざるを得ない。ただし分数式で,分母に虚数があるのはわかりにくく(複素数として,どのように理解していいのか定義されていないから),分母を次のように「実数化」してやる。

$$\begin{aligned}A&=\frac{F_0}{m}\frac{1}{\omega_0^2-\omega^2+2i\gamma\omega}\\&=\frac{F_0}{m}\frac{(\omega_0^2-\omega^2)-2i\gamma\omega}{(\omega_0^2-\omega^2)^2+4\gamma^2\omega^2}=Be^{-i\phi}\end{aligned} \tag{2.100}$$

ただし最後の式は簡単化しただけであり,実際には

$$B=\frac{F_0}{m}\frac{1}{[(\omega_0^2-\omega^2)^2+4\gamma^2\omega^2]^{1/2}},\quad \tan\phi=\frac{2\gamma\omega}{\omega_0^2-\omega^2} \tag{2.101}$$

である。

なぜBとϕでかくも簡単に書けるかは,直角三角形の図2.27を見て頂

きたい。式 (2.100) の複雑な式のうち, F_0/m を別にすると, 右の図のような直角三角形ができる (ピタゴラスの定理が成立する)。したがって, いま一度, 式 (2.100) を書き直せば

$$A = \frac{F_0}{m} \frac{1}{[(\omega_0^2-\omega^2)^2+4\gamma^2\omega^2]^{1/2}}$$
$$\times \frac{(\omega_0^2-\omega^2)-2i\gamma\omega}{[(\omega_0^2-\omega^2)^2+4\gamma^2\omega^2]^{1/2}} \quad (2.102)$$

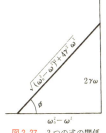

図 2.27　3つの式の関係

であり, 右辺の第 2 の因子は

$\cos\phi - i\sin\phi = e^{-i\phi}$

ただし ϕ は図の直角三角形の傾角

であることがわかるだろう。A として現れた複雑な式が, 角度 ϕ を使えばどうして簡単になることがわかるのか……と聞かれても, この「て」の微分方程式は原則的にこうなることを知っておいてほしい, と答えるほかはない。

しかし, 複素数というのは計算の便宜上使ったものであり, 物理的事実としては, その実数部分 (Re と記述する) だけを採用する。したがって

$$x(t) = \text{Re}(Be^{-i\phi}e^{i\omega t}) = B\cos(\omega t - \phi) \quad (2.103)$$

となる。

さきに交流電源の場合は, 定常解だけが重要であり, 過渡解はほとんど問題にしないといったが, 正確に過渡解 ($E_0=0$ の場合) も含めて書いてみよう。これは特に $\omega_0^2 > \gamma^2$ の場合が問題であり——初期条件によってきまる振動がある程度あとまで残るから——これは式(2.94)となり, 実数部分だけを採用すると

$$x = e^{-\gamma t}(C_1\cos t\sqrt{\omega_0^2-\gamma^2} + C_2\sin t\sqrt{\omega_0^2-\gamma^2}) + B\cos(\omega t - \phi) \quad (2.104)$$

となる。このようにすべての場合を洩れなく記した解を一般解という。これに対して, 解の一部だけを書いたものを——その一部がいかに主要部分であっても——特解と称する。式 (2.103) は特解なのである。

> しかし，一般解の式 (2.104) のうち，ある程度時間がたった後には，式 (2.93) や式 (2.95) を採用した場合はもちろん，式 (2.104) でも，結局は特解式 (2.103) だけが残ることになる。

なおここで，振動する質点の変位を表す x の係数式 (2.100) あるいは式 (2.102) に注目すると，ω は強制振動の角振動数であり（振動数 ν に 2π をかけた $2\pi\nu$），ω_0 は振動子のメカニズムからきまる $\omega_0 = \sqrt{k/m}$，さらに γ は振動物体と空気などの間の摩擦係数であるが，人為的に調節できる ω をかぎりなく $\omega^2 \rightarrow \omega_0^2 - 2\gamma^2$ に近い値にすると，x の係数 A は（したがって B は）かぎりなく大きくなっていく。

つまり寺の重い梵鐘(ぼんしょう)も，それに見合った周期で押し引きすると，遂には動きだす……あるいはゆれだすことがある。頓知小僧の逸話にこのような話があるようだが，事実，非力な者でも辛棒強くうまい周期で押し続けると，重い鐘も目に見えて動きだし，見る人達を驚かせることがある。実際には鐘の上部の取り付け部分などに，γ とは全く違う摩擦力があるために，式の上で考えるように無限に振幅が大きくなるわけではないが，微分方程式を解いて得られた関数関係は，現実の物理的現象を意外とよく説明しているものである。

交流の場合は

さて再び電気回路（図 2.26）に戻ろう。関数としては電流 i を採用し，式 (2.66) を使うことにする。ただし交流電源については $V = E_0 \sin \omega t$ とおき，このため $dV/dt = \omega E_0 \cos \omega t$ となる。

$$L \frac{d^2 i}{dt^2} + R \frac{di}{dt} + \frac{i}{C} = \omega E_0 \cos \omega t \tag{2.105}$$

この式は，摩擦のある振動の式 (2.96) と全く同じであるが，今度は練習のために，実数だけで解くことを試してみよう。

解として $\quad i = I_0 \sin(\omega t - \phi)$ [*] $\hspace{2em}$ (2.106)

を仮定して，I_0 と ϕ がどのようなかたちになるかを調べることにする。式

---

[*] ϕ については図 4.3 (p.165) を参照

(2.106) を式 (2.105) に代入すれば

$$-L\omega^2 I_0 \sin(\omega t - \phi) + R\omega I_0 \cos(\omega t - \phi) + \frac{1}{C} I_0 \sin(\omega t - \phi)$$

$$= E_0 \omega \cos \omega t \tag{2.107}$$

であるが，関数 $\sin \omega t$ と $\cos \omega t$ とは独立のものであるから，式 (2.107) を正弦，余弦の減法定理を用いて $\sin \omega t$ と $\cos \omega t$ との項に分けて，それぞれその係数を両辺で等しいとおくと

$$RI_0 \sin \phi - \left(L\omega - \frac{1}{C\omega}\right) I_0 \cos \phi = 0$$

$$\left(L\omega - \frac{1}{C\omega}\right) I_0 \sin \phi + RI_0 \cos \phi = E_0$$

$I_0 \sin \phi$ と $I_0 \cos \phi$ とを2つの変数とみなして上の連立方程式を解けば

$$I_0 \sin \phi = \frac{L\omega - \frac{1}{C\omega}}{R^2 + \left(L\omega - \frac{1}{C\omega}\right)^2} E_0 \tag{2.108}$$

$$I_0 \cos \phi = \frac{R}{R^2 + \left(L\omega - \frac{1}{C\omega}\right)^2} E_0$$

公式 $\sin^2 \phi + \cos^2 \phi = 1$ を利用して

$$I_0 = \frac{E_0}{\sqrt{R^2 + \left(L\omega - \frac{1}{C\omega}\right)^2}} \tag{2.109}$$

式 (2.108) の下式から

$$\cos \phi = \frac{R}{\sqrt{R^2 + \left(L\omega - \frac{1}{C\omega}\right)^2}} \tag{2.110}$$

あるいは $\tan \phi = \dfrac{L\omega - 1/C\omega}{R}$ \hfill (2.110)′

図 2.26 の回路で，電源の起電力と電力とをいま一度改めて書くと

$V = E_0 \sin \omega t$，実効電圧 $V_e = E_0/\sqrt{2}$

$I = I_0 \sin(\omega t - \phi)$，実効電流 $I_e = I_0/\sqrt{2}$

であり，起電力を電流で割った値 Z は

$$E_0/I_0 = V_e/I_e = Z \tag{2.111}$$

直流の場合の電気抵抗に相当するものであるが,交流のときにはこのZをインピーダンスとよぶ。この妙な名称は,しいて訳せば交流抵抗ということにもなろうが

$$Z = \sqrt{R^2 + \left(L\omega - \frac{1}{C\omega}\right)^2} \tag{2.112}$$

からもわかるように,回路に自己誘導やコンデンサーがあってもいい。この式のうち

　Rをレジスタンス(通常の抵抗)

　$L\omega - \dfrac{1}{C\omega}$ をリアクタンス

　(ただし$1/C\omega$を特別にキャパシタンスとよぶこともある)

といっているが,リアクタンスの値は器具だけでなく,交流の周波数($\omega/2\pi$)にも関係してくる。直流の場合には,定常状態になればLの影響はなくなり,コンデンサーの存在は電流の停止,つまり抵抗無限大を意味する。

ところが交流では,LやCの値が,抵抗値(インピーダンス)の一部となって入り込んでいるのは興味深い。そうして$L=0$で自己誘導の影響はなくなるが,コンデンサーの影響を消し去るためには$C \to \infty$でなければならない。Cの値は2極板間の距離に反比例するから,両板がくっつけばキャパシタンスの影響はない,と解釈すればわかりやすい。

交流電源の角周波数を変えることができるなら

$$\omega \text{ を } \frac{1}{\sqrt{CL}} = \omega_0 \tag{2.113}$$

のようにすればリアクタンスはゼロになり,電流は最大になる。要は,交流の場合には,直流抵抗R以外に,LやCのために余計に抵抗(に該当する)値が大きくなるわけであり,$L\omega > 1/C\omega$ならLが大きいほど,$L\omega < 1/C\omega$ならCが小さいほど,同じ電源でも電流は小さくなってしまう。

力率という言葉は例2-5でも述べたが,これをどのように解釈すればいいかを承知しておくことは大切である。ある導線に電圧がかかり,

したがって電流が流れる。通常の場合は，電圧があれば直ちに電流が発生し，その両者の積 $Vi=P$ は単位時間に電流のなす仕事（正しくいえば，電圧と電流との共同作業というべきか）であり，ワット単位で表現される。現実にはニクロム線なら熱が，タングステン・フィラメントなら熱と光とが出てくる。そこに抵抗がなかったら……といっても導線の存在する以上必ず抵抗はあるのであり，いくら良導体の太い金属でも，$P=Vi$ に相当するエネルギーは費される。

ところが図 2.23 のような振動電流や，図 2.26 のような交流電源の場合は問題である。V も i もともに正弦波であるから，位相が一致すれば力率は 1（つまり 100％の電力に寄与する）であるが，起電力が $E_0\sin wt$ で電流が $I_0\sin(wt-\phi)$ なら，電流のほうが位相で ϕ だけ遅れていることになる。どこまでいこうと（いくら時間がたとうと）その遅れは ϕ であり，このときの起電力と電流とのくい違い ϕ のコサイン，すなわち $\cos\phi$ のことを力率とよぶ。1 より小さいこの数は，電力が 100％でなく，80，60，……というように小さくなっていることを意味する。式 (2.110) の値がまさに力率である。

リアクタンスがゼロなら力率は 1 である。L や C の存在は，力率を 1 よりも小さくしているのである。しかし交流電源はきちんと 100 ボルトとし，1 オームの抵抗を挿入しても，もしリアクタンスがあれば 100 ワットでなく，70 ワットにしかならない，ということになる。これでは無条件に損するのではないか，エネルギーが消え失せて，物理学の大原則に反するのではないか……と疑いたくもなる。

力率が 1 にならないもっとも理解しやすい例は，力と変位から仕事を計算するケースであろう。F と S との積に $\cos\theta$ をかけるが，この $\cos\theta$ が（力学でなく電気学の場合には）力率に相当する。電気では，E と i とが共同戦線をはっているわけではなく，一方が「そっぽ」を向いているとき，力率は下がる。エネルギーの消費は少ないが，全く別のものに使われてしまうのである。

糸の先の物体が等速円運動をする場合，力率はまさにゼロである。糸の張力は物体に何も仕事もしていない。

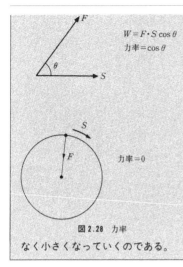

図 2.28 力率

以上のように「力率」なるものは解釈すべきなのである。仮りに式 (2.110) で $R=0$ とすると力率はゼロになるが，図 2.22 でも述べたように，現実に抵抗（レジスタンス）がゼロなどということはあり得ない。しかし R が有限であっても，L や C の値のいかんによっては，力率がかなり小さくなるわけであり，起電力や電流がたとえ大きくても，エネルギーの消失はかぎりなく小さくなっていくのである。

第2章問題

微分方程式が，関数 y とその一般微分 dy/dx だけで与えられているとき（ただし係数には変数 x の任意関数がかかる）

$$dy/dx + P(x)y = Q(x)$$

で与えられるが，これは最初 $Q=0$ とおいて定数変化法で解く。

$$y = A\exp\left(-\int P(x)dx\right)$$

この任意係数 A を x の関数 $A(x)$ と考えて，最初の式に代入すれば

$$dy/dx + Py = A'\exp\left(-\int Pdx\right) - PA\exp\left(-\int Pdx\right)$$
$$+ PA\exp\left(-\int Pdx\right) = Q$$

$$\therefore\ A'\exp\left(-\int Pdx\right) = Q$$

$$\therefore\ A' = Q\exp\left(\int Pdx\right)$$

したがって解は

$$y = \exp\left(-\int P(x)dx\right)\left\{\int Q(x)\exp\left(\int P(x)dx\right)dx + C\right\}$$

〔問 2-1〕

上に示した1階微分方程式の解法を利用して，つぎの微分方程式を解け。

(i) $x\dfrac{dy}{dx} + 2y = \sin x$　　(ii) $x\dfrac{dy}{dx} + (x^2\cos x - y) = 0$

(iii) $\dfrac{dy}{dx} + xy - x = 0$　　(iv) $\dfrac{dy}{dx} + 2xy = x^3$

(v) $\dfrac{dy}{dx} - \dfrac{2}{x}y = \dfrac{2}{x^2}$

(vi) $\sin x\dfrac{dy}{dx} - (\cos x)y = \tan x$

〔問 2-2〕

さまざまな工夫により，つぎの微分方程式を解け。

(i) $\dfrac{dy}{dx} - \dfrac{2xy}{1+x^2} = 1 + x^2$　　(ii) $\dfrac{dy}{dx} + 2xy = x\exp(-x^2)$

(iii) $\dfrac{dy}{dx}+3\dfrac{y}{x}=\dfrac{1}{x^3}\exp(x)$ (iv) $\dfrac{dy}{dx}+y\sin x=y^2\sin x$

(v) $\dfrac{dy}{dx}+\dfrac{y}{x}=\log x$ (vi) $\dfrac{dy}{dx}+y\tan x-y^2=0$

〔問 2-3〕

つぎの微分方程式を解け。

(i) $\dfrac{d^2 y}{dx^2}-7\dfrac{dy}{dx}+12y=0$

(ii) 微分記号を簡単にプライムで表し

$$y'''+y''-8y'-12y=0$$

(iii) $y''+2y'+2y=x\exp(-2x)$

(iv) $y'^2-y^2+2\exp(x)\cdot y=\exp(2x)$

第3章
ベクトル解析はこわくない

ベクトルとは何か

　ベクトルそのものは高校の数学で習うが,ベクトルを含む計算式は,広義の意味でベクトル解析とよばれ,大学物理の力学や電磁気学に現れるのが普通である。そうして数学を好まない(?)学習者には,記号 div とか rot とかはうんざりするものである。ここでは,うんざりするまえに,なぜベクトル解析が必要か,もっと根本的な問題としてベクトルとはなにか,なぜこうした概念を使わなければならないのかを考えてみることにしよう。

　われわれの住む世界は,縦,横,高さからなる3次元空間である。もっとも,相対性理論では時間というものも過去から未来に引かれた無限に長い線のように考えて新次元の仲間入りをさせ,4次元の世界というものを考える。しかし,これはあくまでも数学的形式である。4次元空間内の不変距離などという考え方を使って,新しい幾何学をつくると相対性理論の数式が大いに発展し,さまざまな未知の形式が数式のうえにも表れてくる。

　それはそれなりに大いに意義のあることなのだが,空間と時間とは——たとえ数学的に同じ扱いをうけても——異なったものであることは厳然たる事実,というよりもまさに誰もが認める事柄である。この本の最初にも示したように,力学の解答は,$x=f(t)$, $y=g(t)$, $z=h(t)$ というように,ものの位置 (x, y, z) を時間 t の関数として書き表すのを目的としている。このようなわけで,物理的記述をする舞台はあくまで3次元であり,さらに学習に際し図がノートや書物に収まるような例として,縦と横だけの2

次元の場合を学んでゆくことが多い。

ベクトルは高校数学で十分に修得することになっている。2次元座標(x, y)や3次元座標(x, y, z)を考え，ある点の位置は原点を中心として

$$2次元なら\ \boldsymbol{A}=\begin{pmatrix}A_x\\A_y\end{pmatrix},\quad 3次元なら\ \boldsymbol{A}=\begin{pmatrix}A_x\\A_y\\A_z\end{pmatrix} \tag{3.1}$$

と，次元の数だけの変数で書かれるものである。ただし変数A_x, A_y, A_zは，ベクトル$\boldsymbol{A}$のそれぞれx成分，y成分，z成分である。

小学校の算数では，具体的に3とか5とか 3+5 のように数値そのものを扱う。ところが中学校では a, b あるいは，$a+b$ さらにはxとかyとか，数学に「英語」が出てきて，初学者をびっくりさせる。中学生になれば，aもbも数の代表であり，それがどんな数を表しても原則的にはかまわない，ということを知ることになる。さらにxやyは初めから変化することを予想して，それらの値がだんだんと変わっていくと，どんな面白い結果になるかを調べるための道具が関数である。そうして物理学の法則とは，これもさきに述べたが変数（原因）と関数（結果）の関係が特に重要視されるものであるから，数学の力を借りて，$x=v_x t$ とか $y=-(1/2)gt^2+v_y t$ とかで簡単に（口や文章でくどくどしゃべるよりも），表現できる。また，代数学を修めた者にとっては，この程度の内容のものなら，かえって式で示してくれたほうが簡潔である。とにかく a, b にしろ，x, y にしろ，1つの記号（ローマ文字，ときにはギリシャ文字）が1つの数値の代表になっていることには変りはない。

ところが式(3.1)にみるように，$\boldsymbol{A}$ というのは1つの記号ではあっても，実は2つもしくは3つの数値を代表したものである。形式的な言い方をすれば，このような $\boldsymbol{A}$ がベクトルなのである。A_x, A_y, A_z というふうに，成分と同じ数だけの記号（あるいは数値）をいちいち全部書き並べるのなら，ベクトルなどは定義しなくていい。つまりベクトルとは，成分と同じ数の記号を書くことを省略して，1つの字で間に合わせようという無精者の発明品なのである。そのために太字（ゴチック）で書くか，文字の上に矢印を付けるかして，一字一値の場合と区別する。一字一値の物理量は，

つまり量だけあって方向性のない量は，ベクトルに対してスカラーとよぶ。後者は質量，電荷(正と負とがあっても，これはスカラーである)，エネルギーなどであり，変位，速度，力などは前者である。

場のありさまはベクトルで

物理数学としてはベクトルの演算，つまり足し算や掛け算に始まって，それの微分法などを型どおり説明していくのが通常のやり方であろうが，なぜベクトル算が必要か，物理学のどんな場合にそれが用いられ，効用を発揮するかの例題のほうをまず述べていくことにしよう。

磁界 H とか電界 E などは強さと方向とをもった量であるから，もちろんベクトルである。ただし，目に見えるわけではないから，いささかわかりにくい。ある位置に単位磁荷なり単位電荷なりをもってきたとき，それに方向と大きさとをもつ力 F が働く空間が磁界であり電界である。目に見えなくては理解しづらいというので，磁界 H や電界 E は図3.1のように曲線（力線とよばれる）で表されることが多く，曲線の目が混んでいる場所（密度が多い所）では電界や磁界が強く，その曲線の接線の方向が電・磁界の方向になる。

このように，ある量をもってくるとそれに力が働くような空間のことを，物理学では「場」とよぶ。場とはあまりにも芸のない名まえだが，field という言葉に対し，これ以上の名訳はなさそうである。「そこに」質量をもってくるとそれに力（重力）が作用するような空間が重力場である。原子核の中は核力の場であり，その範囲はきわめて狭いが，核力は大きい。

磁石では必ず一方にN極，もう

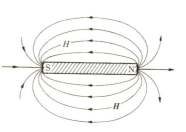

図3.1 磁界H（上）と電界E（下）

一方にS極がある。それをまん中で切断しても、また両端にNとSとが現れることはよく知られている。馬蹄形の磁石というのは、この両極の能力を利用して鉄のたぐいを引きつけようという効果的な発想からつくられたものである。このため磁石外の真空空間（実際にはそこに気体があってもほとんど変らない）では、磁界 H はN極から出てS極に入ることになる。

ところが電荷のほうは、正の電荷も負の電荷もそれぞれ独自に存在することができる。これが、電気と磁気とのもっとも大きな違いの一つであるが、とにかく正電荷からは放射状に電界 E が伸び、負電荷には逆放射状（？）に E が入り込んでいる。当然、電荷から遠ざかるほど E の値は小さくなる。

図をみてわかるガウスの定理

電磁気の話は、クーロン力から始めるのが常道ではあるが、ここではベクトル式数学（ベクトル解析という）がなぜ必要かを強調するために、いきなりガウスの定理の話に入る。

ドイツの数学者ガウス（1777～1855）は、数学や古典物理学の各所にその名が出てくるし、磁界の単位にもなっているが、電界での全閉曲面の積分値を述べた「ガウスの定理」は、もっとも有名なものの一つである。ただし面積分であるがために、高校物理では触れずに、大学物理にまわすことになっている。大学でも、模型的に考えれば当然のことだというので、オミットされることもある。

空間のある場所に点電荷 q があるとする（112ページ図3.2上）。そうしてこの q をとり囲む閉曲面を考えたとき、その閉曲面全部をよぎる電界 E は、q に比例する電気力線（わかりやすく q 本とする）を出しているので、E の n 方向（面 dS に垂直）の成分を E_n とすると

$$\varepsilon_0 \int E_n dS = q \tag{3.2}$$

である（MKSA単位で）。ただし ε_0 は真空の誘電率

$$\varepsilon_0 = 8.854 \times 10^{-22} \text{ farad/m}$$

であり、もしCGS静電単位で表すなら

$$\int E_n \mathrm{d}S = 4\pi q \tag{3.2}'$$

となる。上記のように E_n は微小曲面 $\mathrm{d}S$ を内から外に抜ける電界の，曲面に対する法線方向の成分であり，左辺の積分は，曲面がどんな形であろうとも，その面全体にわたってその電界成分を寄せ集めることを意味している。

いま電荷 q から距離 r の場所に単位電荷 q_0 があるとき，両者間の力 F は SI 単位系で

$$F = \frac{1}{4\pi\varepsilon_0} \cdot \frac{q_0 q}{r^2} \tag{3.3}$$

であり(クーロンの法則)，正なら斥力，負なら引力ときめる。電界 E があるとき，その中の単位電荷 q_0 に働く力は

$$F = q_0 E \tag{3.4}$$

であるから，これを式 (3.3) に代入して

$$E = \frac{1}{4\pi\varepsilon_0} \cdot \frac{q}{r^2} \tag{3.5}$$

である。先述のようにこの値は，電気力線の密度を表している。

静力学と静電気学とは並行的に論じられるが，対応する量はそれぞれつぎのようになる。

	(力　学)	(電　気)
物体の量	質量 m	電気量 $q(e)$
ポテンシャル・エネルギー	mgh	eV
ポテンシャル	gh	V〔ボルト〕
場の量	g	E

特にポテンシャル・エネルギー $[L^2MT^{-2}]$ と，ポテンシャル $[L^2MT^{-2}]\div[$物体の量$]$ とは，はっきりと区別しなければならない。また場の量（空間としての量）は，重力場では g であり，これに相当する電気的な量が E になり，相方ともにベクトルである。ただし，前者は重力加速度といい，CGS 単位では，その数量にガル（$=cm/s^2$）と

いうよび名があるが（ただし MKS では毎秒毎秒何メートルとしか，いいようがない），後者の E については，電磁気学では頻出する重要量であるにもかかわらず，数量のよび名はボルト/メートル〔$=\mathrm{V/m}$〕というように，2つの助数詞の組み合わせを使わなければならない。ファラデーの頃の電磁気学の発展期に，物理学者がいささか手抜きをした（？）せいかもしれない。

ガウスの定理をきれいにすると

図 3.2 にみるように，q から出る電気力線は3次元空間へと広がっていく。途中に別の電気がなければ，この線は消えることもなければ，増えることもあり得ない。というわけで，全体としての E の値は，q を中心として適当に半径 r の球面を描いて，この球面をよぎる全 E として計算される。この球面上での電界の強さ（単位面積当り）は式 (3.5) のようになるから，全体ではこれに半径 r の球の表面積 $4\pi r^2$ をかけて

$$\int E\,dS = \frac{q}{\varepsilon_0} \qquad (3.6)$$

となり，きれいな形の（電界に対する）ガウスの定理になる。

もし閉曲面が球でなければどうなるか。このことは図を見て感覚的に理解できる。面が，電荷とその面部分とを結ぶ線に対して垂直でなければ，面の法線（線や面に立てた垂直な線）と面との角度を θ としたとき，

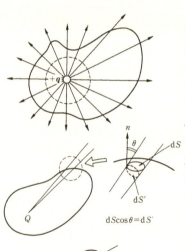

$dS\cos\theta = dS'$

図 3.2　ガウスの定理。なお，閉曲面の一部 dS を通る電気力線の数は，dS' を通る数と等しい。

積分は結局，$\int dS\cos\theta$ となり，$dS\cos\theta$ を改めて dS' と書いて $\int E dS'$ とすればよい。

あるいは電界 $\boldsymbol{E}$ のほうを変えて，$\boldsymbol{E}$ の面に垂直な成分を E_n とすれば，$E_n = E\cos\theta$ であり，左辺は $\int E_n dS$ と書いてもいい。式 (3.2) はこの形で書いてある。

また電荷 q と，指定した面とを直線で結ぶとき，閉曲面が凹の形をしているときなど，その線が内から外，外から内，そして再び内から外と3回も面をよぎるかもしれない。もっと複雑には，5回，7回，……ということもあり得る（ただし偶数回は絶対にない）。このときは，図 3.2（最下段）から直ちに理解できるように，内から外と，外から内の2つの場合が相殺する。したがって結局は，球でおきかえたケースと同じになり，ガウスの定理　式 (3.6) は成立する。

ガウスの定理は，図を見ただけで理解はできるが，正しくは立体角の概念を使って証明するのがいい。角度とは通常，平面上の1点から伸びる2本の半直線が張る間隔の大きさをいい，量として任意の半径 r で円弧 l を描くとき，2本の半直線間の円弧の長さを半径で割った値 $\theta = l/r$ で表す。単位名はラジアンであり，元は〔1〕で L，M，T の基本量の単位のとり方には関係しない。

以上は2次元の角度だが，3次元の角度も当然ながら定義される。錐体の頂点の内部をその立体角と考えれば，わかりやすい。円錐でも角錐でも，もっと奇妙な錐体でもかまわない。まず錐体の頂点を中心として半径 r の球面を描くと，この球面と錐体の側面との交線は必ず閉曲線になるから，その面積を S とする。その閉曲面の表面は球であるから，まん中がふくらんでいる（凸の形状をなしている）ことを忘れてはならない。そして $\overset{\text{オメガ}}{\Omega} = S/r^2$ できめられる立体角の値の単位を，ステ・ラジアンとよぶことにする。そうすると，3本のいずれも直交する半直線でつくられる立体角は $\pi/2$ ステ・ラジアン，無限に広い地平線に寝そべって眺められる空の広さが 2π ステ・ラジアン，四

方八方全部を含んだ空間の広がりは 4π ステ・ラジアンとなる。

晴天の定義は雲が0～2割,晴が3～7割,曇りが8割以上とされているが,これは 2π ステ・ラジアンの空に対して,雲が何ラジアンを占めるか,で決めていいだろう。

直線 oz に対して,o 点でこの直線に蝶番(ちょうつがい)的にくっついている棒がある。この棒を oz とつねに θ の角度を保つ円錐の母線として1周させるとき,そこにできる立体角 Ω はいくらになるか。これは平面角 θ と立体角 Ω との関係を表す重要公式になる。

角度が θ より小さい α と $\alpha+d\alpha$ の描く円錐面と

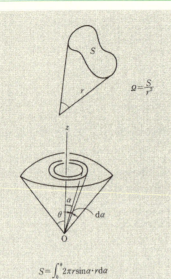

$$\Omega = \frac{S}{r^2}$$

$$S = \int_0^\theta 2\pi r\sin\alpha \cdot r d\alpha$$
$$= 2\pi r^2(1-\cos\theta)$$

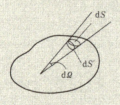

図3.3 立体角

で斬られる,半径 r の球面上の小面積 dS は

$$dS = 2\pi(r\sin\alpha)rd\alpha$$

になる。ここで $r\sin\alpha$ は球面上に描かれた円の半径,$rd\alpha$ は球面上に描かれたリングの幅である。したがって球面上に描かれた円の全面積は

$$S = \int_0^\theta 2\pi r\sin\alpha \cdot rd\alpha = 2\pi r^2[1-\cos\theta] \tag{3.7}$$

となり，立体角は

$$\Omega = S/r^2 = 2\pi[1-\cos\theta] \qquad (3.8)$$

である。微小量どうしの関係は，上式の両辺を微分して

$$d\Omega = 2\pi\sin\theta\,d\theta \qquad (3.9)$$

となる。実際の問題を解く場合，最初は形式的に $d\Omega$ が出てくるが，これを現実的に計算可能な $d\theta$ に直すことが多い。そのためには式(3.8)あるいは式(3.9)を覚えておくことは是非必要である。

ところでガウスの定理には，この立体角を使うのがいい。それには Q たる点電荷を頂点として，立体角 $d\Omega$ の微小錐体を考える。微小錐体でなく，立体角 Ω の大きな錐体でもかまわないような気がするが，大きな錐体だと，閉曲面との交線が複雑になって具合が悪い。$d\Omega$ だからこそ，微小閉曲面 dS は平面とみなしても差し支えないのである。ただし錐体の軸の方向と dS とは垂直ではない。dS の垂直成分を図(3.3下)のように dS' とすると $dS' = dS\cdot\cos\theta$ であり，結局は $E\cdot\cos\theta\cdot dS = E_n dS'$ となり，式(3.2)で示した式が導かれる。

先に q を点電荷としたのは，閉曲面が，広がった電荷のまん中あたりを切断しているような場合があってはいけないからである。対象とする電荷は，あくまで閉曲面の中のそれであり，点でなくてもそっくり曲面の中にあればかまわない。そこで，閉曲面の中にある電荷の総和を Σq_n と書けば

$$\int E_n dS = \Sigma q_n \qquad (3.10)$$

となり，これがガウスの定理の一般式である。ただし E_n は，閉曲面に垂直な外向きの成分であり，$\int dS$ は面全体についての積分を意味し，Σq_n は正電荷ならプラス，負電荷ならマイナスとする。したがって閉曲面の中の電荷がプラス・マイナスでちょうど相殺するような場合は，全面積積分はゼロになる。ゼロにはなるが，曲面のどの場所でも電界 E がゼロだということではない。外側へ，内側へと向いたいろいろな値があり，全部をならすと消えるということである。

微分形か積分形か

物理法則を表すのに，微分形と積分形とがある。たとえばポテンシャル・エネルギー U と力 F との関係は

$$U = -\int F \mathrm{d}x, \quad F = -\frac{\mathrm{d}U}{\mathrm{d}x} \tag{3.11}$$

のように，二通り書けるが，左が積分形，右が微分形である。U は重力場では mgx（x は高さ）のようなものであり，これを x で微分すれば力 mg になることはすぐにわかるだろう。高さ x は上向きを正方向とすると，力は下向きに働くので頭に負号がつく。

高校物理で最初にエネルギーを習うのは，仕事を W として $W = F \cdot x$ であった。この式は (3.11) の左と違ってマイナスがついていないが，この場合の F はあくまでわれわれが（自分の筋肉から）出す力である。その結果，物体には，W というエネルギーがたまるか，あるいは仕事の途中で熱などになる。

ところが式 (3.11) では，F というのは物体が自分の周囲に及ぼす力である。主体は人間でなく，研究の対象となっている物体である。以後はすべて，物体のほうを中心として，ものごとを考えることにする。

すでにみたガウスの定理は積分形である。とすると，これの微分形はどうなるか……ということになる。ポテンシャル・エネルギー U と力 F とについては，微分形でも積分形でもとり扱いに大差はないが，一般に物理法則というものは，この書物の最初にも述べたが，微分形で書くほうが普遍的なのである。微分形が法則の基本であり，その個々の場合が積分形で表される場合が多い。そのため，ここで再びガウスの定理の微分形を考えることにしたい。このような場合に，ベクトル解析という特殊な数学が，物理現象を簡潔に記述するために必要になってくる。

微分形のガウスの定理

ガウスの定理では，真空中の電界を考えてその量を $\boldsymbol{E}$ で表したが，物質中では，電界のかわりに電束密度（電気変位ということもある）$\boldsymbol{D}$ を使う。電界と電束密度の関係は

$$D = \varepsilon E \tag{3.12}$$

ただし ε は誘電率であり F/m（フラッド割るメートル）の元をもつ。真空の誘電率を ε_0，元のない比誘電率を ε_r とすれば

$$\varepsilon = \varepsilon_r \varepsilon_0 \tag{3.13}$$

であり，ε_r の大きいものを誘電体とよんで，固体論の一分野の研究対象になっている。

さて一般に空間は誘電的——そこが真空か物質中かを問わず——であると考えて（ε_r の値が大きいか，1に近いかは別として），直交座標をとり，各点での電束密度の値を $D(x, y, z)$ としよう。時間がたてば D の値は変るから，D は時間の関数でもあるが，そこまで複雑に考えることはやめよう。E と同じく方向をもつから，電束密度もベクトルである。

図3.4のように各辺が dx，dy，dz の体積素片を考える。x 軸に垂直な面での電束密度 D の成分を D_x，同様に y および z 軸に垂直な面での成分をそれぞれ D_y，D_z とする。

同じ D_x でも x, y, z での値 $D_x(x, y, z)$ と，それより dx だけ異なる面での値 $D_x(x+dx, y, z)$ では，わずかに違う。そのわずかの差違については，後に近似の項で詳しく述べるが（実際には

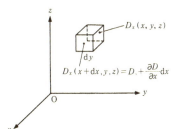

図3.4　微小体積の2つの面（手前と向こう）での電束密度の成分の違い

テーラー展開の第2項を採用したことになっている），両者における電束密度の成分の差（増加分）は次のようになる。

$$D_x(x+dx, y, z) - D_x(x, y, z)$$
$$= \left(\frac{\partial D_x}{\partial x}\right)_{x,y,z} dx \tag{3.14}$$

この体積素片の，x 軸に垂直な面は y-z 面（$dydz$）であるから，結局，dx だけへだたった2つの y-z 面の電束成分は（電束密度×面積＝電束であるから），次の値だけ異なることになる。

$$\left(\frac{\partial D_x}{\partial x}\right)_{x,y,z} \mathrm{d}x\mathrm{d}y\mathrm{d}z \tag{3.15}$$

同様に，y軸に垂直な2つの面での差と，z軸に垂直な2つの面での差はそれぞれ

$$\left(\frac{\partial D_y}{\partial y}\right)_{x,y,z} \mathrm{d}x\mathrm{d}y\mathrm{d}z, \quad \left(\frac{\partial D_z}{\partial z}\right)_{x,y,z} \mathrm{d}x\mathrm{d}y\mathrm{d}z \tag{3.15}'$$

となる。偏微分記号の右下に x, y, z と添字してあるのは，（偏微分をした導関数は3変数 x, y, z の関数形で与えられているから）その関数に，注目している点 (x, y, z) の値を代入したものである……ということを意味する。

さて，ガウスの定理を，この体積素片に応用してみる。電界Eでなく電束密度Dについてであるが，これの全表面積分 $\int D_n \mathrm{d}S$ は

$$\int D_n \mathrm{d}S = \left(\frac{\partial D_x}{\partial x} + \frac{\partial D_y}{\partial y} + \frac{\partial D_z}{\partial z}\right)\mathrm{d}x\mathrm{d}y\mathrm{d}z \tag{3.16}$$

である。右辺は上述のとおり，電束成分の左右での違い，前後での違い，上下での違いの総和であるから，結局，式は，この小立方から湧き出る（生み出される）電束を表している。

この空間で，電束密度 $\boldsymbol{D}$ を（したがって電界 $\boldsymbol{E}$ を）つくりだすのは，図3.2 に示したように電荷Qである。体積素片として設定した空間の一部の $\mathrm{d}x\mathrm{d}y\mathrm{d}z$ の中に，その電荷があるかもしれない。電荷の値はQであるが，これは電荷密度 ρ と体積 $\mathrm{d}x\mathrm{d}y\mathrm{d}z$ とをかけたもの，$\rho\mathrm{d}x\mathrm{d}y\mathrm{d}z$ と考えたい。$\mathrm{d}x\mathrm{d}y\mathrm{d}z$ はきわめて小さいから，その中での電荷密度はどこでも一定と考えてよかろう。

一体，空中に電荷Qだの，電荷密度 ρ がどんな具合にただよっているのか，と聞かれても困る。おそらく質量をもつ物質とともに，電気は存在するのだろう。質量はあるが電気はないという物体は，マクロにしろミクロにしろ多々あるが，逆に電気だけあって質量がない，などという物体（あるいは物質）は聞いたことがない。

しかし，ここでの話は，ρ の「出どころ」を問題にしているわけではないし，あくまで一般論として，空間のある場所に電荷密度 ρ があれば……

で話を進めているにすぎない。もし電荷などなければ，$\rho=0$ でよい。

さて式 (3.16) は $\rho dxdydz$ に等しいことがわかった。そこでその式の両辺を $dxdydz$ という小体積で割れば

$$\rho = \frac{\partial D_x}{\partial x} + \frac{\partial D_y}{\partial y} + \frac{\partial D_z}{\partial z} \tag{3.17}$$

となる。左辺も右辺も注目する点（どの点に注目してもいい）の x, y, z 座標での値であり，偏微分の添字は省略した。そうしてこれが，ガウスの定理の微分形なのである（これを電場に関するガウスの法則とよぶ）。

積分形よりは確かにわかりにくい。積分形なら任意の閉曲面を考えるから，イメージを描くのにも楽であるが，式 (3.17) はそれを空間の一点に凝縮したものである。しかし，どのような形の閉曲面にでも発展できるから，式 (3.17) のほうが「より基本的」なのである。

三角関数が難しいかやさしいかと問われても，諸君は困るだろう。馴れた人には大変やさしく便利である。馴れない人は，sine とは斜辺の高さだ……といちいち考えなければならない。いちいち考えても結果は出てくるが，大いにわずらわしい。面倒でも sine とか cosine とかの記号を覚えてしまうのがいい。ベクトル解析も同様である。これを使ってさまざまな計算をし，結果を導くためには，最初はややこしいと思われる記号も，面倒でも覚え込んでしまうのがいい。

スカラー場とは雲の濃さ

物理的に興味のある空間を「場」ということはさきに述べた。この場には，スカラー場とベクトル場とがある。たとえば，もやあるいは雲のようなものがスカラー場であり，これを一般的記号で $\overset{\text{ファイ}}{\varphi}(x, y, z)$ で表すことにしよう。場所 (x, y, z) を指定したとき，そのスカラー場とは雲の濃さ φ を表すものだと考えるのが，最もわかりやすい。

これに反して，水の流れている川などはベクトル場である。たとえば $\boldsymbol{A}(x, y, z)$ で表そう。場所を指定すると，水の速度（速さと方向）が指定できる。電界 $\boldsymbol{E}$ も電束密度 $\boldsymbol{D}$ も，あるいは磁界 $\boldsymbol{H}$ も，磁束密度 $\boldsymbol{B}$ の存在する空間（物質内のことが多い）も，すべてベクトル場である。なお

H と B との関係は式 (3.12) と同様

$$B = \mu H \tag{3.18}$$

であり，μ を透磁率とよぶ。これはまた式 (3.13) と同じように

$$\mu = \mu_r \mu_o \tag{3.19}$$

で表され，μ_o が真空の透磁率（元は $H \cdot m^{-1}$：ヘンリー割るメートル）で，μ_r は元のない比透磁率である。

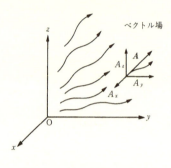

x 方向の勾配値	$\dfrac{\partial A_x}{\partial x}$
y 方向の勾配値	$\dfrac{\partial A_y}{\partial y}$
z 方向の勾配値	$\dfrac{\partial A_z}{\partial z}$
3者の和	div A

図3.5 div A とは，ベクトル場での A の x 方向，y 方向，z 方向の勾配値の和である

div はベクトル場での微分

ベクトル空間という考え方を頭に入れて，ベクトル解析に入らなければいけない。式 (3.17) の右辺に，D の各成分の方向の勾配を足し合わせたものが出てきた。唐突であろうが，この値をダイバージェント (divergent) A とよび

$$\mathrm{div}\, A = \frac{\partial A_x}{\partial x} + \frac{\partial A_y}{\partial y} + \frac{\partial A_z}{\partial z} \tag{3.20}$$

と定義する。そのため式 (3.17) は

$$\mathrm{div}\, D = \rho \tag{3.21}$$

と書かれることになる。

div とはあくまでベクトル場に対して式 (3.20) のように定義された記号にすぎない。その意味では sin とか log とかと同じである。しかし，しいて現実的な意味を付ければ，どうなるだろうか。

繰り返すが，ガウスの定理はわかりやすい。閉曲面全体から外に向かうベクトルの和について，これが内部の電荷に等しいことをいっている。この閉曲面を，したがって閉曲面内の体積を無限に小さくしていったとき，

「その点」から発射しているベクトルの総量が $\mathrm{div}\,\boldsymbol{D}$ となる。あたかもその点から泉のごとく水が湧いて出るとき，湧き出る水の量が $\mathrm{div}\,\boldsymbol{A}$ なのである。divergent(名詞では divergence，昔の人はドイツ語でディフェルゲンツ divergenz といった) は分散する，散開する，というほどの意味であり，流れる水の場を考えれば，div はその中の湧き口，つまり，泉を想像するのがいい。

$\mathrm{div}\,\boldsymbol{A}$ は泉から湧き出る水だといったが，正しく物理的に考えてみればいささか妙だ，と思う人がいるかもしれない。泉だって地下水が遠くからある圧力でそこへやってきたものであるし，空中に水が現れるためにはそこに水道ホースの先をもってこなければならない。電波発振のアンテナや塔の鐘だとしても，確かにその点から波動エネルギーは **divergent** するが，何らかの形でそこにエネルギーを注ぎ込まなければならない。質量の保存とかエネルギー保存則からみれば，$\mathrm{div}\,\boldsymbol{A}$ はつねに零でなければならない……という「正論」が存在するはずだ。

O点で $\mathrm{div}\,\boldsymbol{A}$ は有限

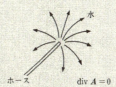

$\mathrm{div}\,\boldsymbol{A}=0$

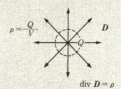

$\mathrm{div}\,\boldsymbol{D}=\rho$

図 3.6 divergent の意味

物質エネルギーについてはそのとおりであるが，$\mathrm{div}\,\boldsymbol{A}$ が有限な値になるというのは，$\boldsymbol{A}$ だけを考えるのではなく，$\boldsymbol{A}$ をつくりだす原因になる特別な量(実際には電荷や質量)を併せ考えなければならないということだ。特に電荷に由来する電界 $\boldsymbol{E}$ と電束密度 $\boldsymbol{D}$ とは div を有限にし，重力場 $\boldsymbol{g}$ について

> も，$\mathrm{div}\,g$ は天体の内部で考えれば（ゼロでなく）有限になる。
> 　いい換えると，電荷や質量は，静止しているか等速で動いているかぎり（つまり加速しないかぎり）自らのエネルギーを減らすことはないにもかかわらず，自分の周囲に「場」をつくるのである。
> 　つまりは，$\mathrm{div}\,\boldsymbol{D}=\rho$ とは，「電束密度 $\boldsymbol{D}$ とは，電荷の周囲につくられる場にすぎない」と，$\boldsymbol{D}$ の性格について言及した式だと考えてもいいのではなかろうか。

磁気で考えるガウスの定理

電気の話ばかりをしてきたが，それと兄弟関係にある磁気についてはどうなのか。磁石はよく知られているように，どんな磁性体にも必ず等量のＮ極とＳ極とが存在する。たとえ２つに割っても，あるいはもっと多くの破片にしても，金時飴さながらにＮとＳとは現れてくる。とすると，ガウスの定理を適用すれば，磁石を含む空間にどのような閉曲面（磁石がその曲面の中にあろうが外にあろうが）を描いても（物質中をも考えるから，磁界の強さ $\boldsymbol{H}$ でなく磁束密度 $\boldsymbol{B}$ を用いる）その面上では

$$\int B\cos\theta\,\mathrm{d}S = \int B_n\,\mathrm{d}S = \int B\,\mathrm{d}S' = 0 \tag{3.22}$$

となる。とにかくどうやっても，閉曲面をよぎる磁束の総和は（出入が相殺して）ゼロになる。したがって式 (3.21) に相当する式としては

$$\mathrm{div}\,\boldsymbol{B}=0 \quad \text{（磁場に関するガウスの法則とよぶ）} \tag{3.23}$$

である。電束密度 $\boldsymbol{D}$ も磁束密度 $\boldsymbol{B}$ も，ある意味では並行的に論じられる物理量である。どちらも同様に場の量であり，電波，熱線，光，エックス線などの電磁波というのは，$\boldsymbol{D}$ と $\boldsymbol{B}$ とが仲よく（互いに垂直方向に振動しながら）光速で走ってくるものではある。しかし，それの div をとった場合には，式 (3.21) と式 (3.23) とに見るように違ってくる。これは，電荷というものが正または負で単独に存在し得るのに対して，磁気量はＮとＳとがつねに等量ずつペアになっている……という宇宙のしくみに由来するものである。

郵 便 は が き

112-8731

料金受取人払郵便

小石川局承認

1846

差出有効期間
平成32年1月
24日まで

〈受取人〉
東京都(小石川局区内)
文京区音羽2の12の21

講 談 社

サイエンティフィク行

ご住所　　　　　　　　　　　□□□-□□□□

お名前
(ふりがな)　　　　　　　　年齢（　）歳
　　　　　　　　　　　　　性別　男・女

ご職業（○をつけて下さい）　1 大学院生　2 大学生　3 短大生　4 高校生　5 各種学校生　6 教職員(小、中、高、大、他)　7 公務員(事務系)　8 公務員(技術系)　9 会社員(事務系)　10 会社員(技術系)　11 医師　12 薬剤師　13 看護師　14 その他医療関係者　15 栄養士　16 その他（　　　　　　　）

勤務先または学校名

ご出身校・ご専攻

TY 000023-1711

愛読者カード

講談社サイエンティフィク　http://www.kspub.co.jp/
上記ホームページで、出版案内がご覧いただけます。

ご購読ありがとうございます。皆様のご意見を今後の企画の参考や宣伝に利用させていただきたいと存じます。ご記入のうえご投函くださいますようお願いいたします（切手は不要です）。

お買い上げいただいた書籍の題名

■本書についてのご意見・ご感想■

■本書を知った理由（○をおつけ下さい）■
書店実物、新聞広告（新聞名　　　　　　）、雑誌広告（誌名　　　　　　　）
刊行案内、インターネット（サイト名　　　　　　　　　　　）
書評、人に聞いて、その他（　　　　　　　　　　　　　　　）

■ご購入目的（○をおつけ下さい）■
教科書、参考書、研究、部課備付用、図書館用、その他（　　　　　　　　）

■今後とりあげてほしいテーマがありましたらお知らせ下さい■

■自然科学の分野で最近ご購入の書籍と著者名をおあげ下さい■

■ご購読の専門誌・新聞名■

■お買い上げ書店名■　　　　市　　　　町　　　　　書店

■小社カタログの送付を　□希望する　□希望しない

宇宙のしくみとはいかにも大げさな、ということになろうが、事実がそうだから、その通りに認めるほかはない。電子をはじめさまざまな素粒子やクォークまで、多くの粒子は電荷をもっている。電荷こそ基本量であり、その粒子が自転するからこそ、ソレノイドが棒磁石になるのと同じように磁気が発生するのだ、と考える人もいる。

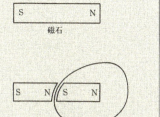

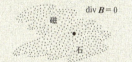

図3.7 磁界のダイバージェンス

しかし、このように磁気は、2次的に発生する量だと解釈するのは、さまざまな他の例からしてよくないようである。素粒子あるいはクォークは、電気と磁気モーメント（これをスピンという）を最初から固有の性質としてもっているものである、と割り切ったほうがいい。ただし磁石についての最小（基本）要素は、磁気量ではなく、NとSとを等量にもつ磁気モーメントだとする。そうして、素粒子やクォークが半分にこわれない以上、磁気に関するガウスの定理の閉曲面積分はつねにゼロであり、また $\text{div}\,B = 0$ でもある。

しかしまた、自然科学というものは疑うことから始めなければならない。N極だけ、あるいはS極だけの粒子はないのか。現在ではほとんどみつからなくても、宇宙開闢時のビッグバンの頃にはあったのではないか。素粒子論あるいは宇宙物理学の理論研究家たちは、このような奇妙な粒子の存在を考えている。名前をモノポールとつけているが、光より速いタキオンという粒子とともに、幻の粒子とされている。

> もしタキオンなどがあったら，相対論は考え直しが必要であろう（現在の理論のまま，矛盾なくタキオンを導入できるという人もいるが）。そしてモノポールが実在すれば，式 (3.23) の右辺はゼロでなくなり，現在でも通用する古典電磁気学のマクスウェルの式は変更を迫られ，電磁気学，ひいては物理学全体が変革されることになる。

2つのベクトルが等しい場合

div $\boldsymbol{A}$ の説明に紙面を費したが，ベクトルの一般則を述べておこう。

足し算と引き算　　$\boldsymbol{A} \pm \boldsymbol{B}$

それぞれの成分の加減

$$\begin{pmatrix} A_x \\ A_y \\ A_z \end{pmatrix} + \begin{pmatrix} B_x \\ B_y \\ B_z \end{pmatrix} = \begin{pmatrix} A_x + B_x \\ A_y + B_y \\ A_z + B_z \end{pmatrix} \tag{3.24}$$

乗除　$a\boldsymbol{A}$（$a=1/b$ なら割り算になる）

$$a \begin{pmatrix} A_x \\ A_y \\ A_z \end{pmatrix} = \begin{pmatrix} aA_x \\ aA_y \\ aA_z \end{pmatrix} \tag{3.25}$$

これらはいずれも，各成分がそれぞれに独立（無関係）であることを示している。早い話が，ベクトルの3要素 (2, 3, 5) と (3, 2, 5) とは全く別ものである。いささか言葉は悪いが，競馬の馬券でいえば，連勝複式ではなく，連勝単式なのである。[*] したがって式 (3.24) について，もっと一般的な関係は，もし

$$\boldsymbol{A} = \boldsymbol{B}$$

なら，

$$A_x = B_x, \ A_y = B_y, \ A_z = B_z \tag{3.26}$$

というように，それぞれの成分が互いに等しいことを意味している。

なお式 (3.25) は定数 a の積（あるいは商）の定義であるが，a が (x, y, z) の関数（つまりスカラー量）であってもいい。

---

[*] 連勝複式なら，券 2-5 といえば，2枠と5枠とが，どちらでもかまわないから1着と2着になればいい。これに反して連勝単式では2枠が1着，5枠が2着にならなければいけない。

スカラーを今後 $f(x, y, z)$ と書くことにしよう。これは霧の濃さのようなスカラー場を表すものであり，f と A との相違は，はっきりと区別しておかなければならない。

ベクトル等では順序が大切

通常のスカラー算にないものに，ベクトルどうしの積がある。積といっても，スカラー積 (A, B)（これは $A \cdot B$ あるいは AB とも書く）と，ベクトル積 $[A, B]$（こちらは $A \times B$ とも書く）の違いはよく知られている。両ベクトル間の角を θ とするとき

$$(A, B) = AB\cos\theta \tag{3.27}$$

であり，「結果はスカラー」である。両ベクトルが平行のとき一番大きく，垂直ならゼロになる。一方，ベクトル積の大きさ（絶対値）は

$$|[A, B]| = AB\sin\theta \tag{3.28}$$

である。結果は A にも B にも垂直方向のベクトルとなり（A が右手の親指，B が人差指として，結果は中指の方向），その大きさは A と B が垂直のときがもっとも大きく，平行ならゼロになる。量の積といっても，このように2通りある。特に後者については

$$[A, B] \neq [B, A] \tag{3.29}$$

であり，さらに書き加えれば

$$[A, B] = -[B, A] \tag{3.29}'$$

であって，交換則を満足していないのである。足し算は，さきに足しても後に足しても結果は同じであるが，掛け算では，その対象が特別なものでは，結果は順序に左右されるのである。

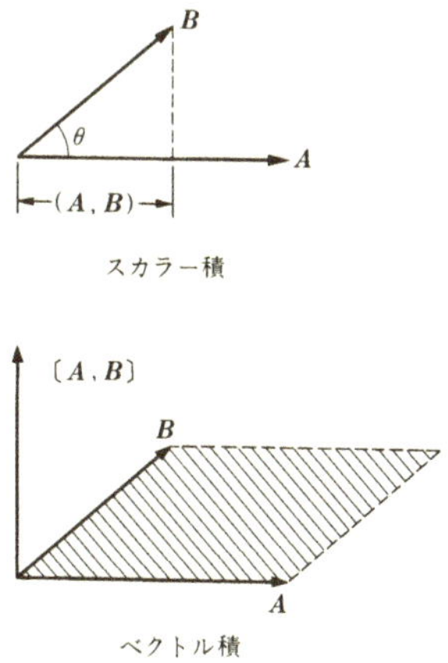

図 3.8 スカラー積（上。特に A を単位ベクトルとして描いた）とベクトル積（下）

ここで，直交座標 x, y, z の，それぞれの成分の単位ベクトルを i, j,

k としよう。i は x 方向の 1, j は y 方向の 1……というわけである。各方向とも独立（無関係）だから，3方向の 1 が必ずしも同じ長さでなくてもかまわないわけだが（分子性結晶などを扱う場合には，3つの方向の 1 が異なることもある），あまり複雑に考えないことにしよう。

この単位ベクトルを用いると，ベクトル積はつぎのような行列式で表されることになる。

$$[A, B] = \begin{vmatrix} i & j & k \\ A_x & A_y & A_z \\ B_x & B_y & B_z \end{vmatrix} \tag{3.30}$$

あるいは成分ごとに書けば

$$[A, B] = \begin{bmatrix} (A_y B_z - A_z B_y) i \\ (A_z B_x - A_x B_z) j \\ (A_x B_y - A_y B_x) k \end{bmatrix}$$

(3.30)′

である。結果はサイクリック（循環的）になっていることに注意しよう。なお単位ベクトル自身については，そのベクトル積は

$$[i, i] = [j, j] = [k, k] = 0$$
$$[i, j] = -[j, i] = k$$
$$[j, k] = -[k, j] = i$$
$$[k, i] = -[i, k] = j$$

(3.31)

図 3.9 3成分の単位ベクトル

この結果も，またサイクリックである。

3つのベクトル積

つぎに3つのベクトルの積を考えてみよう。$[B, C]$ はベクトルであり，これとベクトル A とのスカラー積は

$$(A, [B, C]) = A_x (B_y C_z - B_z C_y)$$
$$+ A_y (B_z C_x - B_x C_z) + A_z (B_x C_y - B_y C_x)$$

と，まさにサイクリックであり，それがゆえにつぎの3者とも同一結果になることがわかり，それはまた行列式で表されることになる。

$$(\boldsymbol{A}, [\boldsymbol{B}, \boldsymbol{C}]) = (\boldsymbol{B}, [\boldsymbol{C}, \boldsymbol{A}]) = (\boldsymbol{C}, [\boldsymbol{A}, \boldsymbol{B}])$$
$$= \begin{vmatrix} A_x & A_y & A_z \\ B_x & B_y & B_z \\ C_x & C_y & C_z \end{vmatrix} \tag{3.32}$$

したがって，$\boldsymbol{A}$，$\boldsymbol{B}$，$\boldsymbol{C}$ の3つのベクトルが同一平面上にある条件は

$$\begin{vmatrix} A_x & A_y & A_z \\ B_x & B_y & B_z \\ C_x & C_y & C_z \end{vmatrix} = 0 \tag{3.33}$$

でよいことになる。

それでは3つのベクトルの，ベクトル積はどうなるだろう。公式的にさきに結果を書いてしまうことにする。

$$[\boldsymbol{A}, [\boldsymbol{B}, \boldsymbol{C}]] = \boldsymbol{B} \cdot (\boldsymbol{A}, \boldsymbol{C}) - \boldsymbol{C} \cdot (\boldsymbol{A}, \boldsymbol{B})$$
$$[\boldsymbol{B}, [\boldsymbol{C}, \boldsymbol{A}]] = \boldsymbol{C} \cdot (\boldsymbol{B}, \boldsymbol{A}) - \boldsymbol{A} \cdot (\boldsymbol{B}, \boldsymbol{C}) \tag{3.34}$$
$$[\boldsymbol{C}, [\boldsymbol{A}, \boldsymbol{B}]] = \boldsymbol{A} \cdot (\boldsymbol{C}, \boldsymbol{B}) - \boldsymbol{B} \cdot (\boldsymbol{C}, \boldsymbol{A})$$

となる。左辺は，最初の式に注目すれば，ベクトル $\boldsymbol{A}$ と $[\boldsymbol{B}, \boldsymbol{C}]$ とのベクトル積で結果はベクトルであり，右辺も，ベクトル $\boldsymbol{B}$ にスカラー $(\boldsymbol{A}, \boldsymbol{C})$ のかかったものと，ベクトル $\boldsymbol{C}$ にスカラー $(\boldsymbol{A}, \boldsymbol{B})$ をかけたもののベクトル差であり，これまたベクトルになり，矛盾はない。

証明のため，最初の式の x 成分だけを考えれば（$[\boldsymbol{B}, \boldsymbol{C}]_x$ はベクトル $[\boldsymbol{B}, \boldsymbol{C}]$ の x 成分を表すとする）

$$\begin{aligned}
\text{左辺の } x \text{ 成分} &= A_y [\boldsymbol{B}, \boldsymbol{C}]_z - A_z [\boldsymbol{B}, \boldsymbol{C}]_y \\
&= A_y (B_x C_y - B_y C_x) - A_z (B_z C_x - B_x C_z) \\
&= B_x (A_y C_y + A_z C_z) - C_x (A_y B_y + A_z B_z) \\
&= B_x (A_x C_x + A_y C_y + A_z C_z) - C_x (A_x B_x + A_y B_y + A_z B_z) \\
&= B_x (\boldsymbol{A}, \boldsymbol{C}) - C_x (\boldsymbol{A}, \boldsymbol{B})
\end{aligned} \tag{3.35}$$

となり，これは右辺の x 成分である。y 成分と z 成分についても同様に計算ができて，その結果式 (3.34) の最初の式が証明され，同じような手法で，第2，第3の式も証明できる。またこの3式から

$$[A, [B, C]] + [B, [C, A]] + [C, [A, B]] = 0 \tag{3.36}$$

も明らかになる。さらに注意すべきは

$$(A, [B, C]) = ([A, B], C) \tag{3.37}$$

であるが

$$[A, [B, C]] \neq [[A, B], C] \tag{3.38}$$

であることにも注意しなければならない。

しかし，これら諸式の証明は，まともに計算していけば可能であるから，証明はやればできる……という程度に心得ておけば十分だろう。むしろ式 (3.32) や (3.34) を「何となく」覚えている程度で十分ではなかろうか。物理問題などで必要になったら，これらの式を「既知の公式」として，そのまま利用して結構だと思う。

grad はスカラー場の勾配

ベクトルの演算が加減と掛け算だけで終るなら，とりたてて物理数学の仲間入りをさせなくてもよいだろう。せいぜいベクトル積には交換則が成立しない，という特殊性があるくらいである。

ベクトル解析で重要なのは，実は微分である。スカラー場 $f(x, y, z)$ にしろ，ベクトル場 $A(x, y, z)$ にしろ座標の関数であるから，座標についての微分は大いに重要である。$\mathrm{div}\,A$ についてはすでに述べたが，これ以外の導関数（図形的には勾配）はどうなるかを考えていこう。

まず $\mathrm{grad}\,f$ について。

グラディエント (gradient) とは，勾配のことである。記号 grad は演算子（数学的な命令）であり，被演算子* f はスカラーでなければならない。もちろん f は，a のような定数であってもいいが，$\mathrm{grad}\,a$ はつねにゼロであるから面白味はない。

f を2次元関数 $f(x, y)$ だとすれば理解しやすい。f そのものは山の高さのように考えていい。$\mathrm{grad}\,f(x, y)$ とは，(x, y) という地点での，最も強い勾配を表す。雪の斜面で，直滑行の方向というのが原則としては一

---

* d/dx や div，grad などをオペレータ（演算子）とよび，演算されるものをオペランド（被演算子）という。df/dx の f や，$\int f\,dx$ の f がオペランドに相当する。

義的にきまってしまうが，grad f はまさに直滑行の方向で，向きは斜面上方を向く(微分値というものは，値の大きくなるほうを正とするから)。このようにスカラー値 f に grad が掛かると（正しくは演算すると，というべきだろうが，簡単に「掛ける」といっておこう），grad f そのものはベクトルになることを忘れてはならない。

さきに定義した x, y, z 方向の単位ベクトル $\boldsymbol{i}$, $\boldsymbol{j}$, $\boldsymbol{k}$ を用いて，このグラディエントを書けば

$$\mathrm{grad} f = \boldsymbol{i}\frac{\partial f}{\partial x} + \boldsymbol{j}\frac{\partial f}{\partial y} + \boldsymbol{k}\frac{\partial f}{\partial z} \tag{3.39}$$

と定義すれば完全である。

あるいは通常のベクトル記法のように，3つの成分に分けて書くならば $\boldsymbol{B} = \mathrm{grad} f$ は

$$\begin{pmatrix} B_x \\ B_y \\ B_z \end{pmatrix} = \begin{pmatrix} \dfrac{\partial f}{\partial x} \\ \dfrac{\partial f}{\partial y} \\ \dfrac{\partial f}{\partial z} \end{pmatrix} \tag{3.40}$$

と書けばいい。

つまり，ベクトル解析に出てくる記号は，ベクトルを表す grad f ($=\boldsymbol{B}$) のような場合，3つの成分を式 (3.40) のように「手抜きせずに」書けば，それですむことである。しかし，それではあまりにもわずらわしい。1つの式で間に合えばそれにしよう，という無精者の数学的記述法だと思ってもいい。何度もいうが，

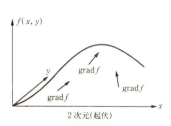

図 3.10 グラディエントは，その点で最もきつい勾配の方向と強さを表す

いちいち，直角三角形の斜辺分の高さ a/c などといわずに，$\sin\theta$ としてしまうのと，まずは似たような考え方である。

しかし，感覚的には，grad とはいかにも勾配という意味あいが強く，

grad$f$と聞くと，fというスカラー関数の場の中にあって，fのもっとも増加する方向を向き，その値は「増加ぶん」だという感覚をもつ必要はあろう。ベクトルという意識はなくても，2次元なら斜面の切り立った方向，3次元なら霧のもっとも濃い方向，との気持は必要である。

▽（ナブラ）は grad とどう違うか

この grad とまったく同じ演算作用をするものに ▽ がある。これはナブラと発音し，逆三角形であり，原則的には太文字（ゴシック体）で書く。いったい，▽ と grad とはどう違うのか。同じものなら2つもつくらなくてもいいではないか……と思う人もいよう。

簡単に結論をいえば，▽ は grad をさらに記号化したものである。その定義は

$$\nabla = \boldsymbol{i}\frac{\partial}{\partial x} + \boldsymbol{j}\frac{\partial}{\partial y} + \boldsymbol{k}\frac{\partial}{\partial z} \tag{3.39}$$

となる。▽ そのものが1つのベクトル（強いていえば演算ベクトル）であり，たとえば ▽f はベクトル ▽ とスカラーfとの積のように解釈すればいい。ベクトルとスカラーとの積は式 (3.25) の所でも紹介したように，ベクトルになる。とはいうものの，▽ と grad の相違……などということに，あまり頭を使わないほうがいいだろう。

Δ（ラプラシアン）はラプラスに敬意を表して

Δ は簡単にいえば，2つのナブラのスカラー積，つまり

$$\Delta = (\nabla, \nabla) = \nabla^2 \tag{3.41}$$

であり，もっと具体的に書けば

$$\Delta f = \frac{\partial^2 f}{\partial x^2} + \frac{\partial^2 f}{\partial y^2} + \frac{\partial^2 f}{\partial z^2} \tag{3.42}$$

である。記号はギリシャ文字のデルタであるが，数学者ラプラスに敬意を表して，つねにラプラシアンとよぶことになっている。Δf は当然，スカラー量（だから方向はない）である。

問題 3-1 半径Rの円周上を角速度 ω で等速円運動する質点の位置 r

は
$$r(t) = R(i\cos\omega t + j\sin\omega t) \quad (3.43)$$
で表される（図 3.11）。

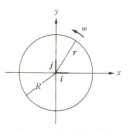

図 3.11 円周上を動く質点

(i) 速度 $v(t)$ と加速度 $a(t)$ をベクトルで（両成分 i と j との組み合わせで）表せ。

(ii) v と a の大きさはどうなるか。

(iii) スカラー積 (a, v) はどうなるか。

解答 3-1

(i) $v(t) = \dfrac{dr}{dt} = R\omega(-i\sin\omega t + j\cos\omega t)$

r を半径方向ベクトルとして

$$a(t) = \dfrac{dv}{dt} = R\omega^2(-i\cos\omega t - j\sin\omega t)$$
$$= -\omega^2 r \quad (3.44)$$

この式から，遠心力（正しくは遠心加速度）は ω^2 に比例して，つねに回転の中心と逆向きであることがわかる。

(ii) $|v| = \sqrt{v \cdot v}$

$\qquad = \sqrt{R^2\omega^2(\sin^2\omega t + \cos^2\omega t)}$

$\qquad = R\omega$, i と j とは直交しているから

スカラー積を考えると (3.45)

$\qquad i^2 = j^2 = 1, \quad i \cdot j = 0$

$|a| = \sqrt{a \cdot a}$

$\qquad = \sqrt{R^2\omega^4(\cos^2\omega t + \sin^2\omega t)}$

$\qquad = R\omega^2 \quad (3.46)$

(iii) $(a, v) = -R\omega^2(i\cos\omega t + j\sin\omega t)$

$\qquad\qquad \times R\omega(-i\sin\omega t + j\cos\omega t)$

$\qquad = R^2\omega^3(\sin\omega t\cos\omega t - \sin\omega t\cos\omega t) = 0 \quad (3.47)$

等速円運動においては，当然ながら，速度（接線方向）と加速度（半径方向）とはつねに互いに垂直であることを示している。

ラプラスの方程式

スカラー量としての場の量については，よく$\varphi(x, y, z)$の文字を使う。そうして

$$\Delta\varphi = 0 \tag{3.48}$$

をラプラスの方程式とよぶ。ある領域でラプラス方程式を満足する関数は一般に調和関数とよばれる。電荷のない一様な媒質中の静電ポテンシャルや，定常的な（時間に依存しないということ）熱伝導の場合の温度分布などが，調和関数である。

時間に関係する熱伝導方程式 (1.16) は，3次元ではラプラシアン (Δ) を含むが，ラプラスの方程式ではなく，

$$\frac{\partial T}{\partial t} = a\left(\frac{\partial^2 T}{\partial x^2} + \frac{\partial^2 T}{\partial y^2} + \frac{\partial^2 T}{\partial z^2}\right) = a\Delta T \tag{1.16}'$$

と書かれることになる。

積の微分を考える

grad はスカラー場での微分，div はベクトル場での微分だが，積の微分を考えてみる。aは単なる定数，fやgはスカラーとして次のようになる。

$$\mathrm{grad}(af) = a\,\mathrm{grad}\,f \tag{3.49}$$

$$\mathrm{grad}(f + g) = \mathrm{grad}\,f + \mathrm{grad}\,g \tag{3.50}$$

積の微分は $(fg)' = f'g + fg'$ であることを考慮すれば

$$\mathrm{grad}(fg) = g\,\mathrm{grad}\,f + f\,\mathrm{grad}\,g \tag{3.51}$$

スカラー積 $(\boldsymbol{A}, \boldsymbol{B})$ の grad については，すぐ後に学ぶ rotation の後で公式を求めよう。さらにナブラの2乗 ∇^2 については（これはラプラシアン Δ と同じであるが，Δ は一種の略記号，∇^2 が正式（?）と考える）

$$\nabla^2(af) = a\nabla^2 f \tag{3.52}$$

$$\nabla^2(f + g) = \nabla^2 f + \nabla^2 g \tag{3.53}$$

$$\nabla^2(f \cdot g) = g\nabla^2 f + f\nabla^2 g + 2(\mathrm{grad}\,f \cdot \mathrm{grad}\,g) \tag{3.54}$$

となる。

ベクトル空間での微分演算子 div については式 (3.20) ですでに学んだが，これについても公式的に列挙すれば

$$\mathrm{div}(a\boldsymbol{A}) = a\,\mathrm{div}\,\boldsymbol{A} \tag{3.55}$$

$$\mathrm{div}(\boldsymbol{A}+\boldsymbol{B}) = \mathrm{div}\,\boldsymbol{A} + \mathrm{div}\,\boldsymbol{B} \tag{3.56}$$

$$\mathrm{div}(f\boldsymbol{A}) = f\,\mathrm{div}\,\boldsymbol{A} + (\boldsymbol{A}\cdot\mathrm{grad}\,f) \tag{3.57}$$

$$\mathrm{div}(\mathrm{grad}\,f) = \nabla^2 f \tag{3.58}$$

ベクトル積 $[\boldsymbol{A},\boldsymbol{B}]$ の div については,これも rot の後に説明する.

rot は回転

ベクトル演算での,新しい3つの記号として div と grad のほか,いま一つ,rot がある.これはローテーション (rotation) の略であるが,もともとはドイツからの輸入であり,英式にはカール (curl) といって,記号的にも curl $\boldsymbol{A}$ と書かれている本もある.ローテーションは,プロ野球の投手の順番など,すでに日本でもなじみ深いが,ここは正しくは(古くは)ロタチオンというべきかもしれない.簡単に「回転」と訳してしまう.

rot はベクトル ($\boldsymbol{A}$) に作用して,その結果がベクトルになる演算子であり,その定義は次の通りである.

$$\begin{aligned}(\mathrm{rot}\,\boldsymbol{A})_x &= \left(\frac{\partial A_z}{\partial y} - \frac{\partial A_y}{\partial z}\right) \\ (\mathrm{rot}\,\boldsymbol{A})_y &= \left(\frac{\partial A_x}{\partial z} - \frac{\partial A_z}{\partial x}\right) \\ (\mathrm{rot}\,\boldsymbol{A})_z &= \left(\frac{\partial A_y}{\partial x} - \frac{\partial A_x}{\partial y}\right)\end{aligned} \tag{3.59}$$

あるいは rot $\boldsymbol{A}$ をベクトルとして3成分の和に書くなら,上式の右辺に上から順に単位ベクトル $\boldsymbol{i},\boldsymbol{j},\boldsymbol{k}$ をそれぞれ掛けて,足し合わせればいい.

grad $\boldsymbol{A}$ は勾配であり,これよりもややわかりにくいが div $\boldsymbol{A}$ は湧き出る泉として,定義の式から「かなり直感的に」理解できる.

ところが rot $\boldsymbol{A}$ は回転とはいうものの,式 (3.59) からすぐにそれを想像しろといっても,馴れない者には無理である.もっとも,3次元的記述に馴れてくると,x 軸の周囲の回転は y と z とで書ける……というように,式 (3.59) のような定義はあながち難しいとは思えないが,初めのうちは式 (3.59) をそのまま定義として受け止めて,覚え込んでしまうのがいい.

rot A は，つぎのような行列式にも書けるのである。

$$\operatorname{rot} \boldsymbol{A} = \begin{vmatrix} \boldsymbol{i} & \boldsymbol{j} & \boldsymbol{k} \\ \dfrac{\partial}{\partial x} & \dfrac{\partial}{\partial y} & \dfrac{\partial}{\partial z} \\ A_x & A_y & A_z \end{vmatrix} \tag{3.60}$$

なぜ回転か

rot A はその定義をいきなり紹介したが，実際に物理学に使われるのは，マクスウェルの電磁方程式である。物理学の中で力学についで主要部分を占める電磁気学では，本書冒頭の微分方程式の項でも述べたように，まずマスクウェルの方程式があり，これを基礎として電磁気学のもろもろの現象が解説されるのが「筋」である。あたかも力学のニュートン方程式に相当する。

ところがマクスウェル方程式には rot $\boldsymbol{H}$ と rot $\boldsymbol{E}$ があり（あ̇り̇というよりも，これが主要項になっていて），ベクトル解析を知らないことにはどうにもならない。そのため最初はクーロンの法則などから説き起こして，最後にベクトル解析をわずかに説明して，マクスウェルの電磁方程式は教科書の最後にくることが多い。

もちろん学習の順序はそれでかまわないわけであるが，なぜ電磁気学で rot A が出てくるか（数学的な解説だけでなく），物理的な話もしておかなければならないだろう。電磁気学ではその名の通り，電気と磁気とが相互にどう関係しているかがポイントになる。そうして電気と磁気との相互関係として，最もよく知られ

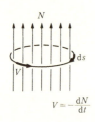

$$V = -\dfrac{\mathrm{d}N}{\mathrm{d}t}$$

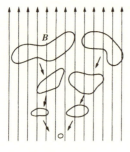

図 3.12 電磁誘導

ているのが電磁誘導である。

　電磁気についての諸現象は力学のように直感的に理解できるものは少なく，家電製品などは「そのややこしい原理と仕組み」によって作動するものである……という程度に認識されているのが一般である。よほどの専門家でないかぎりはそれでいいと思うのだが，とにかくこの電磁誘導を基礎として電磁気学の式ができあがったのであるから，一応は知っておいていただきたい。

　電磁誘導とはイギリスの実験物理学者ファラデーが1831年に発見したものであり，コイル状の導線内の電流が変化すると，その周囲の磁界が変化し，そのために別のコイル状の導線に新たに電流が生じるという現象である。

　話がややこしいから，もっとシンプルにいうと，図3.12のように単なる導線の輪っか (リング) があるとき，中を貫く磁界の大きさが変化すると，そのリングに電流が生じるのである。しかし電流が生じるためには，リング中に，一方的に起電力が新しく生じなくてはならない。

　ボルトという単位で表される電気の性質は，ときには電圧，また場合によっては起電力，さらには電位（正しくいえば電位差）ともよばれる。しかし，これらの言葉のニュアンスはそれぞれに違っている。電圧とは，電流を水流にたとえたときの水圧のことであり，起電力とは水流を起こしうる機械・器具の能力のこと，また電位とは水位に相当している。電池に内部抵抗のあるときには，電池の両極の電位差は，起電力よりもわずかに小さくなっていることは知られている。

　しかし，ここでいいたいのは，電位と起電力との「言葉の違い」である。リングを通る磁界 N の時間あたりの変化 dN/dt があるときには，リング1回りで，$-dN/dt$ だけの起電力が生じ，したがってこの値を抵抗 R で割った値の電流 I が発生する。マイナスを付けるのは，上から見て N が大きくなるとき（たとえば下から棒磁石の N 極側が近づくとき），下から見てこのリングには，右ねじ回しと反対向きに電流が生じるためである。このリングには電流が生じたから，当然

（上から見て時計回りに）電圧はあるといえる。しかし……電位差のほうは，少なくとも1回りして考えれば完全に打ち消しになるから，定義できない。もしあったら，エッシャーの絵のようなダマシ画になってしまう。

　要は，このような場合，電位差というものはわからないが（むしろ，ないといってよかろう），電圧はある。あるけれども，つねにリングの短い円弧 ds の部分に注目してそれを考えたほうがいい，ということだ。その小部分ではつねに同じ方向に電圧が発生して，リング全体に電気を流すと考えるのがよいのである。リングに電圧という言葉は使えるが，電位（あるいは電位差）は定義できない。

起電力と磁界の関係

さて，リングの小部分 ds に発生する電圧を E_s とするとき，円周全体での電圧（というよりも，この場合は起電力とよぶのがふさわしい）を

$$V = \oint E_s ds \tag{3.61}$$

と書く。マルの付いた積分は，1周期にわたって積分することを意味し，この場合はリング1周の足し合わせである。つまりリングの短い部分 (ds) での起電力 $E_s ds$ を1周にわたって連続的によせ集めて，リングでの起電力が（けっして部分的な器械の起電力ではない）生じると考える。そこで起電力と磁界 N との関係は（上のかこみでも述べたように）

$$\oint E_s ds = -\frac{dN}{dt} \tag{3.62}$$

となる。

実は，閉曲線全体について生じる起電力（電界 E_s と曲線の長さ ds との積として書かれている）が，その曲線を貫く磁力線の変化に等しい，という上の式は実験事実なのである。自然現象とはそのようなものだ，と認めてもらうしかない。しいて物理法則と結び付けるなら，フレミングの右手の法則ということになろうが（フレミングの左手の法則のほうは磁界中の導線に力が働くというもの。ここでの話は，導線は一定で磁界が動くと

いう違いはあるが、結果的には右手の法則と同じ）、ややこしい電磁気学の内容にまで立ち入るのはやめて、とにかく式 (3.62) を承認していただくことにする。

この式だけをみると、リング（導線の場合はコイルとよぶ）がどのような形か、大きいか小さいか、磁界に対してその面はどちらを向いているかなど、さまざまなケースが考えられる。それでは法則として用いにくいというわけで、$\mathrm{div}\,\boldsymbol{A}$ の場合と同じように、このコイルによる閉曲線を無限に小さくしていく。そうすれば、閉曲線のつくる面は単純な面（2次元的な平面）と考えてよいことになる。

さて、この無限に小さくしたコイル面を磁界に垂直に向けることにする。平行などにしたら、面をよぎる磁力線がゼロになってしまうことはすぐにわかろう。

このとき、コイルの全起電力 $\oint E_s \mathrm{d}s$ は当然、いくらでも小さくなる。それでは不公平(?)だというので、閉曲線による微小面積 $\varDelta S$ でこれを割り

$$\oint E_s \mathrm{d}s / \varDelta S = \mathrm{rot}\,\boldsymbol{E} \tag{3.63}$$

と定義するのである。

rotation の定義が、かなりすみやかにできてしまったが、いささかすみやかすぎてピンとこないと思われるかもしれない。しかし感覚的にとらえようがない、といわれてもどうしようもないのである。$\boldsymbol{E}$ というベクトル場で、$\boldsymbol{E}$ に垂直な小面積を考えて、$\boldsymbol{E}$ についての線積分の1周が $\mathrm{rot}\,\boldsymbol{E}$ だという、きわめてわかりづらい説明をするほかに仕方がない。ただしこれが、先に定義した式 (3.59) になるという証明は可能なのである。

磁界と磁束密度の関係

電磁誘導の図 (3.12) で、N と描いたのは磁束のことであり（国際単位系ではウェーバー〔Wb〕[*]という）これを面積で割ったものが磁束密度（国際単位系ではテスラ〔T〕[*]である）になる。

磁束密度を $\boldsymbol{B}$ とすれば、コイル中の磁束 N は、磁束密度 $\boldsymbol{B}$ にコイルの

面積 ΔS をかけたものであるから

$$N = \boldsymbol{B} \cdot \Delta S \tag{3.64}$$

である。これと式 (3.62) と (3.63) とから

$$\Delta S \cdot \text{rot}\, \boldsymbol{E} = -\frac{d\boldsymbol{N}}{dt} = -\Delta S \frac{\partial \boldsymbol{B}}{\partial t}$$

となり，両辺を ΔS で割ることにより

$$\text{rot}\, \boldsymbol{E} = -\frac{\partial \boldsymbol{B}}{\partial t} \tag{3.65}$$

が得られる。

$\boldsymbol{N}$ については，図 3.12 で，単に $\boldsymbol{N}(x, y, z, t)$ として考えたが，一般的に $\boldsymbol{B}\{x(t), y(t), z(t), t\}$ であってもかまわない。そうするためには，時間 t での微分は，t の変化による $x(t), y(t), z(t)$ の変動には触れずに，あらわに入っている変数 t についてだけの微分なのであるから，偏微分 $\partial \boldsymbol{B}/\partial t$ を用いる。

もう少し物理的な解釈をしておけば，真空中での磁界 $\boldsymbol{H}$（これはアンペア割るメートル〔A/m〕という単位で表す）と磁束密度 $\boldsymbol{B}$ とは，真空透磁率 μ_0（これはヘンリー割るメートル〔H/m〕という単位になる）という比例定数により

$$\boldsymbol{B} = \mu_0 \boldsymbol{H} \tag{3.66}$$

と書かれるため，式 (3.65) は

$$\text{rot}\, \boldsymbol{E} = -\mu_0 \frac{\partial \boldsymbol{H}}{\partial t} \tag{3.65}'$$

となる。

式 (3.65) の誘導については，磁界中のコイルを考えて，磁束密度の時間的変化が小コイルに生じる起電力になる，という設定のもとに話を進めた。しかし……この $\boldsymbol{B}$ と $\boldsymbol{E}$ との関係を説くのに，コイルが必要だろうか。コイルのない空間でも，磁束密度に時間的変化があるとき，そこには rot $\boldsymbol{E}$ に該当するものが生じるのではなかろうか……とマクスウェルは考え，こ

---

* Wb と T との区別がはっきりしない人がいるが $1\text{T} = 1\text{Wb/m}^2$ である。Wb が質量，T が密度のように覚えればいい。前者は示量変数，後者は示強変数とよぶ（このことについては「なっとくする熱力学」，「なっとくする統計力学」に詳述）。なお CGS 電磁単位でいう磁界のガウス〔G〕は，質的にはテスラと同じものであり $1\text{G} = 10^{-4}\text{T}$ である。

れを一般式とすれば，他のさまざまな現象を定式化したものと矛盾することがないという事実を発見したのである。

導線リングというものは，思考の最初にこそ必要であるが，そのような器材にとらわれることなく，場（B や E の存在する空間のこと）の性質として，式 (3.65) が一般的な法則として，電磁気学の基礎となることをマクスウェルは見出したのである。

ただし，感覚的に式 (3.65) を認知することは大変むずかしい．力学の $F = ma$ に比べてはるかにわかりにくい……その理由のもっとも大きなものは，rot という記号にあるのだろう．

数学的に確かめる

先に物理的内容の説明になってしまったが，なぜ式 (3.59) が成立するのか，数学的証明をしなければならない．

磁束密度 B や電界 E の存在するベクトル場に直交座標 (x, y, z) を設定する．そして z 軸に垂直な面を考え，そこに長方形 ABCD を設定し，$\overline{AB} = a$，$\overline{AD} = b$ とする．ここでも div を計算した場合（図 3.4）と同じ方法をとるが，今度のほうがいささか複雑だから，直方体の 1 つの面 ABCD だけを考えるのである．

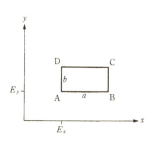

図 3.13　z 軸に垂直な小さな面を考える

A 点での電界 E の x, y 成分をそれぞれ E_x, E_y とする．この 2 成分はそれぞれ

B 点では　$E_x + \dfrac{\partial E_x}{\partial x} a,\ E_y + \dfrac{\partial E_y}{\partial x} a$

D 点では　$E_x + \dfrac{\partial E_x}{\partial y} b,\ E_y + \dfrac{\partial E_y}{\partial y} b$

となる．そして図 3.4 の場合と同じように，a, b が十分短いとして，テー

ラー展開（後述）の第 1 次近似までを採用する。

そうすると，電界の成分を ABCDA に沿って 1 回り線積分したものは次のようになり（次式の 4 つの項が左から順に 4 辺の線積分に相当）

$$E_x a + \left(E_y + \frac{\partial E_y}{\partial x} a\right) b - \left(E_x + \frac{\partial E_x}{\partial y} b\right) a - E_y b$$
$$= \left(\frac{\partial E_y}{\partial x} - \frac{\partial E_x}{\partial y}\right) ab \tag{3.67}$$

これを ABCD の面積 ab で割れば，$\partial E_y/\partial x - \partial E_x/\partial y$ となる。これが rot $\boldsymbol{E}$ の z 方向の成分である。全く同じ方法で x 成分と y 成分も求めることができて，これらを書けば

$$(\text{rot } \boldsymbol{E})_x = \frac{\partial E_z}{\partial y} - \frac{\partial E_y}{\partial z}$$
$$(\text{rot } \boldsymbol{E})_y = \frac{\partial E_x}{\partial z} - \frac{\partial E_z}{\partial x} \tag{3.59}'$$
$$(\text{rot } \boldsymbol{E})_z = \frac{\partial E_y}{\partial x} - \frac{\partial E_x}{\partial y}$$

となり，式 (3.59) で定義したものと全く同じになる。rot $\boldsymbol{E}$ とは感覚的にはわかりにくいものであるが，これが $-\partial \boldsymbol{B}/\partial t$ になるということは以上ではっきりした。

　ローテーションは回転であり，**rot** $\boldsymbol{A}$ とはとにかく式（3.63）であっさりと定義されてしまった。そうしてこれが電磁気学の基礎方程式に必要不可欠だという。しかし学習する方としては，一体何が回転するのか，なぜ「まわる」などという記号を使うのか，実際の回転とどう関係づけられているのか，とにかくなっとくさせてほしい，と思う。しかも定義された結果は式（3.59）にみるように，その z 成分は x と y 成分をそれぞれ y と x とで微分して，符号を適当にととのえたもの……では，あまりにもわかりにくいではないか。**sin, cos** や **exp** や，ここでの **div** や **grad** は，なんとか見当がつく。しかし **rotation** はどうにも想像のしようがない……と思われる読者もいるかもしれない。それらの人に，まずわかってもらいたいのだが，ベクトルという

のは変位，速度，力のような単なる矢印のほかに，まわることも「ベクトルよばわり」するのである。グルグル回る現象では，ねじ回しの軸がベクトルの矢印であると考える。そして力のようなわかりやすいベクトルを極性ベクトル，回転軸を矢印におきかえたものを軸性ベクトルという*。

軸性ベクトルもその和や積が，極性ベクトルと同じように「数学的に」論じられるのである。回ることもベクトルである，ということを知っていなければならない。

ところで $\mathrm{rot}\,A$ を説明する図3.13を，いま一度描き出してみよう（図3.14）。z 軸に垂直な面を考えたとき，x 点では E_y という成分であるが，$x+\mathrm{d}x$ 点では $E_y + (\partial E_y/\partial x)\mathrm{d}x$ になる。ただし，右ねじ回しと反対向きであるから，E_y（E というベクトルの y 成分）は $-(\partial E_y/\partial x)\mathrm{d}x$ だけ z 軸についての回転にさからっている。また x 成分である E_x については，図の上部のほうが $(\partial E_x/\partial y)\mathrm{d}y$ だけ大きい。したがって z 軸のまわりに回そうとするベクトル E は

$$\frac{\partial E_y}{\partial x} - \frac{\partial E_x}{\partial y}$$

であり，これが式（3.59）'の最後の式の $(\mathrm{rot}\,E)_z$ になっ

極性ベクトル

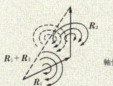

軸性ベクトル

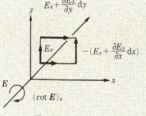

図3.14 回転もベクトルである

---

* たとえば『なっとくする量子力学』p.113 に詳述。

ているわけである。

　繰り返すが，回転というものはベクトルでかく（図をかくときは描く。数式でかく場合には書く）ことができる。そうして rot A とは，あたかも水の流れ（この流れを A とする）の中にある物体を，本当は斜めの方向に回してしまうのであろうが，斜めでは正確に書くことができないから，x 軸のまわりには $(\text{rot}\,A)_x$ だけ，y 軸のまわりには $(\text{rot}\,A)_y$ だけ，z 軸のまわりには $(\text{rot}\,A)_z$ だけ回そうとしている……この3成分をいちいち書かずに，まとめて書いたものが rot A にほかならない。水がものを回すばかりでなく，電界が磁束密度の時間的変化を起こしたり（原因と結果が逆かもしれないが）と，いろいろな現象がみられるが，「まわる」ということもベクトルの1つだと知っていれば，それほど「妙な」数学ではない。

rot H は電流密度

　電磁気学の基礎方程式は，rot E のほかに rot H を提示している。磁気と電気とはほとんど対等に扱われるから，おおよそは図3.12のような考え方を進めていけばいいのだが，それでも完全に対称ではないから，改めて rot H のほうを調べてみることにしよう。

　導線に電流が流れれば，その周囲に磁束密度 B が生じる。下図のように，電流の向きに対しては右ねじ回しの方向に B ができるが，無限に長い直線電流 I に対して，導線から r の位置に生じる磁束密度は

$$B = \frac{\mu_0}{2\pi} \frac{I}{r} \tag{3.68}$$

であり，方向は I に対して右ねじ回しになる。また，生じる B の大きさは，導線からの距離 r に反比例する。なお μ_0 は真空の透磁率であり，国際単位（あるいは MKSA 単位）を採用している。

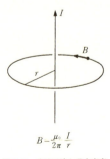

図3.15　直線電流と磁束密度

式 (3.68) はもともと，ビオ・サバールの法則から算出されるものである。電流 I の周囲にできる B の大きさは，導線が曲がりくねっているときは，ややこしい。ややこしいというよりも，微小部分 ($d\mathbf{s}$) がそこから r だけ離れた点につくる微小な B しか形式化できず，

$$dB = \frac{\mu_0}{4\pi} \frac{Ids\sin\alpha}{r^2} \tag{3.69}$$

となる。α は r と電流とのなす角度であり，$d\mathbf{B}$ の方向は，右ねじ回しを適用する。これはフランスの物理学者ビオ（1774〜1862）とサバール（1791〜1841）とによって 1820 年に提唱されたものであり，電流と磁界の関係を一般的に示した基本式である。当然のことながら，微小部分 $Id\mathbf{s}$ がつくる微小結果 $d\mathbf{B}$ しか示し得ない。物理法則を微分形で書かざるを得ない典型的なものの一つである。

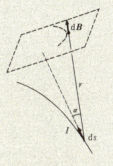

図3.16 ビオ・サバールの法則

直線電流 I をひとまわりするときの B の総合を書いてみれば

$$\oint B_s ds = \oint \frac{\mu_0}{2\pi} \frac{I}{r} ds = \mu_0 I \tag{3.70}$$

あるいは，空間を真空とかぎらず一般的に，磁界 H と磁束密度 B は透磁率 $\mu (=\mu_r \mu_0$ と書く。μ_r は比透磁率) を介して $B = \mu H$ の関係にあるから，簡単に

$$\oint H ds = I \tag{3.71}$$

となる。この左辺を，磁束を測った円の面積 ΔS で割ると，式 (3.63) での証明と同じように

$$\text{rot}\,\mathbf{H} = \mathbf{i} \tag{3.72}$$

が得られる。ただし i は電流密度とする。

なお、電流については、導線の中を流れる I のようなまともな（というよりも、感覚的になっとくしやすい）電流だけではない。

たとえば図3.17のようにコンデンサーに導線を渡したとき、これには $-dQ/dt$ の電流が流れるが、理論を矛盾なく積み上げるためには、コンデンサーの中（つまり金属極板の間）にも電流があると「みなして」やらなければならないのである。

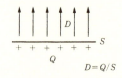

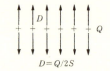

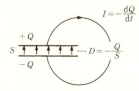

図3.17 コンデンサーの中にも変位電流 D があると考える

マクスウェルの電磁方式

それではコンデンサーの両極板の間にある電流は（正しくは電流密度は）いくらか。いま無限に広い面が電荷面密度 Q/S（これを ρ あるいは σ で表すことが多い）で帯電しているとき、その上方の空間での電気変位 D（電束密度ともいう。電界 E に誘電率 ε をかけたもの：$D=\varepsilon E$）は電荷密度 Q/S と同じ値になる（ただしMKSA単位で）。このことは、ガウスの定理を応用してみれば、両極板間の空間を上方へ向かう単位断面積当たりの D は、単位面積当たりの電荷に等しいから、すぐにわかる。

いささか非現実的な話であるが、仮に金属のような物体がなくて、空間に無限平面の電荷のみがあるとき、電界は平面の上下両方に等しくできるのだから、ガウスの定理を適用すると、電界の強さは金属表面近くの半分になる。計算に当たって、とかくその二つのケースは誤解を生じやすい。また無限金属の表面から D が出ているといっても、その終点は（大げさにいえば宇宙のどこかに）必ず存在するものである。それをはっきりさせたものがコンデンサーであり、その内部では $D=Q/S$ になっている。

さて図 3.17 でみるように，極板を導線で結んだときの導線電流 $I = -dQ/dt$ のほかに，極板の間の空間を考える。ここの電気変位は $D = -Q/S$ であるから，この Q を電流の式に代入すると

$$I' = S\frac{\partial D}{\partial t} \quad \text{あるいは} \quad i' = \frac{\partial D}{\partial t} \tag{3.73}$$

となる。こうして，上の式から導かれた電流密度 i' も，電流の仲間に入れてやらなければならない。つまり電流そのものがコンデンサーの極板で切れてしまう，とするのは理論上考えにくく，むしろベクトルとして

$$\boldsymbol{i}' = \frac{\partial \boldsymbol{D}}{\partial t} \tag{3.73}'$$

を導入したほうが，電流が連続的になるのである。

導線の中では電子が移動する，ということによって電流が生じるが，真空中（あるいは何らかの媒質中）で，$\boldsymbol{D}$ の値が変わることが電流に該当するのである。後者，つまり式 (3.73) で表したものを変位電流とよぶが，とにかく変位電流をも含めて空間に電流の線を描けば，これは見事な連続線となる。

ちょうど物質をも含めた空間に，磁界の $\boldsymbol{H}$ を線で記入すると，棒磁石の端などではその線の密度も変わるし，向きも逆になる。ところが磁束密度 $\boldsymbol{B}$ で描けば，真空だろうと磁性体だろうと，その線は閉じた曲線になる。$\boldsymbol{H}$ でなくて $\boldsymbol{B}$，$\boldsymbol{E}$ でなくて $\boldsymbol{D}$ を使う理由の一つは，このような理論的な形式をととのえるところにもあろう。

さて式 (3.72) で rot $\boldsymbol{H}$ の右辺は導線電流密度だけであったが，変位電流 $\partial \boldsymbol{D}/\partial t$ も加えなければ

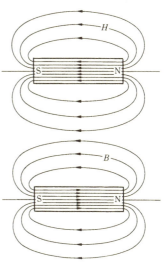

図 3.18　磁界 H は不連続だが磁束 B は連続

いけない。いやそれどころか，電磁気学はむしろ空間の性質(E, D, H, B)の間の関係を説明するものであり，導線中などの電流はむしろ付属的なものと考えたほうがいい。というわけで式(3.21), (3.23), (3.65), (3.72), (3.73)′ をまとめて書けば

$$\text{rot } E = -\frac{\partial B}{\partial t}, \quad \text{rot } H = \frac{\partial D}{\partial t} + i$$

$$\text{div } D = \rho, \quad \text{div } B = 0 \tag{3.74}$$

ただし $D = \varepsilon E$, $B = \mu H$

と，式がととのい，これをマクスウェルの電磁方程式とよぶ。

マクスウェル (1831〜1879) はイギリスの物理学者であり，数学に円熟していた。彼より先に同じくイギリスの実験物理学者ファラデー (1791〜1867) が電気・磁気に関するさまざまの結果を出していたが，それを式の中にまとめたのがマクスウェルである。彼は古典物理学のあらゆる分野に通じ，流体力学，熱力学等にもその業績は多い。物理現象を理論的にまとめ上げるのに，数学がいかに強い武器になるかの証しといえよう。

電気と磁気では，かなり対称的に論じられるが，また非対称の部分もあり，さきに説明したように磁気のNとSとは分離できないため div B のほうはつねにゼロになること，そうした荷電粒子の移動は電流 i になるが，荷電粒子は磁気モーメントといってつねにNとSとを併せもっているから，磁気流 i_m というのは考えられないことが（ただし形式的に磁流を定義することはある），式 (3.74) をみただけで明らかになっている。

rot を含む公式

式 (3.49) 〜 (3.58) に grad や div に関する公式を列挙したが，rot を含む公式をさらに並べていこう。証明は各成分に分けてそれぞれ試してみれば，簡単に計算されるものが多い。

$$\text{grad}(A, B) = (A, \nabla)B + (B, \nabla)A + [A, \text{rot } B] + [B, \text{rot } A] \tag{3.75}$$

$$\text{div}[A, B] = (B, \text{rot } A) - (A, \text{rot } B) \tag{3.76}$$

rotation そのものの応用は

$$\text{rot}(aA) = a \text{ rot } A \tag{3.77}$$

$$\mathrm{rot}\,(A+B) = \mathrm{rot}\,A + \mathrm{rot}\,B \tag{3.78}$$
$$\mathrm{rot}\,(fA) = f\,\mathrm{rot}\,A + [\mathrm{grad}\,f,\,A] \tag{3.79}$$
$$\mathrm{rot}\,[A,\,B] = (B,\nabla)A - (A,\nabla)B$$
$$\qquad + A\,\mathrm{div}\,B - B\,\mathrm{div}\,A \tag{3.80}$$
$$\mathrm{div}\,\mathrm{grad}\,f = \nabla^2 f \tag{3.81}$$
$$\mathrm{rot}\,\mathrm{grad}\,f = 0 \tag{3.82}$$
$$\mathrm{div}\,\mathrm{rot}\,A = 0 \tag{3.83}$$
$$\mathrm{rot}\,\mathrm{rot}\,A = \mathrm{grad}\,\mathrm{div}\,A - \nabla^2 A \tag{3.84}$$
$$\mathrm{rot}\,\nabla^2 A = \nabla^2 \mathrm{rot}\,A \tag{3.85}$$
$$\mathrm{rot}\,\mathrm{rot}\,\mathrm{rot}\,A = -\nabla^2 \mathrm{rot}\,A \tag{3.86}$$

列挙すべき公式は,ほとんどこれで尽きるのだが,主要な式の証明は章末の問題にまかせよう。

式 (3.75),(3.76) と式 (3.79),(3.80) は右辺がいささか複雑ではあるが,div grad は立体的な 2 階微分であること,式 (3.82),(3.83) はゼロになることは知っておいていい。rot の 2 回,3 回演算はわずらわしいが,rot と ∇^2 とが交換可能になっている。

ガウスの積分形

これまでの公式はすべてが微分であるが,ベクトルの積分はどうなるか。A が $A(x, y, z; t)$ というふうに座標以外のパラメータ t を含むとき,これを t で積分する場合には

$$\int A\mathrm{d}t = i\int A_x \mathrm{d}t + j\int A_y \mathrm{d}t + k\int A_z \mathrm{d}t + C \tag{3.87}$$

というように,成分ごとの積分値のほか,積分定数に相当するベクトル C が付加される。C は積分変数を含まない任意ベクトルであるから,A とその積分ベクトルとは,大きさも方向もまったく定まらない。

もし積分変数そのものがベクトルであったらどうなるか。これは初等物理学の仕事の定義でよく知られたものであり

$$W = \int_A^B F\mathrm{d}s = \int_A^B (F_x \mathrm{d}x + F_y \mathrm{d}y + F_z \mathrm{d}z) \tag{3.88}$$

となる。要するに F と ds という2つのベクトル(ds はきわめて小さいが,ベクトルであることには変りない)のスカラー積になるのである。

式(3.20)や式(3.21)では div A を説明するために,問題にしている空間を体積素片という無限に小さいものにしたが,いま一度最初の図3.2に返ってみると,有限体積内の全電荷は,閉曲面をよぎって外に出る電束密度 D の,面への垂直成分 D_n を面全体に対して寄せ集めたものであった。つまり

$$\int_s D_n dS = \int_v \rho dv \tag{3.89}$$

であることは,途中の繁雑な説明がなくてもすぐにわかるだろう。ここで重要なのは,左辺は面積積分,右辺は体積積分であり,次元の違う2つが等値されているのである。

これを一般的なベクトル場の関数 A で書けば

$$\int_v \text{div} A dv = \int_s A_n dS \tag{3.90}$$

となり,実はこれもガウスの定理とよぶのである。しいて違いをいえば,式(3.21)がガウスの定理の微分形,式(3.90)がガウスの定理の積分形ということであろうか。

ストークスの定理の積分形

等式の両辺で違った次元の積分例を述べよう。A なるベクトル場があるとき,それを閉曲線が囲む。この閉曲線を C,面分(とび地のない繋がった有限面積の面のこと)の面積を S としよう。この面分をよぎる A の総合と,A の曲線方向の成分と線素との積 $A \cdot dr$ との関係を調べてみる。

その方法は,さきに rot A の図3.13の説明と似ているから,簡潔に述べることにして,図3.19のように閉曲線を小さな長方形 ABCD と考えて,今度は AB を Δx, BC を Δy としてみる。

図3.13の場合の a を今度は Δx, b を今度は Δy としたが,A点(A_x, A_y)以外での A の大きさは $A + (\partial A/\partial x)\Delta x$ などとなり,結局,長方形の外周にそって A を dr で積分(線積分)したものは

$$\int_C \boldsymbol{A}\mathrm{d}\boldsymbol{r} = \left\{\int_{C_1} + \int_{C_2} + \int_{C_3} + \int_{C_4}\right\}(\boldsymbol{A}\mathrm{d}\boldsymbol{r})$$
$$= A_x(C_1)\Delta x + A_y(C_2)\Delta y - A_x(C_3)\Delta x - A_y(C_4)\Delta y$$
$$= \{A_x(C_1) - A_x(C_3)\}\Delta x + \{A_y(C_2) - A_y(C_4)\}\Delta y \quad (3.91)$$

ここで長方形は十分小さい，すなわち Δx と Δy は小さいと考え

$A_x(C_3) - A_x(C_1)$

$= A_x\left(x+\dfrac{1}{2}\Delta x, y+\Delta y\right)$

$- A_x\left(x+\dfrac{1}{2}\Delta x, y\right)$

$= \dfrac{\partial A_x}{\partial y}\Delta y$

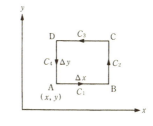

$A_y(C_2) - A_y(C_4)$

$= A_y\left(x+\Delta x, y+\dfrac{1}{2}\Delta y\right)$

$- A_y\left(x, y+\dfrac{1}{2}\Delta y\right)$

$= \dfrac{\partial A_y}{\partial x}\Delta x \quad (3.92)$

途中の値を変数が $x+(1/2)\Delta x$ のときの値でおきかえたのは強引のようにみえるが，Δx や Δy が小さいときにはこれでいい．その結果

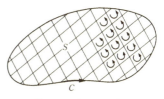

図 3.19 ストークスの定理

$$\int_C \boldsymbol{A}\mathrm{d}\boldsymbol{r} = \left(\frac{\partial A_y}{\partial x} - \frac{\partial A_x}{\partial y}\right)\Delta x\Delta y$$
$$= [\nabla \cdot \boldsymbol{A}] \cdot \boldsymbol{n} \cdot \Delta S = (\mathrm{rot}\,\boldsymbol{A})_n \Delta S \quad (3.93)$$

$\boldsymbol{n}$ はこの小長方形に垂直な方向の単位ベクトルであり，$(\mathrm{rot}\,\boldsymbol{A})_n$ の添字 n は，その方向への射影を表す．上式では $x-y$ 平面に長方形を設定したため，$\boldsymbol{n}$ は z 方向を表すことになる．

さて式 (3.93) は微小長方形であるが，任意の閉曲線は多数の小長方形に（隙間なく）分割することができる．そうして各長方形の線積分は，隣り合う長方形どうしで相殺し，いちばん外側の閉曲線だけが消されずに残

る。その結果を式に描けば

$$\oint A \mathrm{d}\boldsymbol{r} = \int \boldsymbol{n} \cdot \mathrm{rot}\, \boldsymbol{A} \mathrm{d}S \tag{3.94}$$

というように,線積分(1次元)と面積分(2次元)の関係が求められる。これをストークスの定理とよび,定理式の中に rot $\boldsymbol{A}$ の出てくる数少ない例の一つである。

ストークス(1819~1903)はイギリスの物理学者であり,粘性運動のストークスの近似,流体中の落下速度を提唱したストークスの定理など,彼の名を付した学術名は多い。

グリーンの定理

なお,ベクトル解析に,グリーンの定理というものもある。これは式 (3.90) と同じように体積分と面積分の関係を示している。場のスカラー量を,通常の習慣にしたがって ψ, φ と書くと(これまでは f, g とした)

$$\int_v \psi \Delta \varphi \mathrm{d}v = \int_S (\psi \,\mathrm{grad}\, \varphi)_n \mathrm{d}S$$
$$\qquad - \int_v \mathrm{grad}\, \psi \cdot \mathrm{grad}\, \varphi \mathrm{d}v$$

$$\int_v (\psi \Delta \varphi - \varphi \Delta \psi) \mathrm{d}v = \int_S (\psi \,\mathrm{grad}\, \varphi - \varphi \,\mathrm{grad}\, \psi)_n \mathrm{d}S \tag{3.95}$$

となる。これはガウスの定理式 (3.89) を $\mathrm{div}(\psi, \mathrm{grad}\, \varphi)$ などに適用すれば,本書の公式 (3.49)~(3.56) などを用いることによって計算できるから,証明は割愛することにしよう。

ガウスの定理とグリーンの定理とは,体積分と面積分の等値ということで同じようなものであり,この両者をともにガウスの定理あるいはグリーンの定理とよぶ人もいる。

マトリックス力学

1920年代にうちたてられた量子力学は,ドウ・ブローイからシュレーディンガーによる波動力学と,ハイゼンベルクによって創立されたマトリックス力学の2つの数学的方法により並行的に研究され,後にディラックに

よって結局は同じ結論に達するものであることがわかった。

後者のマトリックス力学によれば，物体の（実際には非常に小さな粒子の）運動量 P と，座標（つまり粒子の位置のこと）X とは，通常の代数学の変数で表されるようなものではなく，ともにマトリックスで

$$P = \begin{pmatrix} p_{11} \, p_{12} \, p_{13} \cdots \\ p_{21} \, p_{22} \, p_{23} \cdots \\ p_{31} \, p_{32} \, p_{33} \cdots \\ \cdots\cdots \end{pmatrix}, \qquad X = \begin{pmatrix} x_{11} \, x_{12} \, x_{13} \cdots \\ x_{21} \, x_{22} \, x_{23} \cdots \\ x_{31} \, x_{32} \, x_{33} \cdots \\ \cdots\cdots \end{pmatrix}$$

(3.96)

のように書かれるべきものであり*，運動方程式に相当する P や X が従うべき式は

$$PX - XP = -i\hbar E \tag{3.97}$$

であることを提唱した。*E は単位行列とよばれるものであるが，要するに式 (3.97) をベクトル解析の手法で解き，運動量がどんな値をとり得るか（そのときには位置はない——全くの不確定である），を探すのである。

しかし P も X も無限大行，無限大列というとんでもなく扱いにくいものであり，形式的には式 (3.96) や式 (3.97) を量子力学の出発点として，マトリックスを位置づけるのだが，現実に解答を探しだすのは，いま1つの方法である波動力学に頼るのが一般である。マトリックスは，運動量や座標を表す形式だと諒承するのがいい。

一般相対論をのぞく

20世紀の物理学の最大の改革は量子論と，あと一つは相対論である。この相対論でもマトリックスは形式（あるいは象徴）として存在する。アインシュタインの相対論とは何かと問われれば，簡単に答えるのはむずかしい。しかし強いて一口でいうなら，最初の特殊相対論（1905年）では，時間軸も通常の座標軸と同じように考えて4次元の時空間を対象とすることであり，後の一般相対論（1915～16年）では，力学から（F で表される）力とか（m で表される）質量を抜き去って，すべてを重力場という空間の

---

* 「なっとくする量子力学」p.256 参照。

性質で表す方式だ，といえる。

電界を E，磁界を H で示すように，重力場には g を使う。初等力学では，地球上のせまい部分を対象領域とするから，g の方向は鉛直（真下）で，その値は $9.8\,\mathrm{m/s^2}$ でいい。しかし宇宙という広い範囲を問題にするなら，g は当然ベクトルになるが，4次元の時空間を表す量としては，4行4列のマトリックス g_{ij} となる。そうして g_{ij} の値が一定でなく，場所によって違う値になるということは，空間は曲がっている*ことを意味するのである。

マトリックスとしての計算法を進めるわけではないが，一般相対論ではどのような物理量，したがって数学的記号を問題にするか，ということだけでも簡単に述べておこう。

わかりやすいものから述べると，3次元空間にある棒の長さを s とすれば，この長さは不変——どんな測り方をしてもきまったもの——であるから，当然ながら

$$s^2 = x^2 + y^2 + z^2 = (一定値) \tag{3.98}$$

である。これが時空間では $x^2 + y^2 + z^2 = (ct)^2$（ただし c は光速度）となり，すべてを右辺に移項したものはゼロになりそうであるが，目に見えない4次元幾何学はもっと一般的に記述されて，ゼロでなく一定値

$$s^2 = -x^2 - y^2 - z^2 + (ct)^2 = (一定値) \tag{3.99}$$

となるのである。

以上は，惯性系だけを扱う特殊相対論であるが，加速度が入り込む一般相対論となると，4次元空間は加速度のために（あるいは重力のために，または質量のためにといってもいい）曲がる。曲がった空間では式 (3.93) や式 (3.99) のような，多次元ピタゴラスの式は通用しない。ただし非常に短い（正しくは無限に短い）長さ $\mathrm{d}s$ に対しては，曲がった空間でもピタゴラスの定理は存在して

$$\mathrm{d}s^2 = -(\mathrm{d}x)^2 - (\mathrm{d}y)^2 - (\mathrm{d}z)^2 + (c\mathrm{d}t)^2 \tag{3.100}$$

あるいは書式（?）を揃えて（つまり $X_4 = ct$ と書き直して）

---

* 空間には物差しがないから曲るも曲らぬもないではないか，といわれそうだが，物差しはある。光線である。2本の光線が，永久に平行ならユークリッド的であるが，いつの間にか交ったり離れたりしたらその空間は曲がっている。そこでは当然三角形の内角の和も180度ではない。

$$ds^2 = -(dX_1)^2 - (dX_2)^2 - (dX_3)^2 + (dX_4)^2 \tag{3.101}$$

と書ける。これが一般相対論の，つまり曲がった4次元空間内での，われわれが「よし」といい得る，ギリギリの式なのである。曲がっている以上，微小長さの範囲でしか，ものがいえない。

ここでさらに新座標 (x^1, x^2, x^3, x^4) に変換し，変換式をつぎのように（形式的に）書く。

$$X_i = X_i(x^1, x^2, x^3, x^4), \quad i = 1, 2, 3, 4 \tag{3.102}$$

微小量どうしの関係は

$$dX_j = \sum_{i=1}^{4} \frac{\partial X_j}{\partial x^i} dx^i, \quad i = 1, 2, 3, 4^* \tag{3.103}$$

ここで係数の積の和を

$$g_{ij} = \sum_{k=1}^{4} \frac{\partial X_k}{\partial x^i} \frac{\partial X_k}{\partial x^j} \tag{3.104}$$

とおく。ただし式 (3.103) の右辺のように，同じ添字（ここでは k）が2回現れる場合には，つねに和をとるとの暗黙の(?)約束があり，この本でもこれに従って，今後は記号 Σ は省く。さて不変量 ds^2 は

$$ds^2 = g_{ij} dx^i dx^j \quad \text{(当然 i と j でのダブル・サムである)} \tag{3.105}$$

と書かれるが，ここに表れる g_{ij} が重力テンソル（の要素）である。g_{ij} は座標の曲がりを示す目安であり，惰性系ならユークリッド的に

$$g_{ij} = \begin{pmatrix} -1 & 0 & 0 & 0 \\ 0 & -1 & 0 & 0 \\ 0 & 0 & -1 & 0 \\ 0 & 0 & 0 & 1 \end{pmatrix} \tag{3.106}$$

となるが，質量が広く分布している宇宙空間ではこのような簡単なマトリックスではなく，各要素の値 g_{ij} は，空間の場所場所により異なることになる。いささかわかりにくいが，これがマトリックスのもつ物理的意味である。固体弾性論ではテンソルというが，相対論では普通には重力マトリックスという言葉を使う。物理学でありながら数学的な式のせいか。重力行列ともいわない。

---

* ここでは微分についてはまだ何も触れていないから係数は $\partial x_j / \partial x^i$ でなく $\delta x_j / \delta x^i$ というように変分式で書かなければならないが，混乱を避けるために偏微分記号 $\partial x_j / \partial x^i$ を使った。

座標 x^i は，パラメータ s で記述されると考えれば，自由質点の方程式は，惰性系では

$$\frac{\mathrm{d}^2 x^i}{\mathrm{d}s^2} = 0 \tag{3.107}$$

であり，この式は直線を表す。しかし非惰性系ではこうはならない。

リーマン幾何学によると，一般の時空間で非常に接近した2点 P_1 と P_2 とを考え，P_1 の位置をベクトル A, P_2 のそれを $A + \delta A$ とするとき，δA^i は A^j と δx^j との斉一次(つまり双方の1乗)に関係しなければならないことがわかっている。このことを式に書けば

$$\delta A^i = -\Gamma_{jk}{}^i A^j \mathrm{d}x^k, \quad j \succeq k で, 和をとる \tag{3.108}$$

となる。この係数 $\Gamma_{ik}{}^j$ はつぎのように求められる。

直交座標ではそのスカラー積(あるいはベクトル積の2乗)が不変であると同様，一般座標では $g_{ij} A^i A^j$ (再三注意するが，これは i と j とのダブル・サムである)が不変になる。不変量に対してはその変分(つまりは微小な変化ぶん)は零になる。微分と同じように，最大値，最小値，定数などで変分は零である。

$$\begin{aligned} 0 &= \delta(g_{ij} A^i A^j) \\ &= \frac{\partial g_{ij}}{\partial x^k} + g_{ij}(\delta A^i) A^j + g_{ij} A^i (\delta A^j) \end{aligned} \tag{3.109}$$

この δA に式 (3.108) を代入すると

$$\left(\frac{\partial g_{ij}}{\partial x^k} - g_{il} \Gamma_{ik}{}^l - g_{lj} \Gamma_{jk}{}^l \right) A^i A^j \mathrm{d}x^k = 0 \tag{3.110}$$

任意に選んだ A^i, A^j, dx^k に対して上式がゼロになるため，括弧の中がゼロ。したがって指標 i, j, k を循環的に入れかえることにより，3つの連立方程式を得て，これを解くことにより結局

$$\Gamma_{ik}{}^l = \frac{1}{2} g^{ij} \left(\frac{\partial g_{kj}}{\partial x^i} + \frac{\partial g_{ij}}{\partial x^k} - \frac{\partial g_{ik}}{\partial x^i} \right) \tag{3.111}$$

となる。指標が上についた g^{ij} は，g_{ij} との間に

$$g^{ij} g_{jk} = \delta_{kl}, : \quad \delta_{kl} = \begin{cases} 1 & (k = l) \\ 0 & (k \neq l) \end{cases}$$

の関係がある。δ_{kl} をクロネッカー・デルタとよぶが，これもテンソル(対

角線要素は1,他はゼロ)の一種である。またいささかややこしい記号 $\varGamma_{jk}{}^i$ はときには $\begin{Bmatrix} i \\ jk \end{Bmatrix}$ とも書かれるが,これをクリストッフェルの(第2種の)3添字(さんてんじ)記号という。3つの指標で表されることから,具体的イメージとしては,立体テンソルのようなものであろうか。

相対論におけるテンソル

さて上記の幾何学的知識をもって,一般時空間の運動に注目するとどうなるか。このときは解折力学で学ぶ最小作用の原理という法則に似て(後の式 (5.28) 参照。光が最短所要時間の道を走るのとよく似ている),自由質点の通過する2点の時空間距離が最小になる。

$$\delta \int \mathrm{d}x = \delta \int \sqrt{g_{ij}\frac{\mathrm{d}x^i}{\mathrm{d}s}\frac{\mathrm{d}x^j}{\mathrm{d}s}}\,\mathrm{d}s = 0 \tag{3.112}$$

非ユークリッド幾何学では最短距離を直線といわずに,測地線とよぶ。上式は,自由質点は測地線を通ることを意味する。このような曲線(ユークリッド幾何なら直線)に対しては

$$\delta\left(\frac{\partial x^i}{\mathrm{d}s}\right) = -\varGamma_{jk}{}^i \frac{\mathrm{d}x^j}{\mathrm{d}s}\mathrm{d}x^k \tag{3.113}$$

が得られる。式 (3.108) の A^i の代わりに $(\mathrm{d}x^i/\mathrm{d}s)$ を考えればいい。式 (3.113) の左辺は $(\mathrm{d}^2 x^i/\mathrm{d}s^2)\mathrm{d}s$ であり,したがって運動方程式は

$$\frac{\mathrm{d}^2 x^i}{\mathrm{d}s^2} + \varGamma_{jk}{}^i \frac{\mathrm{d}x^j}{\mathrm{d}s}\frac{\mathrm{d}x^k}{\mathrm{d}s} = 0 \tag{3.114}$$

となる。惰性系の式 (3.107) に比べて,クリストッフェルの記号を含む項だけが余計にくっついているわけである。

簡単な例題を考えてみよう。質点の速度が光速と比べて十分に小さいときには,近似的に

$$\frac{\mathrm{d}x^1}{\mathrm{d}s} = \frac{\mathrm{d}x^2}{\mathrm{d}s} = \frac{\mathrm{d}x^3}{\mathrm{d}s} = 0,\ \ \frac{\mathrm{d}x^4}{\mathrm{d}s} = 1 \tag{3.115}$$

とおいていいだろう。運動方程式は直ちに

$$\frac{\mathrm{d}^2 x^i}{\mathrm{d}(x^4)^2} + \varGamma_{44} = 0,\ \ i=1,\ 2,\ 3,\ 4 \tag{3.116}$$

となる。また式 (3.111) から

$$\Gamma_{44}{}^i = -\frac{1}{2}\frac{\partial g_{44}}{\partial x^i}, \quad i=1, 2, 3, 4 \tag{3.117}$$

となる。さらにまた近似的に $(dx^4)^2 = -c^2(dt)^2$ とおかれ，運動方程式は

$$\begin{aligned}
\frac{d^2 x}{dt^2} &= \frac{\partial}{\partial x}\left(-\frac{c^2 g_{44}}{2}\right) \\
\frac{d^2 y}{dt^2} &= \frac{\partial}{\partial y}\left(-\frac{c^2 g_{44}}{2}\right) \\
\frac{d^2 z}{dt^2} &= \frac{\partial}{\partial z}\left(-\frac{c^2 g_{44}}{2}\right)
\end{aligned} \tag{3.118}$$

と書かれる。よく知られた力とポテンシャル・エネルギーとの微分・積分の関係（一般的なポテンシャルを u とする）

$$m\frac{d^2 x}{dt^2} = -\frac{\partial u}{\partial x}$$

と比べてみると，第零近似（惰性系）では $g_{44}=1$ であることから不定定数が求められ，結局 g_{44} は

$$g_{44} = 1 + \frac{2u}{c^2} \tag{3.119}$$

となることがわかる。g_{ij} の中で第1次近似として重力の場を決定するのは g_{44} である。なお通常の力学では，重力場ではポテンシャル・エネルギー u （たとえば mgh）を対象にするが，ここでのような場の理論では，E や H と同じく，場の量である（エネルギーでなく，空間の性質だけを表すもの，通常の重力場では g）。

このようなテンソル的な思考をおしすすめて，中途の過程はすべて省略するが，1917年にアインシュタインは，静的宇宙モデルから極座標を用いて次の式を提示した。

$$ds^2 = c^2 t^2 - R^2\{dx^2 + \sin^2 x (d\theta^2 + \sin^2\theta d\varphi^2)\}$$
$$\text{ただし} \quad R^{-2} = \Lambda - 4\pi G\rho/c^2 \tag{3.120}$$

ここで Λ は宇宙定数，ρ は物質密度を表す。

右辺の第2項は半径 R の3次元球面を表し，全体積は $2\pi^2 R^3$ である。R^3 の係数がなぜ $(4/3)\pi$ ではないのか……等は不思議であるが，一般相対論

の非ユークリッド幾何学からの帰結である。またこの宇宙方程式を、もっとまとめると（わかりやすく、とはいわないが）

$$R_{ij} - \frac{1}{2} g_{ij} R + \Lambda g_{ij} = \frac{8\pi G}{c^4} T_{ij} \tag{3.121}$$

と書ける。

T_{ij} は重力場の運動量・エネルギー・テンソルとよばれるものであり、R がスカラー曲率であるのに対して R_{ij} をリッチ・テンソルといい、これに対してしきりに出てきた g_{ij} のほうを計量テンソルとよぶ。

宇宙定数 Λ を含む宇宙項は、静的宇宙が星間引力のために縮まるのを防ぐために導入されたアインシュタインのアイディアであるが、ハッブルの宇宙膨張論が世に出て、これは不要なもの、つまりはアインシュタインの勇み足だとされた。[*]

しかし最近では、特に20世紀の後半になってから宇宙論は大いに研究されて、いや、やはりアインシュタインのいう宇宙項は付加しなければならない……との説も提唱されてきた。

とにかく、ベクトル演算というのは大いに数学計算の対象になるが、行も列もあるスカラーとなると、ぜひ必要な数学的要素ではあっても、それを計算するというよりも、基本式のカタチをととのえる役目をしている、といったほうがいいようである。

---

[*] アインシュタインは、無意味な宇宙項を方程式に付加したことを大いにくやんだといわれている。

第3章問題

〔問3-1〕 半径 a の球面上に一様に電荷 Q が分布しているときの電界 $E(r)$ と電位 $V(r)$ とを求め，いずれも r の関数として図に描いてみよ。

〔問3-2〕 (ⅰ) ベクトル積 $[A, B]$ の絶対値を，各ベクトルの x, y, z 成分の値を使って書き表せ。

(ⅱ) ベクトル A, B の方向余弦をそれぞれ l_1, m_1, n_1, および l_2, m_2, n_2 とし，AB 間の角度を $\widehat{(AB)}$ とすると，ベクトル積 $[A, B]$ によってつくられるベクトルの方向余弦 l, m, n はどう表されるか。

〔問3-3〕 2つのベクトル積同士のスカラー積 $([A, B], [C, D])$ をベクトル積のない式（スカラー積だけの式）に改めよ。

〔問3-4〕 ベクトル A のラプラシアン $(\varDelta A \equiv \nabla^2 A)$ はどのように表されるか。

〔問3-5〕 (ⅰ) 式 (3.57) の $\mathrm{div}(fA)$ を証明せよ。

(ⅱ) 式 (3.75) の $\mathrm{grad}(A, B)$ を証明せよ。

(ⅲ) 式 (3.76) の $\mathrm{div}[A, B]$ を証明せよ。

(ⅳ) 式 (3.79) の $\mathrm{rot}(fA)$ を証明せよ。

(ⅴ) 式 (3.80) の $\mathrm{rot}[A, B]$ を証明せよ。

(ⅵ) 式 (3.82) の $\mathrm{rot\,grad}\,f$ を証明せよ。

(ⅶ) 式 (3.83) の $\mathrm{div\,rot}\,A$ を証明せよ。

(ⅷ) 式 (3.84) の $\mathrm{rot\,rot}\,A$ を証明せよ。

(ⅸ) 式 (3.85) の $\mathrm{rot}\,\nabla^2 A$ を証明せよ。

(ⅹ) 式 (3.86) の $\mathrm{rot\,rot\,rot}\,A$ を証明せよ。

〔問3-6〕 $A \times r/r^3$ で表されるベクトル場での勾配 $\nabla \times (A \times r/r^3)$ を，ベクトル算により計算せよ。

第4章

近似値，展開式のリアリティ

なぜ級数を使うのか

ものの量をいい表すには，数学者の設定した数を使う。もちろんそのためには，量の単位（ユニット）を約束しておかなければならない。そのユニットの量に相当するものを 1 と表現し，問題とする量がそれの何倍であるかを，数を使っていい表す。

長さのユニットとしてメートルがあるが，それは真空中の光速 c によって定義され，

$c = 2.99792458 \times 10^8$ m/s

と定められている。長さを定めるのに，秒という時間が定義の中に入り込んでくるのは不合理のような気がするが（そのため従来はクリプトン原子から出る波長を基準にした），長さと時間との組み合わせこそが不変量だとの相対論的要請に基づいて，上記のようにメートルが定義される。

ものの量は，整数あるいは簡単な有理数で表現できれば，それにこしたことはない。しかし任意の量は，単位の有理数倍であるよりも，無理数倍であることのほうがはるかに多い。

たとえば 0～100 の間に，有理数は無限に多い。小数で書き得る数値は一生かかって書いても尽きることがない。同様に，小数で書き尽くせない無理数も無限に多い。

有理数は無限。無理数も無限。しかし無理数である確率は，有理数である確率よりも無限に多い。

図 4.1　無理数と有理数

だからどちらも「同じくらいに」無限に多いのだ……などといってはいけない。有理数よりも無理数のほうがはるかに多いのだ。0～100の間に（0～1の間でもかまわない），無理数のほうがはるかに稠密に詰っているのである。

このことから結論されることは，長さの単位をメートルとしたとき，今問題にしている目の前の物体の長さは（別に目の前でなくてもかまわないが，遠くの物体なら物指しでなく，望遠鏡のようなものを使わなければなるまい），有限小数で表すことができない……ということになる。有理数を用いて，長さをきちんと表現することが不可能なのである。われわれは自然界の測定とか，その量の表現というきわめて基礎的な事柄において，早くもこのような難問題にぶつかるのである。

難問題とはいささか大げさな，というかもしれない。難問題とみなすか，まあまあ適当にやればいいと考えるかは，これにとり組む人の気持ちの問題であろう。それはともかく，メートルという単位を熟知しているとき，ある長さを表現するにはどうしたらいいのか。

よく知られているように，小数を使うのが普通である。メートルを単位としたとき，23.627 m とか，もっと小さいものなら 0.2681 m とか，とにかく小数がもっとも理解しやすい。もちろん実物の長さは，すぐ前に述べたようにキリのいいものではないから，小数で表したその長さが「本当にそのものの量」というわけにはいかない。しかし有効数字を何桁かとれば，実用的にはまずまず差し支えない。

ところで小数とは何か。実はこれは10の降べき（あるいは 10^{-1} の昇べき）の「展開式」にほかならない。つまり，ある物体の長さが

64.2574 m

とは，

$6×10+4×10^0+2×10^{-1}+5×10^{-2}+7×10^{-3}+4×10^{-4}$

という級数で表しているわけである。小数についてはほとんど誰もが知っているが，ものの大きさをできるだけ正確に表現するための「展開的方法」のもっともポピュラーな例が，級数なのである。級数の重要性は，こんな基本的な事柄にもみられるのである。

> 　10進法は人間の（いやかなり多くの動物の）指の数が10本ある，というところに起源している。むしろコンピュータ理論などにのっとれば，8進法などがもっとも合理的のような気がするが，今さらそのようなことをいっても仕方がない。アメリカなどでは物価あるいは株式や商品市場では，たとえば32ドル，32 (1/8)，32 (1/4)，……32 (7/8)，33というような8進法をとることが多い。それにもっともよく手にする硬貨は1/4ドル（クォーター）だ。10進法的日本人からみると，アメリカ価格の8進法はいささか奇妙に感じられ，通常の小数と比べる場合にも著しく不便である。
>
> 　ところで日本の紙幣や硬貨では2円とか20円というのは，戦前はともかくとして，現在では全くない。ところがアメリカ紙幣では，20ドルというのをよく手にする。これが「使い頃」の値なのか，キャシュとして持ち歩く最大金額なのかは知らないが，これは8進法とは直接には関係なさそうな余談である。

$\sqrt{2}$ と1.414の違い

　近似値が「なぜ」必要か，という一見たわいもない問題も，考えてみるといろいろな解答の仕方がある。例として，1辺が1mの正方形の対角線の長さを，問題にしているとする。

① 　実際に精密な器具を使って測定してみる
② 　$\sqrt{2}$ mであるから，小数に直して1.414 mとする
③ 　$\sqrt{2}$ mのまま書いておく

　答えはどれでも同じような気がするが，対象物に対する心がまえが違う。いささか抽象的ないい方をすれば，対象を見る「目」が違っている。もちろん，どれがいい，これは悪い，といっているのではない。同じものでも，いろいろな表現法（というよりも考え方）があり，ひいては「近似」とは何ぞや，という問題にもつながっていくのである。

　①はとにかく，いい器具と熟練した腕さえあればよいわけであるから，

数学にはあまり関係がない。もちろんフート（かかとから，つま先までの長さ）などのように身体を使った測定もときには大いに必要であるが，本書の物理数学にとっては問題外としよう。

残るは②と③である。$\sqrt{2}$ とは，「2乗したら2になるところの数」という，いわば外国語の関係代名詞的な用法である。確たる結果が得られていて，その結果をもたらす原因が解答だ，といっているのである。そうして③は，それでよしとしている。小数に直せば近似値になってしまう，近似はいわゆる誤差をともなう，自分の自然を見る目はそれを許さない……というピュリタニストは $\sqrt{2}$ m とするだろう。確かにこう書けば，少しの間違いもない。一種の形式論のようなものであるが，理論物理学者あるいは理学者は，これを好むようである。

これに反して②は，$\sqrt{2}$ ではさっぱりわからんではないか，べき級数に直してこそその「現実の長さ」がわれわれの感覚に訴えるのだ，小数の桁数を必要なだけ採用すればいい，だいいち $\sqrt{2}$ m などといっても設計図を描くときにはどうするのだ，ということになる。こちらは現実派である。実用をモットーとする研究者にとっては②でなければならない。こちらは工学者に多い。

このように用途や思考（はては思想）によって答え方は違うものであり，けっしてどれがいいとか正しいとか，いっているわけではない。結果的には理学者の論文には $\sqrt{2}$ が多く，工学者の設計図には 1.414 と記入されている。そうして $\sqrt{2}$ を小数に直すのが，展開法あるいは近似法ということになる。

別の簡単な例を挙げよう。たとえば面心立方構造というもっともポピュラーな原子の配例があったとき，格子定数（結晶内に想定した立方体の1辺の長さ）を d としたとき，一番近くにある原子までの距離は $d/\sqrt{2}$ であり，3番目に近い原子間距離は $\sqrt{3/2} \cdot d$ である。そしてこのまま，解答表示とすることが多い。

ところが高校数学では，これは許されない。試験の答案に $1/\sqrt{2}$ および $\sqrt{3/2}$ と書いて提出したら，たぶん，バツではなかろうか。分母は有理化し

なければならない, との教科書の「教え」から $\sqrt{2}/2$ および $\sqrt{6}/2$ として, 初めてマルがもらえる。

昔, 電卓などなかった頃は, $\sqrt{2}/2$ や $\sqrt{6}/2$ のほうが $1/\sqrt{2}$ や $\sqrt{3/2}$ と比べて, はるかに小数化しやすかった。だが現在では電卓を個人で持てるようになったから, その結果 $1/\sqrt{2}$ や $\sqrt{3/2}$ でもよくなった……というわけでもない。

図4.2 面心立方格子

昔の著名理学者の論文でも $1/\sqrt{2}$ や $\sqrt{3/2}$ のままのものは多かった。筆者の感覚でも, $\sqrt{2}/2$ や $\sqrt{6}/2$ よりも $1/\sqrt{2}$ や $\sqrt{3/2}$ のほうが何となくスマートな気がするが,「学問とはスマートな結果を出すものか」と問い詰められるといささか困る。理論物理の中には多少ともそんな「味」が入っていてよいような気もするが, あまりはっきりいえることでもなかろう。要は正確な観念を維持するか, それとも近似という現実を用いるかの問題である。

電磁気学における虚数

近似の話からはいささか遠のくかもしれないが, 分母は有理化すべきか, その必要はないか, に似た話はある。

式 (2.105) で, 抵抗 R およびインピーダンス ($L\omega - 1/C\omega$) を含む交流回路の微分方程式を立てた。今, 電圧を複素数を用いて $E_0 e^{j\omega t}$ とすると (ただし j は虚数を表す。交流理論では電流の i と混同しないように j を使う), $dV/dt = j\omega_0 E_0 e^{j\omega t}$ であるから 100 ページの式は

$$L\frac{d^2 i}{dt^2} + R\frac{di}{dt} + \frac{i}{C} = j\omega E_0 e^{j\omega t} \tag{4.1}$$

となる。この微分方程式の解は

$$i = \frac{j\omega E_0 e^{j\omega t}}{-\omega^2 L + j\omega R + \dfrac{1}{C}} \tag{4.2}$$

である。証明は簡単で，この式を式 (4.1) の左辺に代入すれば，そっくり右辺と同じになる。式 (4.2) をいま少し整理すると

$$i = \frac{E_0 e^{j\omega t}}{R + j(L\omega - 1/C\omega)} \tag{4.2}'$$

となる。左辺は（交流）電流，右辺分子は（交流）電圧，このとき $i=E/Z$ で，Z は直流なら（単なる）抵抗，交流の場合はインピーダンスとよぶことは 102 ページで招介した。ここで改めてインピーダンスを書けば

$$Z = R + j\left(L\omega - \frac{1}{C\omega}\right) \tag{4.3}$$

となり，このとき j は，繰り返すことになるが虚数の記号である。したがって，かりに虚数という非現実的数をも加えた複素数を用いて，交流のインピーダンスを求めると，その実数部分 R がレジスタンス（直流の場合の抵抗）で，虚数部分がリアクタンス（位相に関係）だということになる。

現実というものにそれほど固執しない，形式論ではあっても矛盾なく理論が成立していればそれでいいとする人にとっては（数学者にこの傾向が多いような気がするが……），交流回路の総合抵抗(つまりインピーダンス)は式 (4.3) でいいのだ，とするかもしれない。これはこれで一つの考え方（いささか大げさにいえばポリシー）だろう。きれいな結果になっており，式 (2.112) のように平方根などのややこしいものは付いていない。時には式 (4.3) のほうを芸術的結論だという人さえいる。

形式解か具体解か

式 (4.3) を以て解答だとする人は，すぐまえに述べた $1/\sqrt{2}$ や $\sqrt{3}/2$ をよしとした人たちと一脈通じているような気がする。しかし，$1/\sqrt{2}$ などは電卓を使えばすぐに数値が出るからかまわないが，式 (4.3) はなんなのだ，と反論する者もいる。

だいたい複素数は，現実の何に対応しているのか，アイ（虚数の i）オームとはどの程度の抵抗か，と詰め寄られると形式派は答えようがない。形式派（自分では芸術派と信じているかもしれない）は，現実派はヤボで困ったものだとは思いつつも，そのヤボが正論である以上，何とかマトモ

に答えなければならない。

式(4.3)の算出にも数学の力が必要であるが、これを現実的な式(2.112)と合わせる作業などにも、物理数学のテクニックが必要である。「何のために物理数学を学ぶのか」とたずねる人があったら、インピーダンスには形式解(4.3)と具体解(2.112)があり、どっちがいいか悪いか（もっといえば、どちらが好きか）はこれを扱う人の思考の自由にまかすべきであるが、両者を比較し、しかも両者が等値であることを知る数学的手法を学ぶことが、その目的の一つである、といっても差し支えなかろう。

インピーダンスの実数化

さてインピーダンスが複素数では困るという人には、さらにつぎのような計算を進めてもらおう。

式(4.2)′を見て、分母が複素数では困る——ちょうど$1/\sqrt{2}$の分母が無理数なのが困ると同様——というときには、どうすればいいか。分母を実数化するのである。分子と分母に$R-j(L\omega-1/C\omega)$をかければいい。ここで公式$(a-b)(a+b)=a^2-b^2$を思いだして頂きたい。またつぎの公式

$e^{i\theta} = \cos\theta + i\sin\theta$

さらに $\sin\theta = (e^{i\theta} - e^{-i\theta})/2i$

$\cos\theta = (e^{i\theta} + e^{-i\theta})/2$

を用いて$e^{j\omega t}$を三角関数に分ければ、電流は

$$i = \frac{[R-j(L\omega-1/C\omega)](\cos\omega t + j\sin\omega t)E_0}{R^2+(L\omega-1/C\omega)^2}$$

となり、虚数が現れるのは分子だけになり、わかりやすい複素数の形になる。あるいは図4.3のようにレジスタンスとインピーダンスとでできる角をϕとすると

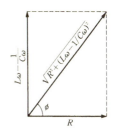

図4.3 レジスタンス（横軸）とリアクタンス（縦軸）とインピーダンス（斜線）

$$i = \frac{(\cos\phi - j\sin\phi)(\cos\omega t + j\sin\omega t)E_0}{\sqrt{R^2 + (L\omega - 1/C\omega)^2}}$$

$$= \frac{\cos(\omega t - \phi) + j\sin(\omega t - \phi)E_0}{\sqrt{R^2 + (L\omega - 1/C\omega)^2}} \tag{4.4}$$

あるいは分子を再び指数関数に直すと

$$i = \frac{E_0 e^{(j\omega t - \phi)}}{\sqrt{R^2 + \left(L\omega - \dfrac{1}{C\omega}\right)^2}} \tag{4.5}$$

であり,インピーダンスは式 (2.112) に等しく,位相差 ϕ も現れて,$\tan\phi$ (位相の遅れ) は図 4.3 をみてもわかるように,式 (2.110)′ と同じになる (101 ページ参照)。

以上の交流計算では,電圧にしたがって電流も三角関数でなしに複素指数関数とした。その結果,形式的に計算されたインピーダンスは虚数を含む(つまり複素数)という変なものになったが,さらに実数化を目ざす計算を進めた結果,インピーダンスも位相差も第 2 章の場合と全く同様に,実数として求められたのである。ただし電流と電圧の関係を示す式 (4.5) は,相かわらず複素指数を含んでいるのである。換言すれば,正弦的な波動を複素指数関数で表しても,必要な物理量は(インピーダンスや位相差は),実数として求めることができるわけである。

因果関数を発見するのが物理学

結果の形式を尊ぶか,具体性を重んじるかで交流理論の話になってしまった。再び展開式に戻ろう。

これまでは,ものの量(たとえば長さ)をいい表す方法として,どのようにして「数」を利用すればよいかを考えたが,物理現象は主として「原因の変化」に対応する「結果の変化」を法則化する。地球上で空気抵抗を無視したとき,その落下距離を x,落下時間を t とすれば $x = (1/2)gt^2$ の関係が法則としての価値を持つ。

単に「地球上ではほとんどどこでも,2 秒間に 20 m 落ちる」とか「4.5 秒たてば 100 m 落ちる」という特定の数値の場合だけをとりあげても法則と

はいえない。もしそれが法則だったら，自然界は法則だらけになってしまう。医学や生物学は別として，無機的な自然科学は一般論こそ重要である。そのため原因を変数 x で表し，このときの結果が $f(x)$ となるような関数を自然界の因果関係の中から探しだそうとするのである。いささか極言かもしれないが，量的な因果関係を特に問題にする物理学においては，結果としての量を y で表すとき，$y=f(x)$ を発見し，式として書き表すことがもっとも重要な仕事の一つになる。

というわけで，今度は，この関数についての近似を考えていくことにしよう。関係

$$y=f(x) \tag{4.6}$$

は，横軸が x，縦軸が y の座標系で描かれる曲線に対応することは知っていよう。ただし簡単な曲線もあるし，複雑な場合もある。

しかし……式が与えられていることと，その曲線を（書物とか論文とかに，まだ書かれていないものとして），われわれが描くことができるかどうかというのは別問題である。近頃のようにコンピュータが発達してくれば強引に器械に描かせるという方法もあるが，たとえ器械に描かせたとしても，それはある程度（ときには相当程度）正確である，というにすぎない。たとえ精度はよくても，器械の描くグラフ（あるいは示す数値）はやはり近似である。

第1次の近似を求めてみる

関数の一般論に戻ろう。数学的に表現されている関係の形 $f(x)$ は，物理学では比較的簡単な形をしている場合が多い。しかし関数の種類はまさに千差万別であり，それを専門に研究している人以外では，とても全部を熟知しているとはいえない。いわんや物理学を学ぶものは，初等的な関数は別として，あとからあとから定義されて出てくる超越関数を，いちいち覚えられるものではない。まず自分の専門分野で利用するもの，およびそれの発展・適用法などを知っていれば十分であろう。

というわけで，一般に $f(x)$ が与えられたとき，x が特定の値（たとえば c）のときの関数値 $f(c)$ が計算できるという保証は何もない。形式的解答

でよければ，そのときの関数を

$$y = f(c) \tag{4.7}$$

のままにしておくのがいい。

　しかし，このままではあまりに愛想がない(?)。何とか，及ばずながら関数 y の値を求める努力をしよう，ということから「関数の近似」が始まるのである（ただし工学の場合は実用上の必要から）。

　今，$x = a$ のときの関数値 $f(a)$ が「すぐに計算できる」としよう。そして変数が a からわずかに違う $x = a + \Delta x$ になったときの関数値 $f(a + \Delta x)$ はいくつになるか……を調べることが近似の第一歩である。

　このときの近似が

$$f(a + \Delta x) \approx f(a) + \left(\frac{\mathrm{d}f(x)}{\mathrm{d}x}\right)_{x=a} \Delta x \tag{4.8}$$

となるのは，図 4.4 で明らかだろう。$f(a)$ がわかっているとき，$f(a)$ と $f(a + \Delta x)$ とを結ぶ直線を，a 点においてその曲線に接する直線に等しいとみなす。$\mathrm{d}f(x)/\mathrm{d}x$ は傾角の tangent にほかならないから，これに底辺 Δx をかけて，$f(a)$ とはやや違う関数値を得ることになる。

体膨張で近似式体験

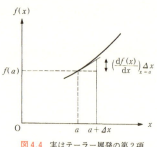

図 4.4　実はテーラー展開の第 2 項

　もっとも簡単な例の一つに線膨張と体膨張の関係がある。かりに 1 辺 10 cm の立方体の物体が熱せられて，1 辺が 1 mm 伸びたとする。このとき膨張した体積は何ほどだろうか。

　近頃の桁数の多い電卓を使えば，近似式を使わなくても答えは出るが，まともに式 (4.8) をなぞってみよう。1 辺の長さを x_1，体積を y とすれば

$$y = x^3 \qquad 10^3 = 1000 \text{ cm}^3$$

であるが $dy/dx=3x^2$ から，近似式では

$y(10.1)=1000+3(10)^2\times0.1=1030 \text{ cm}^3$

となるが，正確な値は $10.1^3=1030.301 \text{ cm}^3$ であり，その誤差率（誤差÷真の値）$\overset{シグマ}{\sigma}$ は

$\sigma=\dfrac{1030.301-1030}{1030.301}=0.000292147=0.029 \%$

と，きわめて小さい。もとの長さを l_0，温度上昇による1辺の伸びの割り合いを α，体積増加の割り合いを β とするとき，正確には

$$[l_0(1+\alpha)]^3 = l_0^3(1+3\alpha+3\alpha^2+\alpha^3)$$
$$= V_0(1+\beta) \tag{4.9}$$

となる。$3\alpha^2+\alpha^3$ を切り捨てて $\beta=3\alpha$，つまり体膨張率 β は線膨張率 α の3倍と考えたのが上の近似である。ちなみに20℃での線膨張率は

金：14.2×10^{-6}，銅：16.5×10^{-6}，鉛：28.9×10^{-6}

であるから，この近似で十分である。

立方体の膨張を図からなっとくするには，図4.5をみればよい。固体金属だとすればいささか大げさに描きすぎだが，低温では ABCDOEFG である。このときの1辺の長さを l としよう。温度上昇後（正確に膨張率を定義するなら，温度が1度上昇した後），O点はそのままとして，A'B'C'D'OE'F'G' になったとする。

1つの面が膨張でせり出す体積は $l^2(l\alpha)$ で，これが3面について1つずつある（$3l^3\alpha$）。また F'G'，C'F'，D'C'のそれぞれに沿った細い四角柱形の膨

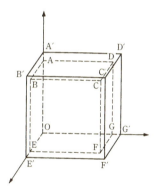

最初の立方体 ABCDOEFG
膨張後の立方体 A'B'C'D'O E'F'G'

図4.5 立方体の膨張

張体積が3箇所で，その体積は $3l(l\alpha)^2$。さらに最後の調整（?）でCがC'に移行するときにできる小立方体（1個）の体積は $l^3\alpha^3$ になり，総計はもとの体積 l^3 を含めて当然ながら式 (4.9) と同じになる。

むしろ図 4.5 は，近似を高めていくと，近似式の各項に相当するものは現実的にどう理解すればいいか，を視覚に訴える好例である。

第 0 近似　　もとの立体 l^3
第 1 次近似　　3 枚の薄い正方形の体積 $3l^2(la)$ を含む
第 2 次近似　　さらに 3 本の細い柱形の体積 $3l(la)^2$ を含む
第 3 次近似　　さらに 1 個の小さい立方体の体積 $(la)^3$ を含む

先の立方体の膨張では，$x=10\,\mathrm{cm}$ に対して $\varDelta x=1\,\mathrm{mm}$ つまり $\varDelta x/x=1/100$ であったから，誤差率は $0.03\,\%$ という小さな値ですんだ。かりに $\varDelta x/x=1/10$ として，近似式 (4.8) を採用したら，種々の関数で誤差率はどのくらいになるかを計算してみよう。ただし，先の場合とは記号を変えて x を a，$\varDelta x$ を x で表し，$f(a+x)$ を式 (4.8) 形で計算し，$x/a=1/10$ のとき，正確率（？）p を

$$p=\frac{f(a)+(\mathrm{d}f/\mathrm{d}x)_{x=a}x}{f(a+x)} \tag{4.10}$$

として，もろもろの関数について調べてみよう。

$f(a+x)$	近似式	p(近/正)
$(a+x)^2$	$a^2\left(1+2\dfrac{x}{a}\right)$	99.17 %
$(a+x)^5$	$a^5\left(1+5\dfrac{x}{a}\right)$	93.14 %
$(a-x)^2$	$a^2\left(1-2\dfrac{x}{a}\right)$	98.77 %
$(a+x)^{-1}$	$a^{-1}\left(1-\dfrac{x}{a}\right)$	99.00 %
$(a-x)^{-1}$	$a^{-1}\left(1+\dfrac{x}{a}\right)$	99.00 %
$(a+x)^{-2}$	$a^{-2}\left(1-2\dfrac{x}{a}\right)$	96.80 %
$(a+x)^{-5}$	$a^{-5}\left(1-5\dfrac{x}{a}\right)$	80.53 %
$(a+x)^{\frac{1}{2}}$	$a^{\frac{1}{2}}\left(1+\dfrac{1}{2}\dfrac{x}{a}\right)$	100.11 %

$$(a+x)^{-\frac{1}{2}} \qquad a^{-\frac{1}{2}}\Bigl(1-\frac{1}{2}\frac{x}{a}\Bigr) \qquad 99.64\%$$

(4.10)

このように簡単な整次関数，分数関数，無理関数について，1割ほど($\Delta x/x=0.1$)離れた点を直線的勾配でおきかえても，それほど悪い近似とはならないのである。

テーラー展開は，だから必要

近似について1つの項だけを説明したが，ここでの本題はテーラー展開である。普通の数学としての講義の中にも，n階微分とか級数とかの代表式としてテーラー展開は紹介されているし，また物理数学においては近似計算の手段として欠かせない項目である。最初に数学や物理学を学ぶとき，どの本を開いてもどこかに「テーラー展開」が掲載されており，なんでこんなものを大騒ぎしてとりあげるのか，とさえ思うこともある。だが，展開式，近似式として最も重要なものの一つであり，特に「近似」を使命とする物理数学においては，絶対に必要欠くべからざるものである。

xを小さな値として，$(\mathrm{d}^n f(x)/\mathrm{d}x^n)_{x=a}$(つまり関数$f(x)$を$x$で$n$回微分したもの)——これは当然$x$の関数になる——を，簡単に$(f^n(x))_{x=a}=f^n(a)$と書くことにすれば

$$f(a+x)=f(a)+\frac{f'(a)}{1!}x+\frac{f''(a)}{2!}x^2+\frac{f'''(a)}{3!}x^3$$
$$+\cdots\cdots=f(a)+\sum_{n=1}^{\infty}f^n(a)x^n/n! \qquad (4.11)$$

がテーラー展開(テーラー級数という場合もある)であり，第0近似$f(a)$の他に，次の項(第1次近似)までを採用したものが式(4.10)である。

もう少し近似を高めたい，第1次だけではあまり愛想がない，せめて一つおまけを……とする場合には$f''(a)x^2/2!$を以て，補正する。しかし第1次近似については，接点で同じ勾配をもつ直線におきかえて考える……というのは，図からもよく理解できるが，第2次近似はどのように理解したらいいのか。話がここまでくると，図によって説明しようとする書物はきわめて少ない。

$f'(a)$ という〔正しくは $(f'(x))_{x=a}$ という〕値は,$x=a$ において曲線 $f(x)$ と接する直線上の値である。また $f''(a)$ というのは,曲線 $f(x)$ と $x=a$ で接する放物線上の値である。ある点での接線がただ1本あるのと同じように,$x=a$ で関数 $f(x)$ に接する放物線は1本あり,しかもただ1本に限るのである。そうして a から $a+x$ の間(さきにはこの間の長さを $\varDelta x$ とした)を,直線(第1次近似)ではいかにも荒っぽい,というので直線のほかに,放物線をもくっつけて,現実の関数値(この場合は $f(a+x)$ の値)に近づけるのである。

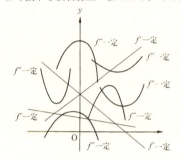

図4.6 直線と放物線で近似

x-y 平面の,どこにでも直線が存在しうるのと同じように,軸が y 軸に平行な放物線もどこにでもありうるが(図4.6 上),その中の1つが第2近似として最適なのである。この際注意すべきは,同図下で,P点の値の $f(a)$ を知っているとき,$f(a+x)$ を求めるのに第1次近似ABと,第2次近似BCとの和を用いているということである。PCはもちろん放物線であり,通常はPA($=x$)が小さいときにはABに比べて,BCははるかに小さい値になる。

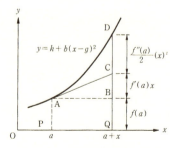

図4.7 2次近似は放物線まで採用する

近似するとはどんなこと

テーラー展開の第2項を多少なりとも感覚的に理解して頂くために,わかりやすく図 4.7 を描いてみた(実際には x は小さく,DC もずっと小さいが,見やすく描いた)。

A点の値 (AP の長さ) が $f(a)$ であり,問題にしている曲線はAから右上部に伸びている (この関数曲線 y は,図がいたずらに複雑になるから省略した)。

Q点での y を第 0 近似では BQ,第 1 近似では BC$=f'(a)x$,そして第 2 次近似では CD を証明もなしに $f''(a)x^2/2!$ とおいた (式 (4.11))。「そのように覚え込んでしまえばそれでいいのだ」というのが世間の通念らしく,事実この近似を物理数学としては応用するだけであるから,「知っている」だけで困らない。これを,区分求積法的な正統な方法で証明するとなると,かなり複雑であり,しかも冗漫に流れてしまう恐れがあるから (マジメに数学にとり組む場合は冗漫を恐れてはいけないのであるが……),いささか正確を欠くが,大ざっぱに解説することにしよう。

軸が y 軸に平行な放物線は,一般式として

$$y - h = b(x - g)^2 \tag{4.12}$$

となる。ただしこの式の x は,式 (4.11) の微小区間の x ではなく,一般的変数を意味し,また a は,$x=a$ 点が問題になるため式中に使用するのを避け,座標の平行移動だけに関係する数値を h および g とした。

さて,$f(a+x)$ の値を QD として近似した。QB は $f(a)$ の値,BC は $f'(a)x$ の値,そうして次の近似 CD は $f''(a)x^2/2!$ の値になるわけだが,この際,本当にそれでいいのかどうか,調べてみよう。

近似式のほうから調べると,まず

$\quad$ QB $= f(a)$

次に直線 AC は放物線 AD と A点で接しているから

$\quad y'(a) = [2b(x-g)]_{x=a} = 2b(a-g)$

$\quad \therefore\ $ BC $= y'(a) \cdot x = 2b(a-g)x$

ついで $y''(a) = 2b$

$$\therefore \quad CD = [y''(a)x^2/2!] = bx^2$$

$$\therefore \quad DQ = f(a) + 2b(a-g)x + bx^2 \qquad (4.13)$$

一方,近似式でなしに,放物線そのものを使って求めた QD は

$$QD = f(a) + [f(x+a) - f(a)]$$

であり,

$$f(a+x) = h + b(a+x-g)^2$$

〔∵ 式 (4.12) の x はここでは $a+x$ になる〕

$$\therefore \quad QD = f(a) + [h + b(a+x-g)^2 - h - b(a-g)^2]$$
$$= f(a) + bx(2a - 2g + x) \qquad (4.13)'$$

となり,当然ながら近似式 (4.13) と一致している。結論としていえることは,テーラー展開の第 1 次近似を採用するということは,関数の $f(a)$ までを正確に求めて,そのわずかばかりの先は直線で代用するということであり,さらに第 2 次近似まで採用するということは,点 A で関数の曲線と接する(当然第 1 次近似としての直線とも接する)放物線を当てはめてみて,その放物線の値で代用する……ということを意味するわけである。

第 2 次近似が増加の増加なら,第 3 次近似 $f'''(a)x^3/3!$ は増加の増加の増加……という具合になっていくのだが,いたずらに説明が冗漫になるだけであるから,このくらいでテーラー展開の正しさを認めて頂くことにしよう。

曲率を使って

第 2 次近似について,いささかくどく説明したのは,直線と曲線との区別をして頂きたかったからにほかならない。$f(a)$ は正確にわかる。それよりわずか先の $f(a+x)$ については,「わずか」の部分を,第 1 次近似では直線とみなしている。しかし第 2 次近似では曲線と考えて,その「曲がり」をも含めて,真の値にせまろうとしているのである。

曲線として,もっともわかりやすいものは円(その一部分だけが問題になるから,円弧とよぶことにしよう)である。曲線の「曲がり方の強さ」のことを曲率という。曲率がわかりにくければ,それの逆数の曲率半径ならすぐに理解できよう。円周はすぐにわかるように,曲率一定,別の言葉

でいえば曲率半径一定の曲線である。そうして、テーラー展開の第2次式で出てくる2階導関数は、「ある意味」では曲率の大きさ（曲率の場合は強さというべきか）と、大きな関係がある。

曲率あるいは曲率半径はグラフ的に理解して頂くことにして、ややこしい解析的な説明は避けるが、曲率を κ、曲率半径を ρ とした場合、両者は

$$\frac{1}{\rho} = \kappa = \lim \frac{\varDelta \tau}{\varDelta s} = \frac{d\tau}{ds} \tag{4.14}$$

で定義される。ここに $\varDelta s$ は注目する曲線の、曲率を知りたい部分の微小な長さであり、$\varDelta \tau$ は、この曲線の接線が距離 $\varDelta s$ の間に変化する角度の「変化高」である。$\varDelta \tau$ は（したがって自身も）接線の傾き、つまり tangent の値であるから無次元量 $[L^0 M^0 T^0]$、また $\varDelta s$ の次元が $[L]$ であるから曲率は長さの単位にセンチか、メートルか、キロメートルを選ぶかで異なった値になる。当然ながら、その逆数の曲率半径としての数値は、長さの単位に何を採用するかで違ってくる。

テーラー展開の第2近似の $f''(a)x^2/2!$ を円弧でなく放物線にするのは、直交座標の原点その他からの距離などを考慮するからであり、もし関数 $y=f(x)$ の式から、x 点（したがって x、y 点）での曲率を書いてみろといわれれば、式 (4.14) を参考にして若干の計算の結果

$$\kappa = \frac{1}{\rho} = \frac{y''}{(1+y'^2)^{3/2}} \tag{4.15}$$

となる。いささか複雑な分母にはなるが、この式のメインは2階微分 y'' である。

曲線は円弧の集まり

曲率あるいは曲率半径についてさらに続けるが、グラフをながめるときにぜひとも感覚的に知っていて頂きたいためである。x-y 平面に描かれたグラフを、曲線を嫌ってすべて直線（というよりも線分）で表すことは不可能ではない。非常に細かく分けて、どの部分も元の曲線の接線でおきかえれば、最初の曲線に似たものが得られるであろう。分割を大いに進めれば、原則的には限りなく曲線に近づく……はずである。現今大いに発達し

たコンピュータ，さらにはそのモニターでは，曲線を考えるよりも，無数にある折れ線でつなぐ方法がとられることになる。

コンピュータの話はおくことにして，もう一度マジメに（?）曲線を考えてみよう。テーラー展開の精神で，直線（短い折れ線）の次は曲線を考える……とはいえ，最も簡単な曲線をとりあげることにする。

解析的（たとえばテーラー展開）には放物線としたが，曲線の代表としては円弧がもっともシンプルであり，理解しやすい。任意の曲線があるとき，その微小部分（実際には無限に短い部分）はすべて円弧である……といえる。いわば曲線とは，一つの近似的な見方として微小円弧をつなぎ集めたもの，ということができる。逆にいうと，曲線とはそのどの部分も円弧の一部であり，したがってどこに注目しても曲率半径の値がきまることになる（図 4.8）。それでは直線部分はどう考えるのか，と質問されれば，そこの曲率半径は無限大（逆に曲率はゼロ）と答えればいい。

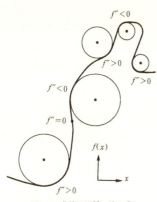

図 4.8 曲線は円弧の積み重ね

放物線のどこが円弧か，といわれるかもしれないが，無限に短い部分はみな円弧だ，ということになる。ただし最も曲った点で曲率半径は最も短く，裾にいくに従って，半径は大きくなっている。

x-y 平面での曲率は式 (4.15) のようになるが，分母はつねに正であるから，$y=f(x)$ で $f''(x)>0$ ならいつも下に凸，$f''(x)<0$ ならつねに上に凸のグラフになる。したがって極大か極小かを調べるときには，$f'(x)=0$ から接線が水平であることを知り，その x に対して $f''(x)$

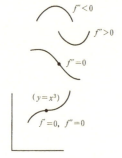

図 4.9 極大，極小，変曲点

176　　第 4 章　近似値，展開式のリアリティ

＜0なら最大，$f''(x)$＞0なら極小になる。また $f''(x)$ が符号を変える点を変曲点という。$y=x^{2+n}$ でn が奇数なら，原点では接線は水平である（変曲点でもある）が，n が偶数なら接線が水平，曲率は原点で一度はゼロになるが，その両側で正（したがって図形は下に凸の形）になる。

> 鉄道を初めて敷く場合——現在では多少その手法は違うかもしれないが——原則として直線と円弧からできているようである。そうして直線部分から円弧に移るとき，原則として下り方向の左側に，半径をメートル単位で書いた白い標識がある。これは始発点からのキロ・メートルを表すものや勾配標識（1000 m に対して何 m 登るか，下るかが書かれている）よりは小さいが，断面は二等辺三角形でその長い面が線路側を向き，600 とか 850 とかの数字が記入されている。なお三角形の裏側は，2 本の線路の傾き（遠心力を相殺するために，わずかに外側が高い）などが小さい数字で記入されている。
>
> もちろん鉄道にとっては，数字が大きいほどスピードが出せて「いい線路」だということになる。戦前の国鉄では，足尾線（現在の第 3 セクターわたらせ渓谷鉄道）に 100 m 未満のものがあるとか，台湾の阿里山鉄道はもっと激しく曲がっている，などという話を聞いた。しかし路面電車の，交差点での左折点の半径はもっと短いことはすぐに見当がつくだろう。こんな所をスピードを出して走ったら脱線してしまう。
>
> 最初にできた東海道新幹線の曲率半径は，2 千数百 m 以上にしたらしい。それでも初期の頃の浜松駅などではかなり曲がった感じであり，むしろ曲がりよりも 2 本の鉄道の上下差が大きく，走って通るには遠心力のためにそれほど感じないが，停止している場合には，車体が内側に倒れそうな気がした。山陽新幹線になるとトンネル工事技術の進展などで線路はまっすぐになり，東海道の場合よりはさらに曲率半径を大きくした。
>
> 一方，高速道路では，半径はもっと短い。350 m ほどの強い曲がりの場所もあるが，こんな所は事故多発地域に指定されているという。

ここで気になるのは，なぜ曲率半径をこのように，ある区間で一定にしてしまうのか，ということである。おそらく技術上の問題であり，鉄道では $R=$ 一定 が望ましいのかもしれない。他方，高速道路の設計をみてみよう。

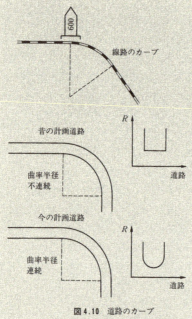

図 4.10　道路のカーブ

　直角に曲げた道路を建設するとしよう。高速道路のことだから，土地の許すかぎり大きな R（アール，つまり曲率半径）をとって，直線→円弧→直線とするのが普通であった。設計図や，あるいは空から見た航空写真でも，美しく規則的な幾何学図形になる。

　しかし自動車のハンドルの角度は，曲率に関係するのである。角度一定のまま車を走らせれば，当然ながら円を描く。舵輪を撃破された軍艦が必死に逃れようとするとき，結局は円形の航跡を残すのは海戦の写真によく掲載されている。高速道路でも，ある区間のアールが一定値なら，ドライバーは直線からカーブに入るとき，瞬間的にキリキリとハンドルをきり，カーブが終るまではハンドルはそのまま固定。カーブの終点で瞬間的にハンドルを戻す。しかし，このハンドル操作は不自然である。直角に曲がる道路を少し変えて，カーブにかかったらドライバーは徐々にハンドルをきっていき，直角に曲がる道なら 45 度の地点で最大に，その後は徐々に戻して，直線にかかる頃にはもとどおり……というのが望ましい。そのためにはカーブでは一定のアールでなく，

曲率を徐々に大きくして，カーブの中央で最大になるようにするのがいい。

実際に現在の土木工学では，道路はこのように設計されることが多いという。曲率を徐々にふやして円弧につなぐ曲線をトランジション曲線とよぶことがある。ただしこのカーブの設計図や写真をみても，従来の直角カーブと違っている，とはなかなか気づかない。見た目にもそれほどよく似ているのである。一方を透明紙に描いて重ね合わせて，やっとその相違がわかる程度である。

曲率とうず巻き

われわれがよく目にするうず巻きは，もっとも意味ある曲線の一つだといえよう。とにかくうず巻きは，中心部では曲率が大きく，周囲にいくに従って小さくなる。かりにこれを図に描く場合にはどうするか。

図4.11の上図はもっとも描きやすいうず巻きである。しかも線と線との間が等間隔であり，見た目にもきれいだ。描く方法は中央線から左右に分けて，右半分はAを中心とする半円を，そして左半分はBを中心とする半円を右半分とつなげて（当然接することになる）描けばいい。コンパスだけで仕上げることができる。

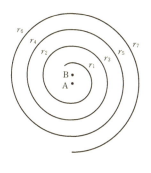

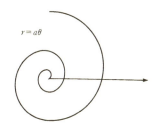

図 4.11　うず巻き I

ただし，このうず巻きの曲率はけっして連続ではない。半円ごとに曲率

が小さくなる(あるいは半径が大きくなる)不連続うず巻きであるが,中央部で半径が不連続になっているのかどうかは見た目にはわからない。「うず巻き」の正しい定義がこれでいいのかどうかは知らないが,イラストその他で数学的にやかましいことをいうのでなければ,これがもっとも「やさしい」うず巻きではなかろうか。

うず巻きの半径は外側にいくに従い,「連続的に」大きくなるべきものである,というなら,これに対するもっとも簡単な式は,極座標 (r, θ) を使って

$$r = a\theta \tag{4.16}$$

であろう。a は定数であり,角度 θ は 2π をよぎればさらに $2\pi+a$, さらにまた $4\pi+a$ と増加させていくのである。外側にゆくほど曲線間隔は広くなるから,かたつむりや巻き貝がこれに近いような気がするが,どうであろうか。

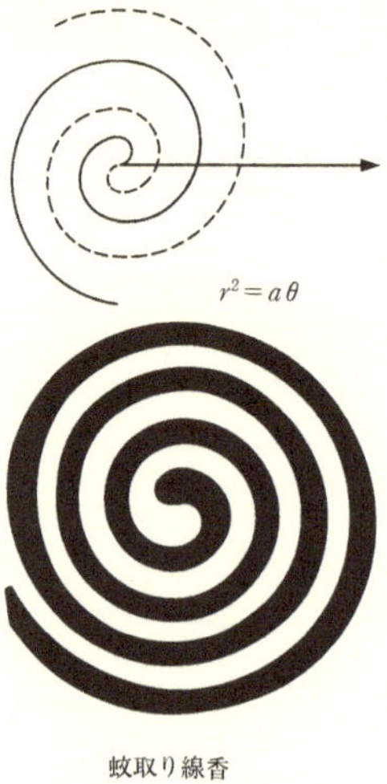

よく目にするうず巻きに蚊取り線香がある。つくづく眺めると,図4.11の上とはどうも違うようである。曲率半径は連続的に大きくなっていくような気がする。蚊取り線香を最初につくった人は,まさか数学式から作図をしたわけではなかろう……と思われる。一度「型」をつくってしまえば,あとはその型を押しつけて,自動的に大量生産していく。r は連続であるが,$r=a\theta$ ではちょっと違うという場合,公式を少し変えて

$$r^2 = a\theta \tag{4.17}$$

としてやると,蚊取線香と実によく似た形になる。r の値を θ に比例させるのではなく,θ の平方根に比例させることにより,外へのふくらみが十分に押さえられる。こんな例からも推して,蚊取り線香くらいなら手づくりで型はつくられるが,精密器械の部品ともなれば,数学的公式が重要にな

蚊取り線香

図4.12 うず巻きⅡ

ってくることは十分に予想できよう。

テーラー展開に戻り，実際にどの程度ほどよく収束していくか，具体例について調べてみよう。式 (4.10) の例では $x/a=0.1$ としたが，ここでは荒っぽく $x/a=0.5$ として，試みに $f(a+x)=(a-x)^{-\frac{1}{2}}$ を調べてみよう。近似率を調べるだけであるから $a=1$，したがって関数を $(1-0.5)^{-\frac{1}{2}}$ とおいてみる。この関数のテーラー展開を第5近似まで採用してみる。

$\dfrac{1}{\sqrt{1-x}}$ の真の値は $\dfrac{1}{\sqrt{1-0.5}}=\sqrt{2}=1.4142136$

〔近似〕	〔項の関数〕	〔項の値〕	〔級数〕
0	1	1	1
1	$\left(\dfrac{1}{2}\right)x$	0.25	1.25
2	$\left(\dfrac{1}{2}\right)\left(\dfrac{3}{2}\right)x^2/2!$	0.09375	1.34375
3	$\left(\dfrac{1}{2}\right)\left(\dfrac{3}{2}\right)\left(\dfrac{5}{2}\right)x^3/3!$	0.0390625	1.3828125
4	$\left(\dfrac{1}{2}\right)\left(\dfrac{3}{2}\right)\left(\dfrac{5}{2}\right)\left(\dfrac{7}{2}\right)x^4/4!$	0.0170898	1.3999023
5	$\left(\dfrac{1}{2}\right)\left(\dfrac{3}{2}\right)\left(\dfrac{5}{2}\right)\left(\dfrac{7}{2}\right)\left(\dfrac{9}{2}\right)x^5/5!$	0.0076904	1.4075927

(4.18)

とまあ，きりがないが，Δx（ここでは 0.5）がそれほど小さくなくても，テーラー展開を高次の項まで採用すれば，結構，真の値に近づいていくものである。またその展開式は，$\sqrt{2}$ という不尽根数の一つの近似解法にもなっているところが面白い。

マクローリン展開が使えるとき

テーラー展開の式 $f(a+x)$ で，$a=0$ の場合を特にマクローリン展開（あるいはマクローリンの定理）という。式では

$$f(x)=f(0)+f'(0)x+\frac{f''(0)}{2!}x^2+\frac{f'''(0)}{3!}x^3+\cdots\cdots \tag{4.19}$$

のようになる。

テーラー展開がよく収束するためには $a \gg x$ が条件だったではないか,それなのに $a=0$ として近似式が成り立つのか,という疑問が出るかもしれない。しかしマクローリンの定理を適用できるのは,変数 x がゼロの近辺で特殊な性質のもの,特に超越関数*の場合が多く,任意関数の途中値で近似を使うテーラーの定理とは,最初から使用するケースが違っている,と承知して頂きたい。

> 物理学や化学などで用いる式は,その値を表すだけでなく,量の性質をも代表している。たとえば
>
> $$A = B + CD + \frac{E}{F}$$
>
> というような式があるとしよう。これらはすべて力学量であり,その元(げん)は $[L^xM^yT^z]$ で示されるとすれば(熱学ならさらに温度 $[\theta]$,電磁気学なら電流 $[A]$(アンペア)が加わる),式中のすべての項 A も B も CD も E/F も,その元の次数 x, y, z が等しくなければならない。そうしてこの等式を各項の元と同じ元の $U=[L^xM^yT^z]$ という単位で割ったとき,左辺と右辺とが等しい数値であることを等式は示しているのである。
>
> テーラー展開については,d^nf/dx^n は,元としては x で n 回割っているが,これに x^n がかかっているから矛盾はない。しかしマクローリン展開では普通は
>
> $$f(x) = a_0 + a_1 x^2 + a_2 x^2 + a_3 x^3 + \cdots\cdots$$
>
> の形になる。ということは,この式の x の元(ディメンション)は $[L^0M^0T^0]$ で,つまりは x は元のない単なる数値でなければならない。長さにメートルを選ぶか,センチを採用するかで量 x の値が変わるようでは,このような展開式は書けない。
>
> マクローリン展開では多くの場合,超越関数*(代数関数以外のもの)を扱うのが普通である。そして物理学に超越関数を使うとき,その変

---

* 代数関数には,整次関数 ax^2+bx+c と無理関数 $\sqrt{ax+b}$ と分数関数 $a/(x+b)$ があるが,それ以外の関数を超越関数とよぶ。

数 x（これをアーギュメントとよぶ）には元のないものが使われ、超越関数そのものも元なしになる。

（例）　$\sin x, \cos x, \tan x, x$ は通常ラジアン単位だから元なし。
　　　三角関数自身も（数値だけはあるが）元はない。

e^x の x は、メートルとかキログラムとかに関係しない数がこなければならない（もしそうでなければ、その物理式は間違いである）。もし e^{ax} なら、ax が元なしになる。そうして e^{ax} も数値だけで元はない。

$\log x$ についても同様に x に元はなく、$\log x$ にも元はない。固体論の例として、h：プランク定数、ν：原子の振動数、k：ボルツマン定数、T：絶対温度で $\log(h\nu/kT)$ という式は、固体論でしばしば用いられる。このままの形ならいいのであるが、対数の公式に従って

$$\log(h\nu/kT) = \log h\nu - \log kT \tag{4.20}$$

とも書かれる。こうして右辺の2つの項がばらばらになると、$\log h\nu$ と $\log kT$ があたかも単独で存在するようにみえる。だから超越関数のアーギュメントは、エネルギーとしての元 $[L^2MT^{-2}]$ を持っているではないか、といわれることがあるが、式全体を探してみると、必ず相殺する項があり、矛盾はない。要はマクローリンの定理を x のべき数で展開しても、x は物理的な量ではなく、数学的な「値」であることをいいたかったのである。

複雑になる三角関数のテーラー展開

超越関数のうちで最初に習うのは三角関数である。ただし角度の単位を、ひとまわりが 360 度ときめたのはあくまでも人為的であり、角度とは2本の半直線の開き具合、という内容からの規定をするなら、円弧を半径で割った値（長さ割る長さで元なし）のほうが合理的である。この単位をラジアンとよび、角度はすべてラジアン単位で表すものとする。なお

　　1 ラジアン＝ $57.29578° = 57°17''44.8''$

である。

微分計算は省略することにして、マクローリン展開を書けば

$$\sin x = x - \frac{x^3}{3!} + \frac{x^5}{5!} \cdots\cdots + (-1)^{n-1}\frac{x^{2n-1}}{(2n-1)!} + \cdots\cdots$$

$$\cos x = 1 - \frac{x^2}{2!} + \frac{x^4}{4!} \cdots\cdots + (-1)^{n}\frac{x^{2n}}{(2n)!} + \cdots\cdots \qquad (4.21)$$

これ以外の三角関数は，上記のようなきれいな形にならない。そのまま書いてみると

$$\tan x = x + \frac{1}{3}x^3 + \frac{2}{15}x^5 + \frac{17}{315}x^7 + \frac{62}{2835}x^8 + \cdots\cdots$$
$$(-\pi/2 < x < \pi/2)$$

$$\cot x = \frac{1}{x} - \frac{1}{3}x - \frac{1}{45}x^3 - \frac{2}{945}x^5 + \cdots\cdots$$
$$(-\pi < x < \pi)$$

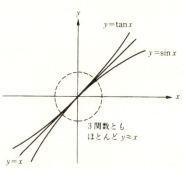

図 4.13　変数の小さいときのsineとtangent

$$\sec x = 1 + \frac{1}{2}x^2 + \frac{5}{24}x^4$$
$$+ \frac{61}{720}x^5 + \cdots\cdots$$
$$(-\pi/2 < x < \pi/2)$$

$$\operatorname{cosec} x = \frac{1}{x} + \frac{1}{6}x$$
$$+ \frac{7}{360}x^3 + \frac{31}{15120}x^5 + \cdots\cdots$$
$$(-\pi < x < \pi) \quad (4.22)$$

いずれも小角 x の ($x \ll 1$) 昇べき順に展開されている。

なお，このような級数を表すために，ベルヌーイの数 B_n とオイラーの数 E_n が定義されている。前者は

$$B_n = \frac{2(2n)!}{(2\pi)^{2n}} \sum_{r=1}^{\infty} \frac{1}{r^{2n}} \qquad (4.23)$$

であり，具体的には

$$B_1 = \frac{1}{6}, \quad B_2 = \frac{1}{30}, \quad B_3 = \frac{1}{42}, \quad B_4 = \frac{1}{30},$$

$$B_5=\frac{5}{66},\ \ B_6=\frac{691}{2730},\ \ B_7=\frac{7}{6},\ \ B_8=\frac{3617}{510},$$
$$B_9=\frac{43867}{798},\ \ B_{10}=\frac{174611}{330},\ \ \cdots\cdots \tag{4.24}$$

であり,オイラーの数 E_n のほうは,次式を満足するもの,として定義される。

$$\begin{cases} E_n = \frac{(2n)!\,2^{2n+2}}{\pi^{2n+1}} \sum_{r=0}^{\infty} \frac{(-1)^r}{(2r+1)^{2n+1}} \\ E_0 = 1,\ \ \sum_{r=0}^{n}(-1)^r \binom{2n}{2r} E_{n-r} = 0 \end{cases} \tag{4.25}$$

何のことやら,さっぱり見当もつかない数であるが,具体例として書いてみると

$$E_1=1,\ E_2=5,\ E_3=61,\ E_4=1385,\ E_5=50521$$
$$E_6=2702765,\ E_7=199360981,\ E_8=19391512145$$
$$E_9=2404879675441,\ \cdots\cdots \tag{4.26}$$

と,単に複雑な小数の展開としか思われない。こんなものを紹介したのも,三角関数のテーラー展開が,簡単なのか(規則的か),複雑なのか(不規則的か)を知って頂くためである。

$\sin x$ と $\cos x$ 以外の展開式 (4.22) を B_n や E_n を使って書き直すと

$$\tan x = \sum_{n=1}^{\infty} \frac{2^{2n}(2^{2n}-1)}{(2n)!} B_n x^{2n-1}$$
$$\cot x = \frac{1}{x} - \sum_{n=1}^{\infty} \frac{2^{2n}}{(2n)!} B_n x^{2n-1} \tag{4.27}$$
$$\operatorname{cosec} x = \frac{1}{x} + 2\sum_{n=1}^{\infty} \frac{(2^{2n-1}-1)}{(2n)!} B_n x^{2n-1}$$

であり,$\cos x$ の逆数だけが

$$\sec x = \sum_{n=0}^{\infty} \frac{1}{(2n)!} E_n x^{2n} \tag{4.28}$$

というように,他と比べてやや特殊である。要は,サインとコサイン以外では複雑になるが,その係数は一応研究されている,と知っていればいいだろう。

超越関数の展開

三角関数の展開式のために、わざわざ B_r とか E_r とかを覚えなければならないのか、と数学の繁雑さに首をひねる読者もいるかもしれない。実際には、ベルヌーイの数などは、逆べきの無限級数にもっともよく使われるのである。その例を書いてみると

$$* \ \frac{1}{1^2}+\frac{1}{2^2}+\frac{1}{3^2}+\cdots\cdots \qquad =\frac{\pi^2}{6}$$

$$\frac{1}{1^2}+\frac{1}{3^2}+\frac{1}{5^2}+\cdots\cdots \qquad =\frac{\pi^2}{8}$$

$$* \ \frac{1}{1^4}+\frac{1}{2^4}+\frac{1}{3^4}+\cdots\cdots \qquad =\frac{\pi^4}{90}$$

$$\frac{1}{1^{2r}}+\frac{1}{2^{2r}}+\frac{1}{3^{2r}}+\cdots\cdots \qquad =\frac{(2\pi)^{2r}}{2(2r)!}B_r$$

$$\frac{1}{1^{2r}}+\frac{1}{3^{2r}}+\frac{1}{5^{2r}}+\cdots\cdots \qquad =\frac{(2^{2r}-1)\pi^{2r}}{2(2r)!}B_r$$

$$\frac{1}{1^{2r}}-\frac{1}{2^{2r}}+\frac{1}{3^{2r}}-\cdots\cdots \qquad =\frac{(2^{2r-1}-1)\pi^{2r}}{(2r)!}B_r$$

$$\frac{1}{1^{2r+1}}-\frac{1}{3^{2r+1}}+\frac{1}{5^{2r+1}}-\cdots\cdots \qquad =\frac{\pi^{2r+1}}{2^{2r+2}(2r)!}E_r$$

(4.29)

のようになり、これらの計算は統計物理学などに利用されることがある。

三角関数以外でよく知られている展開式は、指数関数の

$$e^x=\sum_{n=0}^{\infty}\frac{x^n}{n!}=1+\frac{x}{1!}+\frac{x^2}{2!}+\frac{x^3}{3!}+\cdots\cdots \tag{4.30}$$

と、対数関数の

$$\log(1+x)=\sum_{n=1}^{\infty}(-1)^{n-1}\frac{x^n}{n}$$
$$=x-\frac{x^2}{2}+\frac{x^3}{3}-\frac{x^4}{4}+\cdots\cdots \tag{4.31}$$

である。前者はテーラー展開（実際はマクローリン展開）の例として、いつでも引用されるようである。後者はマクローリンでなく、完全にテーラ

---

* $\sum(1/n^2)$ と $\sum(1/n^4)$ の計算については「なっとくする統計力学」の p.194 に詳しく述べられている。さらに2番目の式は、$\sum(1/n^2)$ を偶数項と奇数項とに分けて計算可能になる。

一展開であるが($x \ll 1$)，分母に階乗がつかないところが要注意である。また$1+x$の場合が交代級数（交番級数などともいう）であり，$1-x$では全項がマイナスになるなど，いささか特殊である。

逆三角関数の展開

逆三角関数については，その展開式はかなりやっかいな形になる。

$$\arcsin x = \sum_{n=0}^{\infty} \frac{(2n-1)!! \, x^{2n+1}}{(2n)!!(2n+1)}$$

$$= x + \frac{x^3}{6} + \frac{3x^5}{40} + \frac{5x^7}{112} + \frac{35x^9}{1152} + \cdots\cdots$$

$$(|x| \leq 1, \ x \neq \pm 1) \tag{4.32}$$

であるが，ダブル階乗（!!）は一つおきに掛けていくことを表す。$x=1$で左辺は$\pi/2$となるから，πの数値を計算する級数の一つだと考えてもいい。なお

$$\arccos x = \frac{\pi}{2} - \arcsin x \tag{4.33}$$

で，これは$\arcsin x$の級数と同じようにして計算される。

$$\arctan x = \sum_{n=1}^{\infty} (-1)^{n-1} \frac{x^{2n-1}}{2n-1}$$

$$= x - \frac{x^3}{3} + \frac{x^5}{5} - \frac{x^7}{7} + \cdots\cdots$$

$$(|x| \leq 1, \ x \neq \pm i) \tag{4.34}$$

これはまた $\dfrac{x}{1+x^2} \sum_{n=0}^{\infty} \dfrac{(2n)!!}{(2n+1)!!} \times \left(\dfrac{x^2}{1+x^2} \right)^n$

$$\left[\left| \frac{x^2}{1+x^2} \right| < 1 \right] \tag{4.34'}$$

とも書かれるが，xが実数なら常に

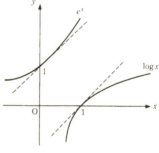

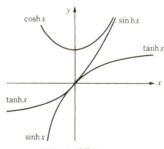

図4.14　接線が$y=x$

$|x^2/(1+x^2)|<1$

であるから，式 (4.34)′ はすべての実数値 x について成立する。また

$$\mathrm{arccot}\, x = \begin{cases} \dfrac{\pi}{2} - \sum_{n=1}^{\infty} (-1)^{n-1} \dfrac{x^{2n-1}}{2n-1} & \begin{bmatrix} x：実数 \\ 0<x\leqq 1 \end{bmatrix} \\ -\dfrac{\pi}{2} - \sum_{n=1}^{\infty} (-1)^{n-1} \dfrac{x^{2n-1}}{2n-1} & \begin{bmatrix} x：実数 \\ -1\leqq x<0 \end{bmatrix} \end{cases} \quad (4.35)$$

である。

なお $\mathrm{arcsec}\, x$ と $\mathrm{arccosec}\, x$ は $x=0$ で実数値にならないから，ここではとりあげない。

双曲線関数の展開

双曲線関数とは，次のように定義される関数をいう（sinh はハイパボリック・サインまたはシンチと読む）。

$$\sinh x = \frac{e^x - e^{-x}}{2},\ \cosh x = \frac{e^x + e^{-x}}{2}$$
$$\tanh = (e^x - e^{-x})/(e^x + e^{-x}) \tag{4.36}$$

指数関数や三角関数が展開されるように，双曲線関数も展開される。

$$\sinh x = \sum_{n=0}^{\infty} \frac{x^{2n+1}}{(2n+1)!} = \frac{x}{1!} + \frac{x^3}{3!} + \frac{x^5}{5!} + \cdots\cdots$$

$$\cosh x = \sum_{n=0}^{\infty} \frac{x^{2n}}{(2n)!} = 1 + \frac{x^2}{2!} + \frac{x^4}{4!} + \cdots\cdots$$

$$\tanh x = \sum_{n=1}^{\infty} (-1)^{n-1} \frac{2^{2n}(2^{2n}-1)}{(2n)!} B_n x^{2n-1}$$
$$= x - \frac{x^3}{3} + \frac{2}{15}x^5 - \frac{17}{315}x^7 + \cdots\cdots$$

$$x \coth x = 1 + \sum_{n=1}^{\infty} (-1)^{n-1} \frac{2^{2n}}{(2n)!} B_n x^{2n}$$
$$= 1 + \frac{x^2}{3} - \frac{x^4}{45} + \frac{2x^6}{945} - \frac{x^8}{4725} + \cdots\cdots$$

$$\mathrm{sech}\, x = \sum (-1)^n \frac{E_n x^{2n}}{(2n)!} = 1 - \frac{x^2}{2} + \frac{5x^4}{24} - \frac{61x^6}{720} + \cdots\cdots$$

$$x \operatorname{cosech} x = 1 + \sum (-1)^n \frac{(2^{2n}-2)}{(2n)!} B_n x^{2n}$$

$$= 1 - \frac{x^2}{6} + \frac{7x^4}{360} - \frac{31x^6}{15120} + \cdots\cdots \tag{4.37}$$

ここでもベルヌーイの数 B_n とオイラーの数 E_n が使われている。

いたずらに式を並べるようであるが，逆双曲線関数の展開式も示しておこう。逆三角関数と同じように，$\operatorname{arccosh} x$ と $\operatorname{arccoth} x$ とは，$x=0$ のとき実数値をとらないから，ここではとりあげない。また逆双曲線関数は，対数関数によって，おきかえられる。

$$\operatorname{arcsinh} x = \log(x + \sqrt{1+x^2}) = \sum_{n=0}^{\infty} (-1)^n \frac{(2n-1)!! x^{2n+1}}{(2n)!!(2n+1)}$$

$$= x - \frac{1}{2}\frac{x^3}{3} + \frac{1\cdot 3}{2\cdot 4}\frac{x^5}{5} - \frac{1\cdot 3\cdot 5}{2\cdot 4\cdot 6}\frac{x^7}{7} + \cdots\cdots$$

$$\operatorname{arctanh} x = \frac{1}{2}\log\frac{1+x}{1-x} = \sum_{n=0}^{\infty} \frac{x^{2n+1}}{2n+1}$$

$$\operatorname{arcsech} x = \operatorname{arccosh}\frac{1}{x} = \log\left(\frac{1}{x} + \sqrt{\frac{1}{x^2}-1}\right)$$

$$= \log\frac{2}{x} - \sum_{n=1}^{\infty} \frac{(2n-1)!! x^{2n}}{(2n)!! 2n} \quad [x:\text{実数},\ 0<x<1]$$

$$\operatorname{arccosech} x = \operatorname{arcsinh}\frac{1}{x} = \log\left(\frac{1}{x} + \sqrt{\frac{1}{x^2}+1}\right)$$

$$= \begin{cases} \log\dfrac{2}{x} + \sum_{n=1}^{\infty} (-1)^{n-1}\dfrac{(2n-1)!! x^{2n}}{(2n)!! 2n} & \begin{bmatrix} x:\text{実数} \\ 0<x<1 \end{bmatrix} \\ -\log\left|\dfrac{2}{x}\right| - \sum_{n=1}^{\infty} (-1)^{n-1}\dfrac{(2n-1)!! x^{2n}}{(2n)!! 2n} & \begin{bmatrix} x:\text{実数} \\ -1<x<0 \end{bmatrix} \end{cases}$$

$$\tag{4.38}$$

$\sin x$ と $\tan x$ のほかに，座標原点で $f(x) \approx x$ つまりその接線が45度の方向 $(y=x)$ を向くものが多い。$\sinh x$ と $\tanh x$ がそれであり，こんなところにも双曲線関数と三角関数の類似性がある。さらに x が小さいとき(繰り返すが三角関数では x の単位はラジアン。双曲線関数ではたんなる数値)，$\cos x$ も $\cosh x$ も1になる。もっとも，$\cos x$ はここで極大値をとり，

$\cosh x$ の方は極小値になるが……。

一方，e^x と $\log x$ はそれぞれ $(0, 1)$，$(1, 0)$ の点でその接線が $y=x$ になる。したがって1だけずらせば $y \approx x$ の近似式が成立する。このように超越関数でも，大ざっぱな近似では $y \approx x$ あるいは $y \approx a+x$ のように簡単化されるものが多い。

近似式で要注意

argument (x) が小さいとき，超越関数は近似式で間に合わせるが，きわめて間違いやすい例を，ポピュラーな現象の中から取り上げてみよう。

固体を形成する原子は，温度上昇とともに振動するが，その振動の形はほとんど単振動だとみなしていい。そこで1つの原子の，1つの方向（たとえば x 方向）へのエネルギーの平均値を計算してみよう。

単振動する原子の振動数を ν とするとき，そのエネルギーは（ゼロ点エネルギーは省略して）量子力学によれば，0か，$h\nu$ か $2h\nu$ か，……というようなとびとびの値しかとり得ない。h はプランク定数という量子力学特有の定数であり，その値は $6.6260755 \times 10^{-34}$ J·s という，とほうもなく小さな値である。

また統計力学によれば，1つの対象が（たとえば振動原子の1つの方向が），E というエネルギーを持つことのできる確率は $\exp(-E/kT)$ となることがわかっている。T は注目する対象物の周囲の温度であり，k はボルツマン定数といって，$k=1.380658 \times 10^{-23}$ J·K^{-1} ときまっている。温度分の1という元を持つこの数値は，プランク定数と同じように，自然界の根底の値である普遍定数だと考えなければならない。

以上のことから，振動原子の1つの方向の平均エネルギーは

$$E = \frac{\sum_{n=0}^{\infty} nh\nu e^{-nh\nu/kT}}{\sum_{n=0}^{\infty} e^{-nh\nu/kT}} = \frac{h\nu}{e^{h\nu/kT}-1} \tag{4.39}$$

と計算される。ここでは多項式の割り算および無限等比級数の公式をそのまま用いた。さらに比熱は次のようになる。

$$c_V = \frac{dE}{dT} = k\left(\frac{h\nu}{kT}\right)^2 \frac{e^{h\nu/kT}}{(e^{h\nu/kT}-1)^2} \tag{4.40}$$

ほしいのは $c_V \sim T$ のグラフであるが,式 (4.40) は電卓を使えば,ずいぶん精密な曲線として描くことができよう。その曲線が実験値とよく合うことから量子論の正しいことが主張できるわけであるが,だからといって「近似」というものの考え方への興味が薄らいできた,というわけではない。計算機の発達は理論物理の内容をいささか変えたかもしれないが,その本質を消し去ったわけではない。

温度 T がきわめて大きいときは,量子論は古典論に近づく,ということを式で調べるには上述の $h\nu/kT$ が小さいときどうなるか,を調べればいい。ちなみに $h\nu$ は振動という波を粒子にたとえた場合のエネルギーであり,これが周囲の熱エネルギー kT と比べて小さければ ($h\nu \ll kT$ ∴ $h\nu/KT \ll 1$),量子論的な効果は小さくなる。そのような特殊の場合には,さっそくに近似式が適用されることになる。式 (4.40) で,指数関数を近似式にすると

$$\begin{aligned}c_V &= k\left(\frac{h\nu}{kT}\right)^2 \frac{1}{([1+h\nu/kT]-1)^2} \\ &= k\left(\frac{h\nu}{kT}\right)^2 \left(\frac{kT}{h\nu}\right)^2 = k \end{aligned} \tag{4.41}$$

となり,粒子1個の1次元当たりの比重は k,しかし実際には3次元だから(エネルギー,比熱は3方向にあってこれの3倍になり)$3k$ とし,もし固体の量が1モルなら,原子の数は N(アボガドロ数:6×10^{23})であるから,モル比熱は

$\quad c_V = 3Nk = 3R$, R は気体定数 $\tag{4.41}'$

となって,古典論でいうデューロン・プティの法則が出る。高温の極限($T\to\infty$),あるいはいささかおかしな考え方であるが仮にプランク定数が極限まで小さくなったと仮定したときに($h\to 0$),みられる現象である。

ここで式 (4.40) を近似して式 (4.41) に移る場合,若干の注意が必要になる。分数の前の因子($h\nu/kT$)はこの近似ではゼロになってしまうが,すぐさまこれをゼロにしてはいけない。後の因子分数が有限値なら,確か

にこの式全体はゼロであるが(正しくはゼロの2乗というべきか)，分数というものはどんな結果を生ずるかわからないから，分数を近似し終るまで，この小さな因子 $(h\nu/kT)^2$ はそのままにしておく。

さて分数の分子は，第ゼロ近似の1であるとする。近似式だから第1近似まで採用して $1+(h\nu/kT)$ としなければならないような気がするが，それは余計というものである。

ただし分母のほうは第1近似まで採用しなければならない。そうでなかったら分母がゼロになり，数学的に意味をなさない式になってしまう。

しかしとにかく，分母は小さな値，したがって分数そのものは大きな値になるが，それが先の小さな因子 $(h\nu/kT)^2$ とちょうど相殺して，有限な値を得ることになる。第ゼロ次なのか第1次なのか，近似をどこまでとればいいのかという疑問は残るけれども，その式を十分眺めてから決める……というほかはない。一般的に $A+B$ とあるとき，B が A に比べて十分小さければ $A+B \approx A$ となるが，単独の A の場合，どの近似まで採用するかは——特に分数式の場合——場合々々に応じて気を配らなければならないのである。

どこまで近づけばよいか

式 (4.41) のような第ゼロ次近似だけでは，ものたりない。もっと高次近似まで採用したらどうかと思う人は，指数関数を展開して，たんねんに割り算を実行すればよい。簡単に，元のない量を $(h\nu/kT)=\gamma$ とおいてみると，γ の奇数乗の項は消えて

$$c_V = k\left(1 - \frac{\gamma^2}{12} + \frac{\gamma^4}{240} + \cdots\cdots\right) \tag{4.42}$$

となる。モル比熱なら，最初の k を $3R$ とすればいい。もっとも，モル比熱式は (4.40) を直接に計算するより，エネルギー E の式 (4.39) を展開して

$$E = kT\left(1 - \frac{\gamma}{2} + \frac{\gamma^2}{12} - \frac{\gamma^4}{720} + \cdots\cdots\right) \tag{4.43}$$

を求め，これを T で微分したほうが簡単である。たとえば式 (4.43) の右辺第4項の分子は T^{-3} でもあるから，微分することにより -3 がかかっ

て，式（4.42）の右辺第3項になることがよくわかる。

このような展開式にどれほどの意味があるかは，それを考える人の「興味次第」ということになる。式（4.42）では，温度がやや下がると，比熱は$(h\nu/kT)^2$のオーダーで減少す

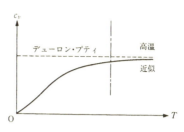

図4.15　固体比熱の高温近似

る。しかしその次にプラス4乗の項があるから，下りっぱなしというわけではない……という傾向がうかがえる。こうした「傾向」とか物理量の変化の「くせ」を定性的に判断するには，展開式はよいかもしれない。特に数値や値そのものを大いに問題にした理論物理の初期には，展開式の式の形そのものがそれなりの意味を持っていたような気がする。

しかし，コンピュータの発達した今日では，理論式を眺める「精神」は，いささか変化してきたのではあるまいか。大型コンピュータを用いるまでもなく，電卓のキーを丹念に押すだけで，エネルギー式（4.39）でも，比熱式（4.40）でも，温度の関数としての物理量を方眼紙の上に印していくことができる。近似式の意味がなくなった，とは絶対に思わないが，それを実用的に利用する，ということになると，時代とともに多少ニーズは変化していく，ということもあり得よう。

必要で十分な項の数

近似式を採用する場合に，陥りやすい例を挙げよう。物質を構成する分子の中には，正電荷の中心と負電荷の中心とがわずかに離れているものがあり，このような物質を（大きな物体でも分子程度のものでも）電気双極子とよぶ。「く」の字に曲がった水分子（H_2O）はその典型であるが，外からの電界Eをかけることによって双極子になる分子も多い。

電荷と，その正負間の距離とをかけたものを電気双極子モーメントとよび，普通μで表し，負から正の方向に（矢印などで書く場合に）その向きをきめる。したがって，電界Eがあるとき，おとなしくそれに従っている

ときのエネルギーが $-E\mu$, それに反抗している場合が $+E\mu$, 図4.16のように電界の向きとの角度が θ のときのエネルギーが $-E\mu\cos\theta$ となる。

さて個々に自由に動くことのできるモーメント μ の分子群に E をかけたとき, もちろん同方向に向くものもあれば ($\theta=0$), 反対向きのものもあるし ($\theta=\pi$), その他てんで勝手な方向を向くものもある。$\theta=0$ が一番エネルギーが小さくて, それが自然ではないかとも考えられるが, 多くの分子の中にはそのように勢ぞろいするファッショ的風潮は嫌だというものもいる。バラバラになりたいという自然の願いをエントロピー増大の原理といい, エントロピーは大きく, エネルギーは小さく, の両方のいい分を汲んだ結果, 3次元中の自由粒子の電子双極子の平均のモーメントは次の式のようになる。

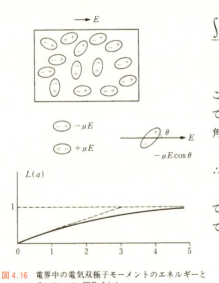

$$\langle\mu\rangle = \frac{\int \mu\cos\theta\, e^{E\mu\cos\theta/kT}\, d\omega}{\int e^{E\mu\cos\theta/kT}\, d\omega}$$

(4.44)

ここで $d\omega$ は微小立体角であり, 平面角 θ と立体角 ω との関係は

$$\omega = 2\pi(1-\cos\theta)$$
$$\therefore\ d\omega = 2\pi\sin\theta\, d\theta^{*}$$

(4.45)

であり, $d\omega$ を $d\theta$ に直して積分を実行すれば

$$\langle\mu\rangle = \mu\left[\coth b - \frac{1}{b}\right]$$
$$= \mu L(b)$$

図4.16 電界中の電気双極子モーメントのエネルギーとランジュバン関数 $L(a)$

---

* 統計力学によれば, 多粒子系の物理量 Q の平均値 $\langle Q\rangle$ は, その各々が各個にとる値を Q_i など, そのときのエネルギーを E_i などとすると $\langle Q\rangle = \sum Q_i e^{-E_i/kT}/\sum e^{-E_i/kT}$ で表される (「なっとくする統計力学」p.76)

$$\text{ただし } b = \mu E/kT \tag{4.46}$$

となる。ここで新しく定義したLをランジュバン関数とよぶ[*]。

ランジュバン関数のグラフはすでに研究されているが、ここで問題にしたいのは、そのアーギュメント $\mu E/kT$ がきわめて小さいときの式、つまり高温近似あるいは低電界近似である。式(4.46)で$1/b$があるから、bが十分小さくなれば無限大になってしまう、などと早まってはいけない。$\coth b$の中にそれを相殺するものがある。

ただし、ランジュバン関数の展開には十分な注意が必要である。

$$L(b) = \frac{e^b + e^{-b}}{e^b - e^{-b}} - \frac{1}{b}$$

$$= \frac{\left(1 + b + \frac{b^2}{2}\right) + \left(1 - b + \frac{b^2}{2}\right)}{\left(1 + b + \frac{b^2}{2}\right) - \left(1 - b + \frac{b^2}{2}\right)} - \frac{1}{b}$$

$$= \frac{2 + b^2}{2b} - \frac{1}{b} = \frac{b}{2}$$

とやりがちであるが、これは陥りやすい誤りである。分数の部分の、分子も分母も3項まで採用しているのに（2段目）どこが悪いのか、と思いたいところである。しかし分子の足し算、分母の引き算を実行した結果は、分子が2項あるのに、分母は1項になってしまった（3段目）。これでは片手落ちである。全体として、$1/b$という無限大になる項が相殺して、これで良しとしたいが、正しく計算すると、結果として現れるbのオーダー（次数）を修正しなければならないのである。

$$L(b) = \frac{\left(1 + b + \frac{b^2}{2}\right) + \left(1 - b + \frac{b^2}{2}\right)}{\left(1 + b + \frac{b^2}{2} + \frac{b^3}{6}\right) - \left(1 - b + \frac{b^2}{2} - \frac{b^3}{6}\right)} - \frac{1}{b}$$

$$= \frac{2 + b^2}{2b + \frac{b^3}{3}} - \frac{1}{b} = \frac{1}{b} + \frac{b}{3} - \frac{1}{b} = \frac{b}{3} \tag{4.47}$$

この近似式は、ランジュバン関数の原点における接線を表すが、その勾配が$1/2$か$1/3$かで、大きな違いが出る。そうして図4.16でみるように

---

[*] 「なっとくする統計力学」p.94〜97参照。

1/3 が正しい。

式 (4.47) では，分子の展開は 3 項，分母の展開は 4 項であり，いかにも不公平のようであるが，関数の性質から，結果として 1 つの項（b のオーダー）を求めるには，これが必要にして十分な展開項の数であることを知らなければならない。単に展開といっても，このような注意深さが要求されるのである。

どんな周期関数も sin と cos で

級数と名のつくものの中で，もっとも有名なものの一つにフーリエ級数がある。フランスの数学者でもあり物理学者でもあるフーリエ（1768〜1830）は教師をするかたわら，ナポレオンのエジプト遠征に同行したり，県知事の役に就いたりで多彩な人生を送った。特に 1822 年に出版された「熱の解析理論」は彼の名声を高め，そこに用いられた級数は今でも彼の名を付けてよばれる。

このようにフーリエ級数は，もともと物理数学として出発したものであるが，それの応用というよりも，むしろ理論的な形式のほうが貴重であると考えられる。特に古典物理学を，そのまま変形することなく量子論のマトリックス力学に移行させるようなとき，ハイゼンベルクはフーリエ級数のしくみを十分に用いて，新しいマトリックス力学をうちたてた。

フーリエ級数というのは，話は簡単である。任意の周期関数 $f(x)$ があるとき，この関数を三角関数の中でもっともポピュラーな sine と cosine とで表すことができる，というものである。

誰でも，この話を初めて聞いたときは，そんな馬鹿なはずはない，sine と cosine は同形だが，非常に規則的に波打っている，山と谷とが乱れることなく続いている，これと任意関数──それはどんなに不規則なものでもいい──とが一致するはずはない，と反論したくなるものである。

ただし，sine や cosine は $f(x)$ と同周期のもの，半波長のもの，1/3 波長のもの，1/4 波長……と，それぞれの振幅は工夫して（あるいは苦心して）選んで，十分たくさんの波を足し合わすのである。いくら足しても，規則的な波が，指定した不規則なものになるものか……と思いたいところであ

るが，実は $f(x)$ にいくらでも近い波がつくられるのである。こうしてつくられた sine および cosine の波の和を，フーリエ級数とよぶ。数式で書けば

$\dfrac{a_0}{2} + \sum_{n=1}^{\infty} (a_n \cos nx + b_n \sin nx)$ (4.48)

なお書物によっては，sine の係数のほうが a になっ

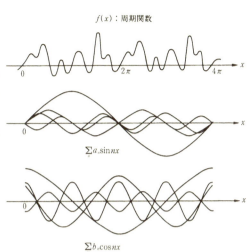

図4.17 周期関数はサイン波とコサイン波の総和

ているものもあるが，そのときの初項は当然 b_0 である。$n=0$ の場合は sine が恒等的にゼロになって，それの係数は無意味になるからである。式(4.48)の初項が $a_0/2$ となっている（2で割ってある）のは，一般項の cosine の係数 a_n が初項 a_0 を含むための技巧(?)である。なお，このような級数のうち sine の部分だけからできているものを正弦級数，cosine の部分だけのものを（定数 a_0 も含んで）余弦級数とよぶこともある。

三角形もフーリエ級数で

フーリエ級数については，百の議論よりも一つのグラフのほうがなっとくがいく。そこで周期関数 $f(x)$ としてアーギュメント（変数）x を角度とし，$0 \leqq x < \pi$ で $y=x$ という，周期的にみたら鋸の歯のような関数を考えてみる。左下ゼロから直線的に右に上って，π だけいってストンと落ちるこんな関数が，sine や cosine で表せるものか，と思いがちであるが，こんな妙な形も級数をつくることによって，最初の形にいくらでも近いものを求め

ることができる。結論を先に示すと

$$y = 2\left(\sin x - \frac{\sin 2x}{2} + \frac{\sin 3x}{3} - \frac{\sin 4x}{4} + \cdots\cdots\right)$$

つまり (4.48) で $a_n=0$, $b_n=2(-1)^{n+1}/n$ (4.49)

という，きわめて規則的な項の和になる。図 4.18 に示すように，第 1 項だけでは sine カーブになり，三角形をつくるのはとても不可能のように思えるが，第 4 項まで採用しただけでかなり与えられた $f(x)$（これを y とした）に近づいてくる。もっとも，$x<0$ や $\pi<x$ で鋸の刃が上を向くか下を向くかで式 (4.49) の全体の符号を調節しなければならないが，それは本質的な問題ではない。

式 (4.49) の例では，$\sin nx$ の係数は，プラスとマイナスの交代数列で，$2/n$ とすればよかった。もちろんつねにこんなに簡単にいくとは限らない。それでは一般論として，a_n や b_n をどんな値にすれば，目的の関数 $f(x)$ に限りなく近づけることができるのか。

フーリエ係数でできるベクトル空間

ここで多次元空間と，その空間中でのベクトルを考えて頂きたい。たとえば 3 次元空間中のベクトルは，各成分の和

$$\boldsymbol{A} = A_x \boldsymbol{i} + A_y \boldsymbol{j} + A_z \boldsymbol{k}$$

であることは第 3 章で述べた。もっと多次元の空間があれば，各次元の単位ベクトルを $\boldsymbol{i}_n$ と表すことにより

$$\boldsymbol{A} = \sum_n A_n \boldsymbol{i}_n \tag{4.50}$$

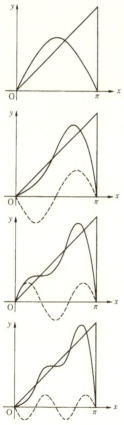

図 4.18 フーリエ級数の一例

と書くことができる。物理的な空間は 3 次元，時間という尺度も差別する

ことなく扱うと4次元であるが，形式的な学問である数学では100次元だろうと無限大次元だろうとかまわない。そうして式 (4.50) は，単位ベクトル i_n とその成分 A_n とから A を求める式ではあるが，逆に i_n は決まっており，その多次元空間にベクトル A があるとき，その各成分ごとの値は

$$A_n = (A, i_n) = A i_n \cos \theta_n \tag{4.51}$$

と書くことができる。つまりベクトルそのものと，基本座標とのスカラー積が，成分の値になる。

フーリエ級数においても，$\cos nx$ や $\sin nx$ を基本座標のように考える。そうして a_n や b_n がその座標の成分であるとすれば，話は普通のベクトルの場合と全く同様に論じられる。多次元（さらには無限次元）ベクトルのスカラー積に相当するものは，当然，積分になる。たとえば $0 \leq x \leq 2\pi$ で定義された積分可能な関数 $f(x)$ に対して

$$a_n = \frac{1}{\pi} \int_0^{2\pi} f(x) \cos nx \, dx$$
$$; n = 0, 1, 2, \cdots\cdots$$
$$b_n = \frac{1}{\pi} \int_0^{2\pi} f(x) \sin nx \, dx$$
$$; n = 1, 2, 3, \cdots\cdots \tag{4.52}$$

であり，$a_0 = 1/2$ も，この定義に従えば無理なく決まる。a_n, b_n をフーリエ係

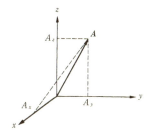

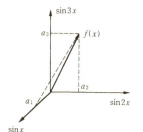

図 4.19　基本座標は $\sin nx$

数とよぶが，その数は一般には可付番無限個（整数の数と同じほどの，あるいは有理数の数と同じほど多い無限個）あり，この係数群を調節することにより，任意関数 $f(x)$ にいくらでも近い級数をつくることができる。

先の図 4.18 の例では，積分範囲 $0 \to 2\pi$ は 2 つに分けて $0 \to \pi$, $\pi \to 2\pi$ として計算することになるが，この両区間の積分は結局，同じ結果を与えることになるから

$$b_n = \frac{1}{\pi}\int_0^{2\pi} f(x)\sin nx\,dx$$
$$= \frac{2}{\pi}\int_0^{\pi} x\sin nx\,dx$$
$$= \frac{2}{\pi}\left\{-\left[\frac{x}{n}\cos nx\right]_0^{\pi}+\int_0^{\pi}\frac{1}{n}\cos nx\,dx\right\}$$
$$= \frac{2}{\pi}\left[-\frac{\pi}{n}(-1)^n\right]=\frac{2}{n}(-1)^{n+1}$$

であり,式 (4.49) が導かれることになる.

無限次元のヒルベルト空間

フーリエ級数の場合のように,$\cos nx$ や $\sin nx$ という(可付番)無限個の係数を座標のように考えてつくられる空間を,一般にヒルベルト(あるいはヒルバート)空間とよぶ.

このヒルベルト (1862〜1943) も,数学者でありながら,理論物理学には大きな貢献をしたドイツ人である.代数学,幾何学,積分方程式論その他に多くの業績を残したが,彼の研究が量子力学の発展に多大な影響を与えたのも事実である.

量子力学では,観測される対象が1でもあり2でもあり,……というように,全く違った状態の重ね合わせ(わかりやすくいえば,さまざまな状態を部分々々に所有していること)で表される.その個々の状態を $\varphi_1(x)$,$\varphi_2(x)$,$\varphi_3(x)$……というような関数で表すと,これらの関数でつくられるものがヒルベルト空間である.

もちろん座標同士は直交している.つまりスカラー積を考えると

$$\int \varphi_i(x)^*\varphi_j(x)\,dx \quad \begin{cases} =0 : i\neq j \\ =1 : i=j \end{cases} \tag{4.53}$$

であり,$\varphi_i(x)$ などを固有関数とよぶ.なお量子力学では関数は複素数であることも許容し,$\varphi_i{}^*(x)$ は $\varphi_i(x)$ の複素共役関数を意味する.

$\varphi_i(x)$ などは直交する関数で,その対象により,さまざまな種類のものがあるが,量子力学の誕生以前にすでに余弦と正弦によって考え出された無限次元空間がフーリエ級数だと考えていい.

音をヒルベルト空間で考える

　一般論として，直交している関数の組 $\varphi_1(x)$，$\varphi_2(x)$，$\varphi_3(x)$，……を完全系などとよぶことがあるが，理解しやすいフーリエ級数に話を戻そう。電磁波というものは，波長の長い短いの違いはあっても，すべて正弦波である。電磁波の一種類である（というよりも一部分といったほうがいいかもしれない）光の回折や干渉の問題を物理光学として扱う場合に，光はすべて正弦波として計算する。

　ところが音波の場合はもっと具体的に理解しやすい。音波は空気の粗密波である。粗密の状態が連続的に複雑な形となり，その「形」が秒速およそ 340 m ほどで空気中を走っていくのが音である。

　その粗密の状態が人間の耳の鼓膜を「それなり」に刺激して，われわれは「猫が鳴いている」「電車が通る」「隣の赤ちゃんがぐずっている」「むかいに住む爺さんが暑い暑いといっている」など，多様な音波を聞き分けている。

　考えてみれば人間の耳は実にすばらしい分解能を持っている。同じ「おはよう」との言葉も，父か，弟か，あるいはガールフレンドがいったのか，すぐさま判断できる。未知の人でも，男か女かはもちろん，子供か，若者か，年配者か，あるいは外国人が発音した日本語か，まで見抜く。

　音波はよく知られたように，再び金属板の振動におきかえて電流にし（電話の発信機のように），その電流はいわゆる波形となってモニターのブラウン管に映しだされる。この波形により，音響学の言葉でいえば音色が，そっくり見られることになる。横軸を時間，縦軸を空気の密度（密度でなく振動の速さでもいい）としたときの，一つの音に対する曲線，つまり関数形が実験的に見られることになる。

　フーリエ級数の立場をとれば——あくまで理論的な話であるが——1つの音は1つの関数 $f(x)$ として，フーリエ級数に分解できることになる。$f(x)$ はフーリエ係数 a_0，a_1，a_2，……，b_1，b_2，b_3，……のそれぞれの値の組み合わせできまる。とすれば，1つの音はヒルベルト空間の1点に対応することになる。

　なにしろ無限次元空間であるから，その中での点のとり方は無数（この

場合の無数は可付番無限個よりも多い無限大)にあるから，工場の騒音も，友達のよび声も，上司のどなり声も，なんでもこの空間内の点で間に合ってしまう。

級数の違いが音色?

音を聞き分ける耳（正しくは内耳や中耳）の機能は，フーリエ級数で書かれる音を，いくらなんでもフーリエ分解（$f(x)$を三角関数の項ごとに分けてしまうこと）するわけではない。人間の生理機能はすばらしいが，無限大個の聴覚神経があるわけではあるまい。

しかし相当程度，音を分解して認識する能力はある。この点では聴覚神経は視神経と全く異なっている。光のほうは2色の合成（知識として知っていれば別だが）を合成色と判断する能力はない。単原色でも，補色どうしの2種，3種あるいは全波長の単原色をうまく混ぜて目に入れると，人間はそれを白色と感じる。逆に白色を見たとき，それは何色と何色との混合かを判断する能力は，人間にはない。

ところが音に対しては，人間の耳にはかなり敏感な分解能力がある。早い話がピアノのド，ミ，ソを一度に弾いたとき，多少とも音楽的素養のある人は直ちにドミソだと認める（余談ながら，筆者はそれさえおぼつかない）。光の場合のように，3つの音が混合して真ん中のミになってしまう……などということはない。それどころか，かなり多い鍵盤を同時に弾いても，それをすべていい当てる。ちなみにオーケストラの指揮者は，団員の1人がわずかに手抜きをしても，直ちにそれを指摘するという。

要は，音は$f(x)$という不規則な形の関数ではあるが，人間はかなりこれを分解して（けっしてフーリエ分解などと，すごいことはいわないが）認識するものだ，ということであり，音色の違いの判断が，フーリエ級数という数学に何となくつながっていくものだと思って頂ければいい。

とはいえ現代では，音を字に，A国語の会話をそのままB国語に（文字でなく声で）翻訳することも考えられている。たとえばエレベータに乗り，標準的な言葉で「何階」といっただけで，機械は忠実にそれに従う，とい

---

* 色感については『なっとくする量子力学』のp.139の図5.1参照。

うまでに至っているという（日本の某電気工場）。

フーリエ分解はまだまだだが，言葉を判断する方法は，たとえば日本語の母音の場合は高音部，低音部，さらにもう一つの3つの部分に分かれて，それぞれの形の特徴をつかむ，というような研究はかなりなされている。「声紋」というのもこんな方面から調べられていくが，一つ一つの発音を（これが日本語と英語とでかなり違うからややこしい）いくつかの振動の高低などで分類したものをフォルマントとよんでおり，こちらの研究もハイテク産業の一環として精力的に行われている。

無限個のフーリエ級数への分解は理論上のことであり，現実的にはもう少し大ざっぱなとらえ方のフォルマントの研究，ということになるのだろう。念のため，日本語の母音についてみてみると，おもな振動数帯域はつぎのようになっている（単位 Hz）。

ア	600〜800	1000〜1200	2700〜3100
エ	350〜550	1500〜2000	2500〜3000
イ	250〜350		2400〜3000
オ	420〜500	760〜1000	1300〜3000
ウ	300〜480	1000〜1400	2000〜3000

(4.54)

式 (4.29) で，級数 $\sum(1/n^2)$ と $\sum(1/n^4)$ とは直ちに解答を書いたが，その証明法はそのページの脚注にあるように姉妹書に紹介されている。しかし $\sum(1/n^4)$ はその方法で複素数を使ってやっと計算可能であるが，一般に偶数乗の降べき級数（たとえば $1/n^8$ など）はフーリエ級数を用いると計算できる。ただしその方法はいささか複雑になるから，とにかく次のような方法で解決できる，と知って頂ければ十分であろう。

周期関数として，つぎのような段階関数 $f(x)$ を考える（図 4.20）。ただし 0〜2π でなく $-\pi$〜$+\pi$ の間で1周期と考える。

$$f(x) = \begin{cases} +1 : 0 < x < \pi \\ -1 : -\pi < x < 0 \end{cases} \quad (4.55)$$

（フーリエ級数も，それの形式的応用となると，鋸型だの城壁型だのと，奇抜なものが出てくる）。

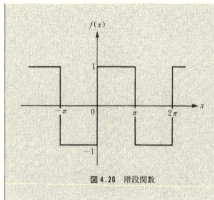

図 4.20 階段関数

これは奇関数（$f(-x) = -f(x)$ となる）だから、係数は $a_n \sin nx$ のほうを用いる。要は a_n を探すことだが、係数の定義式（4.52）から

$$a_n = -\frac{1}{\pi}\int_{-\pi}^0 \sin nx \, dx + \frac{1}{\pi}\int_0^\pi \sin nx \, dx$$

$$= \frac{1}{\pi n}[\cos nx]_{-\pi}^0 - \frac{1}{\pi n}[\cos nx]_0^\pi$$

$$= \begin{cases} 4/\pi n & : n \text{ が奇数} \\ 0 & : n \text{ が偶数} \end{cases}$$

したがってもとの式を書くと

$$f(x) = \frac{4}{\pi}\left(\sin x + \frac{1}{3}\sin 3x + \frac{1}{5}\sin 5x + \cdots\cdots\right)$$

これは鋸型式（4.49）の奇数項のみからできていることになる。両辺に $\pi/4$ をかけて、$0 \sim x$（ただし $x < \pi$）で積分すると

$$\frac{\pi}{4}x = (1-\cos x) + \frac{1}{3^2}(1-\cos 3x) + \frac{1}{5^2}(1-\cos 5x) + \cdots\cdots \tag{4.56}$$

ここで $x = \pi/2$ とおくと

$$\frac{\pi^2}{8} = 1 + \frac{1}{3^2} + \frac{1}{5^2} + \cdots\cdots \tag{4.57}$$

式（4.57）は奇数の項だけであるが、偶数の項は

$$\frac{1}{2^2} + \frac{1}{4^2} + \frac{1}{6^2} + \cdots\cdots = \frac{1}{2^2}\left(1 + \frac{1}{2^2} + \frac{1}{3^2} + \frac{1}{4^2} + \cdots\cdots\right)$$

つまり偶数項は、奇と偶とを合わせたものの $1/4$ になる。

$$\therefore \sum \frac{1}{n^2} = (\text{合}) = \text{偶} + \text{奇} = \left(\frac{1}{4}\text{合}\right) + \text{奇}$$

∴ 奇 = $\frac{3}{4}$ 合 ∴ 合 = $\frac{4}{3}$ 奇

偶奇合わせた級数は，奇数項だけの 4/3 であるから，

$$\sum_{n=1}^{\infty}\frac{1}{n^2}=\frac{\pi^2}{6} \tag{4.58}$$

その次に $\sum(1/n^4)$ を計算する．さきの式 (4.57) から式 (4.56) を引くと

$$\frac{\pi^2}{8}-\frac{\pi}{4}x=\cos x+\frac{1}{3^2}\cos 3x+\frac{1}{5^2}\cos 5x+\cdots\cdots \tag{4.59}$$

ふたたび $0 \sim x$ で積分して

$$\frac{\pi^2}{8}x-\frac{\pi}{8}x^2=\sin x+\frac{1}{3^3}\sin 3x+\frac{1}{5^3}\sin 5x+\cdots\cdots$$

これをもう一度 $0 \sim x$ で積分してみると

$$\frac{\pi}{8}\left(\frac{\pi x^2}{2}-\frac{x^3}{3}\right)=(1-\cos x)+\frac{1}{3^4}(1-\cos 3x)$$
$$+\frac{1}{5^4}(1-\cos 5x)+\cdots\cdots \tag{4.60}$$

ここで $x=\pi/2$ とおくと

$$\frac{\pi^4}{96}=1+\frac{1}{3^4}+\frac{1}{5^4}+\cdots\cdots \tag{4.61}$$

であり，$\sum 1/n^2$ の計算と同様にして，偶数項だけの和は，全体の $1/4^2 = 1/16$ になることを知って

$$\sum\frac{1}{n^4}=\frac{16}{15}\frac{\pi^4}{96}=\frac{\pi^4}{90} \tag{4.62}$$

が得られる．

式 (4.61) と式 (4.60) との差から $\sum(1/n^6)$ が，同じ手続きを経ることにより得られる．

フーリエ級数の手続きを踏んで，たんねんに計算してみると

$$\sum\frac{1}{n^6}=\frac{\pi^6}{945}, \quad \sum\frac{1}{n^8}=\frac{\pi^8}{9450}$$

$$\sum\frac{1}{n^{10}}=\frac{\pi^{10}}{93555}, \quad \sum\frac{1}{n^{12}}=\frac{691\pi^{12}}{638512875} \tag{4.63}$$

のようになっていく。項の逆べき指数と，結果として求められたときの π の指数とが一致しているのは興味深い。

第4章問題

[問 4-1] つぎの対数関数を展開して,最初の3項まで求めよ.

(i) $\log\dfrac{1+x}{1-x}$ (ii) $\log m$ (iii) $\log(n+1)-\log n$

[問 4-2] つぎの式を展開して,最初の数項と,一般項とを示せ.

(i) $(1+x)^{-2}$ (ii) $(1+x)^{\frac{1}{2}}$ (iii) $(1+x)^{-\frac{1}{2}}$
(iv) $(1-x)^{-2}$ (v) $(1-x)^{\frac{1}{2}}$ (vi) $(1-x)^{-\frac{1}{2}}$

[問 4-3] つぎの対数を含む関数を x の昇べきに展開するとどうなるか.

(i) $\dfrac{x}{\log(1-x)}$ (ii) $\dfrac{1}{1-x}\log\dfrac{1}{1-x}$
(iii) $\log(1-x+x^2)$ (iv) $\log(1-2ax+x^2)$

[問 4-4] つぎの指数関数と三角関数との積はどう展開されるか.それの一般項を書くことができるか.

(i) $e^x \sin x$ (ii) $e^x \cos x$

[問 4-5] つぎのように指数関数の肩が三角関数であるとき,x の昇べきに展開したときの最初の数項を求めよ(この場合,一般項は,きわめて複雑になってしまう).

(i) $\exp(\sin x)$ (ii) $\exp(\cos x - 1)$
(iii) $\exp(\tan x)$ (iv) $\exp(x \sin x)$
(v) $\exp(x \cos x)$ (vi) $\exp(x \tan x)$

[問 4-6] 指数が逆三角関数のときの,展開式を求めよ.

(i) $\exp(\arcsin x)$ (ii) $\exp(\arctan x)$

[問 4-7] 双曲線関数のアーギュメントが $x\cos x$ のときの，つぎの展開式を求めよ。

(i) $\sinh(x\cos x)$ (ii) $\cosh(x\cos x)$

第5章
変数と関数の活躍

座標変換とは

　物理学の対象を記述するためには第1章でも述べたとおり場所，つまり数学的にいえば座標 (x, y, z) が必要不可欠となり，さらに動きを考える場合には時間 (t) も正しく指定しなければならない。前者の座標については，どこを原点として，どちらの方向，どちらの向きを x とするか……などは，もちろんあらかじめ決めておかなければならない。これがあいまいなら，物理的記述は初めから意味をなさない。

　最初から決められている座標系（直交座標 x，y，z としよう）を，何らかの意味で別の座標系（これを x', y', z' とする）で改めて書き直す場合がある。これを座標変換という。なぜそんな面倒なことをするのだ，徹頭徹尾最初の座標系でいけばいいではないか，との純粋主義的な発想もあろうが，変換後の座標で物理的対象物を記述したほうが，はるかに簡単でわかりやすい，つまり物理数学的に大きなメリットがあるならば，多少のがまんはしていただいて，あらかじめ座標変換したほうがいい。それに，また，新しい発見もあるかもしれない。

　図5.1の上では，変換後の座標にプライム（ダッシュ）を付け，しかももとの（この場合はP点の）位置を表すのに，もとの座標の文字（たとえば x）と同じ文字 (x) を使うことを許してもらえるなら（混乱のない限り，以後このように使う）

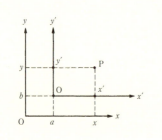

$$\begin{cases} x'=x-a \\ y'=y-b \\ z'=z' \end{cases} \quad \begin{cases} x=x'+a \\ y=y'+b \\ z=z' \end{cases}$$
(5.1)

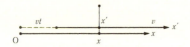

図 5.1 平行的座標変換

である。この場合……というよりもすべての座標変換において，座標は移動とか回転とか圧縮とかの操作をほどこしてもよいが，対象物（この場合はP）は絶対に変ってはならない，別のものにしてはいけない。そのことは，つねに心得ておかなければならない。

ただし，ダッシュ座標のほうは動いていてもいい。最も簡単なケースは，ダッシュ座標が x 軸方向に等速度 v で移動する場合である。x についてだけ変換式を書けば

$$x'=x-vt, \quad x=x'+vt \tag{5.2}$$

ことさらにとり上げるまでもないような式であるが，かの有名な学者の名をとり，これをガリレイ変換とよぶ。

ガリレイ変換とわざわざことわるのは，20世紀になってから，アインシュタインにより4次元時空間 (x, y, z, ct) が考えられ，新座標 (x', y', z', ct') が x の方向へ等速度 v で移動する場合を考えるようになったからである。特殊相対論に従うと，不変量は長さそのものではなく，式 (3.93) に示した時空間の量 s^2 となる。このことをふまえて計算を遂行すると

$$x'=\frac{x-vt}{\sqrt{1-(v/c)^2}}, \quad y'=y, \quad z'=z, \quad t'=\frac{t-vx/c^2}{\sqrt{1-(v/c)^2}}$$
$$x=\frac{x'+vt}{\sqrt{1-(v/c)^2}}, \quad y=y', \quad z=z', \quad t=\frac{t'+vx'/c^2}{\sqrt{1-(v/c)^2}}$$
(5.3)

が得られる。これをローレンツ変換とよび，座標 (x) と時間 (t) とが変換式の中に繰り込まれていることに注意しなければならない。つまりは，

自然界は空間だけ，時間だけ，というように互いに独立なものではなく，両者がからみ合って成立しているものなのである。

例 5-1　x 方向に走る速度 v のロケット内で，ロケットと同方向に速度 v' の小型ロケットを飛ばす。v や v' そのものは光速 c を越えないが，小型ロケットの地上に対する速度は $v+v'$ となって，光速以上になれるのではないか？もしそうなら「光速こそこの世で最も速いもの」という相対性理論に矛盾することが起こるのではないか？

〔解釈〕　ロケット内部では $x'=v't'$。これを式 (5.3) に代入すると

$$x = \frac{v+v'}{1+vv'/c^2} t \tag{5.4}$$

この係数（右辺の t 以外の分数）は小型ロケットの対地速度であるが，けっして $v+v'$ という単純なものではない。ちなみに v も v' も光速の9割だとすれば，総合速度は光速の 0.9945 倍になる。また式 (5.4) の係数が光速以下であることは，

$$\frac{(c-v)(c-v')}{c^2} = 1 + \frac{v}{c}\frac{v'}{c} - \left(\frac{v}{c}+\frac{v'}{c}\right) > 0 \tag{5.5}$$

より $c > \dfrac{v+v'}{1+vv'/c^2}$ というふうに結論される。

直進運動ばかりでなく，座標の回転が問題になることも多い。原点はそのままで，新座標は反時計まわりに角 θ だけまわるとき，三角関数の諸関係を用いて

$$\begin{cases} x' = x\cos\theta + y\sin\theta \\ y' = -x\sin\theta + y\cos\theta \end{cases}$$
$$\begin{cases} x = x'\cos\theta - y'\sin\theta \\ y = x'\sin\theta + y'\cos\theta \end{cases} \tag{5.6}$$

となる。この式の各々の列の左上と右下の係数が $\cos\theta$ であり，右上と左下が $\sin\theta$ となる。

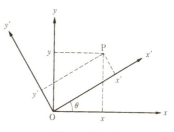
図 5.2　座標の回転

そしてダッシュが左辺のとき，$\sin\theta$ の下式がマイナス，ダッシュなしが左

辺のときは上式がマイナスになることは,暗記してもそれほどほねではない。いちいち図を描かなくとも,覚え込んだほうがいいようである。等角速度で新座標が回転するなら,θ を,角速度 ω と時間 t との積の ωt にすればいい。この式から,新旧座標間での角加速度などが計算され,旧座標から見たみかけの力である遠心力や,コリオリの力などが求められる。多くは力学の教科書に記載されているから,ここでは省略しよう。

変数変換とは

　変数変換という言葉は,科学に数学を応用する場合,しきりに耳にし,また口にする言葉であって,改めて初めから説明するまでもないかも知れない。普通には,この場合の変数とは,積分の変数のことであり,それを変える(簡単にいえば dy を dx にする)ことを意味する。

　はやい話が,$\int f(x)\,dy$ というように被積分関数が変数 x で与えられたとき,$f(x)$ を y で積分しろといっても,全く不可能である。ところが y と x との関係が $y=y(x)$ のように別途与えられているのなら

$$\int_{y_1}^{y_2} f(x)\,dy = \int_{x_1}^{x_2} f(x)\frac{dy}{dx}\,dx \tag{5.7}$$

のようにすればよい。これが変数変換にほかならない。この場合の被積分関数は $f(x)(dy/dx)$ であり,これは x の関数であるから,原則的には x で積分が可能ということになる。

　注意したいのは,積分の上限や下限には,積分変数の特定値を指定しなければならないということだ。そうして変数が変換されれば,$y=y(x)$ の式で,y が y_1 のときの x を x_1,また y_2 のときの x を x_2 としなければならない。変数変換の例を挙げたらきりがないが

- ○ $\sqrt{a^2-x^2}$ を含む積分では $x=a\sin\theta$ とおくと
  $\sqrt{a^2-x^2}=a\cos\theta$ となり,$dx=a\cos\theta\,d\theta$ となる。
- ○ $\sqrt{a^2+x^2}$ を含む場合には $x=a\tan\theta$ とおくことが多く
  $\sqrt{a^2+x^2}=a/\cos\theta$,$dx=(a/\cos^2\theta)\,d\theta$ となる。

その他，代数関数を簡単な超越関数におきかえるのも変数変換である。広義での変数変換としては

$\int f[g(x)]dx$ のように変数が缶詰め形 $g(x)$ になっているときは，$g(x)=y$ とおいて

$\int f(y)\dfrac{dx}{dy}dy = \int f(y)\dfrac{1}{g'(y)}dy$ で考える。

$\int f(ax)dx = \dfrac{1}{a}\int f(y)dy$ は最もよく知られているが，$ax=y$ としているのである。また

$$\int (ax+b)^n dx = \dfrac{(ax+b)^{n+1}}{a(n+1)} \qquad (a \neq 0,\ n \neq -1)$$

であるが，これは $y=ax+b$ と考えている。

積分 $\int xe^{x^2}dx$ については，どうだろう。第1章でくどく述べたように，積分とは微分の逆演算であることを憶い出して

$\dfrac{d}{dx}e^{x^2} = 2xe^{x^2}$ であるから $\int xe^{x^2}dx = \dfrac{e^{x^2}}{2}$ と解答できる。この程度のことは暗記してしまうのが普通であるが，$dx^2 = 2xdx$ であることから

$$\int xe^{x^2}dx = \dfrac{1}{2}\int e^{x^2}dx^2$$

と，積分変数そのものを x^2 に変えてしまうのも一つの方法である。

なお多変数関数 $f(x_1, x_2, \cdots, x_n)$ の変数変換は $y_1 = y_1(x_1, x_2, \cdots, x_n)$，$y_2 = y_2(x_1, x_2, \cdots, x_n)$ ……などがわかっている場合には，偏微分で行列式をつくり

$$\int \cdots \int f(x\cdots)dy\cdots = \int \cdots \int f(x\cdots) \begin{vmatrix} \dfrac{\partial y_1}{\partial x_1} & \dfrac{\partial y_2}{\partial x_1} & \cdots & \dfrac{\partial y_n}{\partial x_1} \\ \dfrac{\partial y_1}{\partial x_2} & \dfrac{\partial y_2}{\partial x_2} & \cdots & \dfrac{\partial y_n}{\partial x_2} \\ \vdots & \vdots & & \vdots \\ \dfrac{\partial y_1}{\partial x_n} & \dfrac{\partial y_2}{\partial x_n} & \cdots & \dfrac{\partial y_n}{\partial x_n} \end{vmatrix} dx_1 dx_2 \cdots dx_n \quad (5.8)$$

のようにする。これは式 (5.7) の拡張であり，この行列式をヤコビアンと

いう。簡単には $\partial(y_1, y_2, \cdots, y_n)/\partial(x_1, x_2, \cdots, x_n)$ と書く。

フーリエ変換の実際

フーリエ変換も，広義の変数変換の一つであろうが，かなり特殊なものといえる。フーリエ級数に現れる和 $(\sum_n)$ を，全く別の変数による積分 $\int dx$ におきかえるのである。フーリエ変換の一般的な形式としては，次のように考えるのがわかりやすい。

フーリエ級数は式 (4.48) で示した。ただし x は単なる角度であったから，半周期 L と同じ元にして，つまり L が長さなら x も長さとして，改めて

$$f(x) = \frac{a_0}{2} + \sum_{n=1}^{\infty} \left\{ a_n \cos\frac{\pi n}{L}x + b_n \sin\frac{\pi n}{L}x \right\} \tag{5.9}$$

としよう。そうしてフーリエ係数 a_n や b_n を，これも改めて，式 (4.52) での $0 \to 2\pi$ を $-\pi \to +\pi$ として（どちらでも1周期であることは同じ），定積分の変数を t とおき

$$a_n = \frac{1}{L}\int_{-L}^{L} f(t)\cos\frac{\pi n}{L}t\, dt, \quad b_n = \frac{1}{L}\int_{-L}^{L} f(t)\sin\frac{\pi n}{L}t\, dt \tag{5.10}$$

と書くことにする。

以上がフーリエ変換であるが，周期関数でなければフーリエ級数に展開できないのか。図4.18 や 4.19 を見る限り，周期関数だからこそうまく級数化できるのだ，という気がする。しかし……それはいささか不公平，というよりも一般性を欠くことにならないか。そこで周期性をもたない普通の関数でも何とかなりはしないか，ということで，次のように考えられるようになった。変数の全領域を1つの周期と考えるのである。

全体を表す級数式 (5.9) でも，その中の係数式 (5.10) でも，x の係数 $\pi n/L$ の L（半周期）を無限に長くしていく。ただしそれでは $\pi n/L$ が小さくなってしまうから，順番を示す数 n も非常に大きいものを考えるのである。$\pi n/L$ は，n が1から2になれば2倍にもなるが，n が1兆から1兆+1の値になっても，なにほどの変化もしない。要するに n について「とびとび」の値が，この考え方では連続とみなされていいことになる。というわ

けで，$L \to \infty$ の極限で $\pi n/L = u$ とおけば式 (5.10) は

$$a = \int_{-\infty}^{\infty} f(t) \cos ut \, dt, \qquad b = \int_{-\infty}^{\infty} f(t) \sin ut \, dt \tag{5.11}$$

となる。ただし分母にあった π はまとめて次の式でくくりだす。この極限で式(5.9) は

$$f(x) = \frac{1}{\pi} \int_0^{\infty} [a(u) \cos ux + b(u) \sin ux] du \tag{5.12}$$

となる。n での和 $1 \to \infty$ は，u でのなめらかな積分になり，初項の $a_0/2$ も cosine の項に含まれる。積分領域は $0 \to \infty$ としたから，全体を 2 で割った。式 (5.12) およびその一部の式 (5.11) をフーリエ積分表示という。

フーリエの積分式 (5.12) を改めて書けば

$$\begin{aligned}
f(x) &= \frac{1}{\pi} \int_0^{\infty} \cos ux \, du \int_{-\infty}^{\infty} f(t) \cos ut \, dt \\
&\quad + \frac{1}{\pi} \int_0^{\infty} \sin ux \, du \int_{-\infty}^{\infty} f(t) \sin ut \, dt \\
&= \frac{1}{\pi} \int_0^{\infty} du \int_{-\infty}^{\infty} dt \, f(t) \cos u(x-t)
\end{aligned} \tag{5.13}$$

となる。ただし，余弦減法定理を逆に用い，また最後の項の重積分のかたちは，一般には du を最後にもっていくべきであるが，上限・下限と積分変数の関係をはっきりさせるために，往々にしてこのような書き方をするのである。

複素指数関数と三角関数は類似的に考えられることが多い。そこで次の枠の中の公式を用いて式 (5.13) を書き変えると

一般に $e^{\pm i\theta} = \cos\theta \pm i \sin\theta$

逆に $\sin\theta = \dfrac{1}{2i}(e^{i\theta} - e^{-i\theta}), \quad \cos\theta = \dfrac{1}{2}(e^{i\theta} + e^{-i\theta})$

$$\begin{aligned}
f(x) &= \frac{1}{\pi} \int_0^{\infty} du \int_{-\infty}^{\infty} dt \, f(t) \frac{1}{2} [e^{iu(x-t)} + e^{-iu(x-t)}] \\
&= \frac{1}{2\pi} \int_{-\infty}^{\infty} du \int_{-\infty}^{\infty} dt \, f(t) e^{iu(x-t)}
\end{aligned} \tag{5.14}$$

u による積分は $0 \to \infty$ であるが，これを $-\infty \to +\infty$ とすることにより，

式右端の2つの被積分関数は1つの項にまとまる。

ここで,式 (5.14) のいささか複雑な右辺を,2つの因子に分けて考える。その2つの因子はエコヒイキのないように,結果が類似のカタチになるように努める。最初の係数 $1/2\pi$ も,なかよく2つに分解して,因子の一つを

$$F(u) = \frac{1}{\sqrt{2\pi}} \int_{-\infty}^{\infty} f(t) \, e^{-iut} \mathrm{d}t \tag{5.15}$$

とする。

この関数 $F(u)$ は,未知関数 $f(t)$ に,複素指数関数を掛けて,無限大領域で積分したものになっている。この $F(u)$ を式 (5.14) に代入することにより,$f(x)$ はこの式から直ちに

$$f(x) = \frac{1}{\sqrt{2\pi}} \int_{-\infty}^{\infty} F(u) \, e^{iux} \mathrm{d}u \tag{5.16}$$

とわかる。式 (5.15),(5.16) において,$F(u)$ は $f(x)$ のフーリエ変換,また $f(x)$ は $F(u)$ のフーリエ逆変換ということになるのだが,対称であることから,相互にフーリエ変換の関係で結ばれているといってもいい。

フーリエ変換は,普通には複素指数関数 $\exp(iu)$ を用いるが(いうまでもないが $\exp(iu)$ は e^{iu} のこと),その半分(半区間)を使った

$$\left.\begin{array}{l} F(u) = \sqrt{2/\pi} \int_0^{\infty} f(x) \cos(ux) \, \mathrm{d}x \\ f(x) = \sqrt{2/\pi} \int_0^{\infty} F(u) \cos(ux) \, \mathrm{d}u \end{array}\right\} \tag{5.17}$$

をフーリエ余弦変換,

$$\left.\begin{array}{l} F(u) = \sqrt{2/\pi} \int_0^{\infty} f(x) \sin(ux) \, \mathrm{d}x \\ f(x) = \sqrt{2/\pi} \int_0^{\infty} F(u) \sin(ux) \, \mathrm{d}u \end{array}\right\} \tag{5.18}$$

をフーリエ正弦変換とよぶ。

なんのためのフーリエ変換

フーリエ変換の話は式 (5.15) と式 (5.16) とで一応はわかったが(わかったというよりも,なんだかボケーとしているうちになっとくさせられ

てしまったが)、いったいこんなことをして何が面白いのか、どんなメリットがあるのか、数学者の遊びにつき合っているほどひまではない（いや、ひまはあっても、振り回されたくない）と思われる方も多かろう。これを書いている筆者もその一人であった。

しかし、物理学を順序に従って型どおり勉強していくと、量子力学の計算になって、いきなり「フーリエ変換により、(k で記述されていたものがいきなり) x の関数になり……」とやられる。教える教授（あるいは量子力学の教科書）のほうは、それですむかもしれないが、勉強する初心者はたまったものではない。あわてて物理の教科書を探しても、そんなことはどこにも書いてない。数学の本をあっち、こっちと探すほかはないのである。そうして数学者から見たらきわめて初等的な「理工学者のための数学」に類する本のほんの一部に、掲載されているにすぎない。

量子力学では、ものの状態を波動の重ね合わせで表す。第 4 章の図 4.19 でみたように、フーリエ級数の各項は直交している（任意の異なる 2 項の積の積分はゼロになる）。量子力学での波動関数は、このような級数で表されることが多いが、sine や cosine よりも複素指数関数が用いられて

$$\sum_n e^{i\frac{2\pi}{\lambda}nx} = \sum_k e^{ikx} = \frac{1}{2\pi}\int e^{ikx}\mathrm{d}k \tag{5.19}$$

のように考えていい。λ は波長、k は波数とよばれるもので、長さ 2π の中に何個の波 (e^{ikx}) が存在しているかの個数が k である。ただし、時間に関する項 $e^{i\omega t}$ は、定常状態（時間に無関係）だと考えて省略した。

物理量の平均値は、その量 Q を波動関数ではさんで積分する。たとえばエネルギー平均値 $\langle E \rangle$ は、量子力学的なエネルギー関数を H_k とするとき[*]

$$\langle E \rangle = \int \psi^+ H_k \psi \mathrm{d}x \tag{5.20}$$

である。ψ^+ は ψ の複素共役関数であり、後者が e^{ikx} なら前者は e^{-ikx} である。一般には積 $\psi^+\psi$ の積分が分母にくるが、その値が 1 になるように係数がととのえられていれば、分母はいらない。

そこで式 (5.20) のような計算を行うとき、波動関数 ψ が $\exp i(\boldsymbol{k}\cdot\boldsymbol{x})$（自

---

[*] たとえば「なっとくする統計力学」p.202,「なっとくする量子力学」p.245 参照。

由度 f ならスカラー積は $\boldsymbol{k}\cdot\boldsymbol{x}=k_1x_1+k_2x_2+\cdots+k_fx_f$ と解釈する）で与えられていると，$\boldsymbol{k}$ をパラメータとする被積分関数 $\boldsymbol{Q}_k$（多くは $\boldsymbol{H}_k$ と書き，統計力学で状態和を求める場合には $\exp[-H/kt]$）を $\boldsymbol{k}$ についての多項式で積分するわけにはいかない。そこでフーリエ変換が威力を発揮して

$$\langle Q\rangle=\frac{1}{(2\pi)^f}\int\cdots\int\sum_{kk'}e^{-ik'x}\boldsymbol{Q}_k e^{ikx}\mathrm{d}\boldsymbol{x}$$

$$=\frac{1}{(2\pi)^f}\int\cdots\int\psi^+(\boldsymbol{x})\boldsymbol{R}(x)\psi(\boldsymbol{x})\mathrm{d}\boldsymbol{x}$$

の積分を実行すればよいことになる。$\boldsymbol{R}(x)$ は $\boldsymbol{Q}_k$ をフーリエ変換したものであり，これですべてが座標 x の関数となり，原則的には積分が可能になって，量子力学としての物理量の平均値が求められることになる。そして実験結果との比較も可能になるわけである。

要するに $\sum\exp[ikx]=\sum\exp[i2\pi nx/\lambda]$ として，k について和をとるということは，いろいろな波長の波を集める（一般には波を重ね合わせるという）ことを意味する。量子論的なものの考え方というのは，さまざまな状態（模型的には波）の重ね合わせであり，その重ね合わせを座標の関数におきかえるフーリエ変換は，まさに強力な武器だといえる。

次に単なる数学問題として，フーリエ変換を考えてみよう。

例 5-2 次の関数 $f(x)$ のフーリエ変換 $F(u)$ を求めよ。

(A) $f_A(x)=\begin{cases}1:0\leqq|x|<1\\0:1<|x|\end{cases}$

$$F_A(u)=\frac{1}{\sqrt{2\pi}}\int_{-1}^{1}e^{-ixu}\mathrm{d}x=\frac{1}{\sqrt{2\pi}}\left[\frac{e^{-ixu}}{-iu}\right]_{-1}^{1}$$

$$=\frac{1}{\sqrt{2\pi}}\frac{e^{-iu}-e^{iu}}{-iu}=\sqrt{\frac{2}{\pi}}\frac{\sin u}{u}$$

積分領域はこの場合，関数がゼロでない部分だけである。

(B) $f_B(x)=\begin{cases}-1:-1<x<0\\1:0<x<1\\0:1\leqq|x|\end{cases}$

$$F_B(u)=\frac{1}{\sqrt{2\pi}}\left\{\int_0^1 e^{-ixu}\mathrm{d}x-\int_{-1}^0 e^{-ixu}\mathrm{d}x\right\}$$

$$= \frac{1}{\sqrt{2\pi}} \left\{ \left[\frac{e^{-ixu}}{-iu} \right]_0^1 - \left[\frac{e^{-ixu}}{-iu} \right]_{-1}^0 \right\}$$

$$= \frac{1}{\sqrt{2\pi}} \frac{e^{-iu} - 1 - 1 + e^{iu}}{-iu}$$

$$= \sqrt{\frac{2}{\pi}} \frac{\cos u - 1}{u} i$$

あるいは正弦変換して

$$\sqrt{\frac{2}{\pi}} \frac{1 - \cos u}{u} = iF_B(u)$$

一般に $f(x)$ のフーリエ変換が $F(u)$ であるなら,$x^n f(x)$ のフーリエ変換は $(i)^n F^{(n)}(u)$ になる。これは関数 e^{iux} の性質から,証明することが可能である。ただし $x^n f(x)$ が領域 $(-\infty, \infty)$ で絶対可積分でなければならない。

(C) $f_C(x) = \begin{cases} x : 0 \leq |x| < 1 \\ 0 : 1 \leq |x| \end{cases}$

$f_C(x) = x f_A(x)$ であるから,すぐ上に述べた定理により

$$F_C(u) = iF_A{}'(u)$$
$$= i\sqrt{\frac{2}{\pi}} \frac{u \cos u - \sin u}{u^2}$$

したがって正弦変換は

$$iF_C(u) = \sqrt{\frac{2}{\pi}} \frac{\sin u - u \cos u}{u^2}$$

(D) $f_D(x) = \begin{cases} x^2 : 0 \leq |x| < 1 \\ 0 : 1 \leq |x| \end{cases}$

$f_D(x) = x f_C(x)$ であるから

$$F_D(u) = iF_C{}'(u) = \sqrt{\frac{2}{\pi}} \frac{(u^3 - 2u) \sin u + 2u^2 \cos u}{u^4}$$

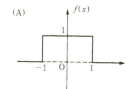

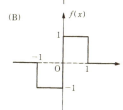

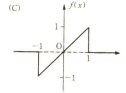

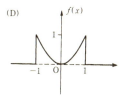

図 5.3 4 つの関数をフーリエ変換

フーリエ変換はこのように壁型,井戸型,そしてそれらの微分形が計算

---

* 関数の絶対値の無限積分が必ず収束すること。

しやすい。

ラプラス変換とは

フーリエ変換は複素指数を使うが，これを実指数にしたものをラプラス変換という。

$0 < t < \infty$ で定義された $f(t)$ に対して

$$g(s) = \int_0^\infty e^{-st} f(t) \, dt \tag{5.21}$$

を $f(t)$ のラプラス変換とよぶ。もちろん積分値が収束することを前提としている。ただし物理学においても数学でも，フーリエ変換ほどには用いられていないようである。ラプラス変換のほうが実数ばかりでわかりやすい感じがするが，実際の活用に際しては，指数関数的に減少するという特殊なものよりも，平面波 $\exp(ikx)$ のほうが，波動論，量子力学，さまざまな場合の変数変換に適しているということであろうか。もちろんフーリエ変換もそうであるが，連続の条件その他，数学的には厳しく定義しなければならない。ここでは，このような変換法があることのみを述べるにとどめておく。

例 5-3 次の関数 $f(t)$ のラプラス変換 $g(s)$ を求めよ。一般にラプラスの演算子を $L(f(t))$ と書く習慣がある。

(A) $f(t) = \begin{cases} 1 : t > 0 \\ 0 : t < 0 \end{cases}$

$$g(s) = \int_0^\infty e^{-st} dt = \left[-\frac{e^{-st}}{s} \right]_0^\infty$$
$$= \frac{1}{s}$$

(B) $f(t) = [t]$：ステップ関数：

$t = n-1 \sim n$ の領域では

$$\int_{n-1}^n n e^{-st} dt = -\frac{1}{s} \left[n e^{-st} \right]_{n-1}^n = \frac{n e^{-(n-1)s} - n e^{-ns}}{s}$$

n が $1 \sim \infty$ の足し算で各項は1つずつ相殺して

$$g(s) = \frac{1}{s} \sum_{n=1}^{\infty} e^{-ns}$$
$$= \frac{1}{s} \frac{e^{-s}}{1-e^{-s}}$$
$$= \frac{1}{s} \frac{1}{(e^s - 1)}$$

もし $f(t) = \left[\dfrac{t}{a}\right]$ なら

$$g(s) = \frac{1}{s(e^{as}-1)}$$

(C) $f(t) = \sin \omega t$

$\sin \omega t = (e^{i\omega t} - e^{-i\omega t})/2i$ であるから

$$g(s) = \frac{1}{2i} \int_0^{\infty} [e^{i\omega t - st} - e^{-i\omega t - st}] dt$$
$$= \frac{1}{2i} \left(\frac{1}{s - i\omega} - \frac{1}{s + i\omega} \right)$$
$$= \frac{\omega}{s^2 + \omega^2}$$

(D) $f(t) = \sinh at$

$$g(s) = \frac{1}{2} \int_0^{\infty} (e^{at-st} - e^{-at-st}) dt$$
$$= \frac{1}{2} \left[-\frac{1}{a-s} + \frac{1}{-a-s} \right] = \frac{a}{s^2 - a^2}$$

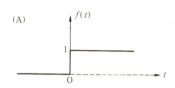
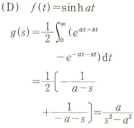
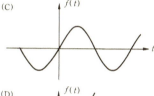
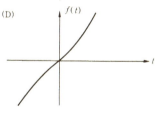

図 5.4　4つの関数をラプラス変換

このように指数関数的なもののラプラス変換は比較的楽に計算できるが、それ以外のもののラプラス変換は、超越関数になることが多い。

例　$\mathscr{L}(t^a) = \Gamma(a+1) s^{-a-1}$

$\mathscr{L}(\log t) = \dfrac{1}{s} (\Gamma'(1) - \log s)$

$\mathscr{L}(1/\sqrt{t}) = \sqrt{\pi}/\sqrt{s}$

のように，ガンマ関数（Γ）などが出てくる。

場の量としてのラグランジュ関数

力学では質点，剛体等の質量，力，それに比例する加速度など，物体の動きに注目する。ただし宇宙的尺度で，力学を幾何学化したものが第3章の最後に述べた相対論であり，このときは（初心者にはわかりにくい）重力テンソル g_{ij} とか g^{ij} とかで，場の量を記載するが，これはあくまで特殊ケースである。

ところが普通の力学でも，空間の性質を用いて物理現象を考えることがある。電磁気学では確かに E とか H とかを問題にするが，相対論でもない力学で，なぜ空間の量を問題にするか。

通常の力学を一般化し，形式化したものを解析力学とよぶ。大学の授業では普通の力学を終えた後にこれを学習することになっているが，実用問題を急ぐ場合にはこれを省略することもある。

確かに力学の数学化のような感じがするものであり，ハイゼンベルク流の量子力学では古典から近代物理学の通過点にもなっているが，ここでは基礎のことは簡単に述べることにして，途中でラグランジュ関数 L という場の量が出てくるところを重点的に調べよう。

力学系の座標は，独立質点が1つなら (x, y, z) あるいは (r, θ, φ) のように3つ，質点2つなら座標数は6，n 個なら $3n$，剛体なら6個であり，この数を力学的自由度とよぶ。とにかく一般的に，力学的系の自由度を f として，その座標を $q_1, q_2, \cdots, q_f$ と書くことにする。この一般化座標に対して，一般化された力の j 成分は

$$Q_j = \sum_i \bm{F}_i \cdot \partial \bm{r}_i / \partial q_j \tag{5.22}$$

で与えられる。$\bm{F}_i$ は旧座標での力，$\bm{r}_i$ は旧座標での座標ベクトルである。

旧座標で表したポテンシャル・エネルギーを U とすると

$$Q_j = \sum_i \bm{F}_i \cdot \frac{\partial \bm{r}_i}{\partial q_j} = -\sum_i \nabla_i U \cdot \frac{\partial \bm{r}_i}{\partial q_j} = -\frac{\partial U}{\partial q_j} \tag{5.22}'$$

というように，一般的な力（Q）は，つねにポテンシャル・エネルギー（U）

---

* 「なっとくする熱力学」p.177 参照。

を，一般座標 (q) で偏微分して符号を変えたものに等しい。この関係は旧座標についても同じである。

さて系の運動エネルギー

$$T = \sum_i \frac{1}{2} m_i V_i^2 \tag{5.23}$$

については，スカラーであるから座標系に関係なく成立する。この T については，座標 q とそれの時間微分 $\dot{q}$ との関数として表されて，変分の原理を応用すると

$$\frac{\mathrm{d}}{\mathrm{d}t}\left(\frac{\partial T}{\partial \dot{q}_j}\right) - \frac{\partial T}{\partial q_j} + \frac{\partial U}{\partial q_j} = 0 \tag{5.24}*$$

さてここで（まことに突然のことではあるが），運動エネルギー T とポテンシャル・エネルギー U との差

$$L = T - U \tag{5.25}$$

を定義し，これをラグランジュ関数とよぶ。

$T + U$ なら全エネルギーで（たとえばエネルギー保存の法則などで）意味はあるが，差をとってどうするのか，といいたくなる。誰しもが疑問に思うところであるが，L を定義するとその後いろいろ都合がいいのだ，ここは曲げて L を認めてくれ，という以外にない。

さて T は q と $\dot{q}$ との，U は q の関数であるから，L は q と $\dot{q}$ との関数 $L(q, \dot{q})$ であり，式 (5.24) より（また $\partial U/\partial \dot{q}_j = 0$ だから）

$$\frac{\mathrm{d}}{\mathrm{d}t}\left(\frac{\partial L}{\partial \dot{q}_j}\right) - \frac{\partial L}{\partial q_j} = 0 \quad (j = 1, 2, \cdots, f) \tag{5.26}$$

が成立する。これはニュートンの運動方程式 ($F = ma$) に相当するものであり，ラグランジュの運動方程式とよぶ。

さて場（空間）の量としてラグランジュ関数 $L(q_1, q_2, \cdots, q_f ; \dot{q}_1, \dot{q}_2, \cdots, \dot{q}_f ; t)$ を定義したから，この変数群を直交座標とする $(2f+1)$ 次元空間を設定する。時間経過を考えないなら，$2f$ 次元でいい。

ところで最初 A 点 $L(\boldsymbol{q}_i, \dot{\boldsymbol{q}}_i)$ にいた力学系が，後に B 点 $L(\boldsymbol{q}_f, \dot{\boldsymbol{q}}_f)$ なる

---

* 系がホロノームという条件づきであるが，偏分方法については「解析力学」の教科書を参照されたい。
$T = \sum_i \frac{1}{2} m_i V_i^2 = \frac{1}{2} \dot{q}_\alpha \dot{q}_\beta \sum_i m_i \frac{\partial x_i}{\partial q_\alpha} \frac{\partial x_i}{\partial q_\beta}$ から $\frac{\partial T}{\partial q_j}$ と $\frac{\mathrm{d}}{\mathrm{d}t}\left(\frac{\partial T}{\partial \dot{q}_j}\right)$ を計算する。

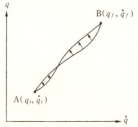

図5.5 A点からB点へのルート

状態にあったとする。A点から出発してB点にいたる道は、この$2f$次元空間では無数に引ける。野原の中のA地点からB地点に行くには、どこをどう通ってもかまわないが、力学の法則では図5.5のA点からB点への経過には、そのような勝手は許されない。

この空間は、いたるところに$L(\boldsymbol{q}, \dot{\boldsymbol{q}}, t)$という値をもっている。ちょうど霧かもやがいっぱいつまった空間であり、Lはその霧の濃さのように考えればいい。tの関数でもあるということは、時間が経過すると、あちこちでの濃度が変化してくるということである。

というわけで、道に沿っての濃度の和$\int L dt$はある値をもつことになるが、出発点Aと終着点Bを指定した場合、系はこの積分値がもっとも小さくなる道を選ぶのである。それが自然界の摂理（？）なのである。このことを式にするには、それの変分をゼロ、つまり

$$\delta \int_{t_A}^{t_B} L(q_1, \cdots, q_f, \dot{q}_1, \cdots, \dot{q}_f, t) dt = 0 \tag{5.27}$$

と書く。変分δは、次にくる関数の変数をわずかに動かしたときに、変化する関数の値である。関数的には、微分と同じ演算をする。要するに指定された道をわずかにはずれると、値の増加はどれほどかを表すのであるが、関数が極小値になっているときは変化の大きさもゼロである。

式(5.26)を数学的にはオイラーの方程式とよび、式(5.27)は、これからの帰結であるが、内容を知っていただくことを主眼としているから、証明は割愛しよう。

式(5.27)のようにLの積分が自然界では極小になることをハミルトンの原理とよび、LでなくTだけでの極小

$$\delta \int_{t_1}^{t_2} T dt = 0 \tag{5.28}$$

を最小作用の原理というが、混同して用いられることもある。なお作用と

いうのはエネルギーに時間をかけた $[L^2MT^{-1}]$ の元をいい，T とか L とかを時間で積分した量が，これにあたる。よく知られたものでは，量子論に出てくるプランク定数 h が作用の元をもつ。

　最小作用の原理から類推されるのは波動の進行である。波はもっとも短い時間で目的地に到達しようとする。光も電磁波であるから当然ながら同じ性質がある。たとえば日本アルプスから流れ出る富山湾の水面付近が冷たく，上空が暖かければ，光は空気の薄い上方を通る。魚津付近で蜃気楼がよくみられるゆえんである。虚像の上下がそのままか，光が一度交差してさかさまになるかは，季節によって違うらしい。

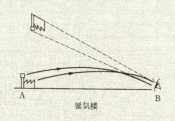

蜃気楼

　凸レンズでは，光がたとえ遠回りでも，レンズは避けようとする。その

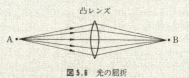

図 5.6　光の屈折

結果実像をつくる。蜃気楼などの原理を聞いて「光とはえらいものだ。A から出て B に到達するには，上方に曲がるのが得だと（あらかじめ）知っていて，事実そのとおりに進む。光には予知能力があるのか」などという人がいる。考えてみればこれはおかしい。A 点から光は四方八方に出て，たまたま B 点に到達したものをみると，それは曲がっていて速かったというだけである。

なおラグランジュ関数 L が定義されると
$$p_i = \partial L/\partial \dot{q_i} \quad (i=1, 2, \cdots, f) \tag{5.29}$$
から p_i がきめられ，これが解析力学での運動量を表す。そうしてさらに
$$H = \sum_j p_j \dot{q_j} - L \tag{5.30}$$

を定義して、これをハミルトン関数（ハミルトニアン）とよぶ。ただし L は q と $\dot{q}$ とで表すが、ハミルトニアンは必ず $H(q_1, \cdots, q_f, p_1, \cdots, p_f)$ のように q と p との関数としなければならない。q は座標、p は運動量であるが、形式的には全く同等の資格（権利？）の変数と考えるのである。q から $\dot{q}$ をつくり、それに m をかけて $m\dot{q}=p$ などという発想法はしない。

このようなわけで、L は必ず q と $\dot{q}$、H は必ず q と p との関数である。そうしてニュートンの運動方程式に相当するものは

$$\frac{dq_j}{dt}=\frac{\partial H}{\partial p_j},\ \frac{dp_j}{dt}=-\frac{\partial H}{\partial q_j},\ j=1,2,\cdots,f \tag{5.31}$$

であり、これを正準方程式、あるいはカノニカル方程式とよぶ。

ニュートン方程式が2階微分であるのに対して、こちらは1階微分であるが、方程式の数は倍であり、つじつまは合っている。

ラグランジュ関数 L を用いた運動方程式 (5.27) は場（空間）の性質を探るものとして、力学が場の理論に移行したような感覚を受けるが、ハミルトンの式 (5.31) にきて、再び粒子の方程式に戻った……という感がいなめない。

関数にもさまざま

変換される変数について多く述べてきたが、それらが構成する関数を調べてみることにしよう。

第1章でも述べたが、自然科学のうち、生物学や医学などでは、○○花の種はこれこれだとか、××病のものはこんな細菌かあるいは電子顕微鏡でやっと見られるこのようなウイルスだ、というように定性的な研究が多い。これに対して物理学では定量的な研究がほとんどであり、しかも因果律を追究する。そのため変数（原因）と関数（結果）との関係が最重要視されて、「量的な物理的現象を説明するためには、数学者の発明（？）した関数の助けを借りるのがもっとも望ましい」ということになる。

通常、もっともよく扱われる関数は（妙ないい方だがカラクリのない関数は）代数関数である。

① 整次関数：$ax^3+bx^2+cx+d=0$

② 分数関数：$(3+x)/(x^2-ax)=bx+c$
③ 無理関数：$\sqrt{3+x}+2\sqrt{x^3+x}=ax+b$

整次関数については，2次方程式の公式を使ってすぐに答を書くことにしている（日本の数学教育では）。3次方程式と4次方程式とは，一般的に複素数を使って解答を出すことが可能である。ということになると数学者たちは，我こそは5次方程式を解こうと18世紀から19世紀の初めに競い合ったが，ノルウェー生まれの数学者アーベル（1802〜1829）によって，逆に5次方程式は解くことができない，ということが証明されてしまったのである。

分数の形になっていて，その分母に未知数xのあるものが分数方程式である。係数に2/3があったり，式中に$(x^2+ax)/b$などがあっても分数方程式とはいわない。通常これを解くには，分母の最小公倍因子を掛けて，整次方程式に直してから計算する。そうして解答を得ても，すぐに喜んではいけない。解答候補を分母のxに代入してみて，分母がゼロにならないとき，初めて制式の答として採用する。

$a^2-b^2=(a+b)(a-b)$
を恒等式といい，左辺から右辺へは因数分解，右辺から左辺へは単なる掛け算であることは，第1章の初めに述べた。ところで恒等式とは，aやbがどんな値でもいい（この公式は，aやbが複素数でもかまわない）。もちろん単純に$a=3$, $b=3$でも成立しなければならない。というわけで，$a=b$というケースを考えると

$\quad a^2-ab=(a+a)(a-b)$ \qquad\qquad (A)

$\therefore\quad a(a-b)=2a(a-b)$ \qquad\qquad (B)

$\therefore\quad a=2a$ \qquad\qquad\qquad\qquad (C)

$\therefore\quad 1=2$ \qquad\qquad\qquad\qquad\quad (D)

というように1が2に等しくなるという，とんでもない結果が起こりかねない。

もちろんこれは子どもだまし（？）であり，式(B)までは正しいが，式(B)を書き直してみると$a\times 0=2a\times 0$になっている。これは$0=0$

であり、間違ってはいない。これから式(C)に移るとき、両辺を**0**で割る、という禁断の木の実を食べたのである。数学ではこのような矛盾が（というよりも完全に論理からはずれた事柄が）生じるから、絶対にゼロで割ってはいけない。つまり分母がゼロになっては困るのである。困るなどという生やさしいことではなく、絶対禁止令である。

思えば数学というものは、いろいろな演算が可能であるように、整数から出発して、さまざまに数の範囲（あるいは概念というか、専門的には体などという）を広げていった。いつでも引き算が可能なように、マイナスという数を想定（?）した。割り算を許容するために、有理数 a/b というものも数の仲間に入れた。開平、開立の正確な結果を認知したいということで、無理数 $\sqrt{2}$ や $3\sqrt{4}$ など、あるいは π や e も導入した。それどころか、この寛容な数学は、2乗したら -1 になるところの数も認めてしまえ、ということで虚数（$3i$ など）までも認め、複素数の活躍する場もつくってしまった。なんだかヤケクソになって何もかも認めてしまった感じがしないでもないが、複素関数論などは数学の重要な部門の一つになっている。

それほどまでに、無いものまで認めるのなら、たんなる割算の一つにすぎない「ゼロで割る」ということも、特別になんとか曲げて認めてほしい、という気がする。2乗してマイナスなどと、とってつけたようなものをもよしとするなら、たかがゼロで割るくらい、「特例」として入門させてもいいではないか、といいたくもなる。しかし、ダメである。複素数はそれ自身、数学的規則に従い、たとえば

$$(a+ib)(c-id)=(ac+bd)+i(bc-ad)$$

その他、かずかずの法則が成立するが、たとえば $a/0=\infty(a)$ などと定義しても

$$\infty(5)+\infty(3) \text{ は } \infty(8) \text{ にはならない。}$$

このようなわけで、ゼロで割ることは数学的構成をつぶすことであり、分数方程式の x を求めた後は、つねに注意が必要になる。

無理方程式とは、ルートの中に変数 x が入っているものをいう。式の中

に $\sqrt{3}$ とか $\sqrt{8/3}$ があってもこれはたんなる係数にすぎない。

$\sqrt{x^2+ax}$ のような形になっていなければならない。通常は巧みに移項して両辺を2乗し，整次方程式におきかえるのであるが，これもよく知られているように，x がわかったといってすぐに根として採用してはいけない。その x を方程式の両辺に代入してみて，両辺が同じ値になったとき，初めて制式の答になる。2乗する場合に，ニセの根（らしきもの）がまぎれ込んでしまうためである。

以上にあげた代数関数以外のものを，すべて超越関数とよぶ。ノーマル（あるいは初歩的）な関数の向こう側にあるもの，という意味だろうか。高校数学で扱われる三角関数（$\sin x$ など），指数関数（e^x），対数関数（$\log x$）はその代表であるが，その他，超越関数には無数といってもよいほどの種類がある。

三角関数

三角関数とは，直角三角形の2辺の比を仰角で表したものであり，もっともなっとくすやすい。筆者は中学のとき初めてこれを習って，サイン・エックスなどと「しかつめらしい」名前などわざわざつけずに，斜辺分の高さ，といっていればいいではないか，と思った。しかし記号に慣れてしまうとやはりこれは便利なものであり，その幾多の公式の記述その他に，いちいち斜辺分の高さなどとやっていてはどうにもならないことがなっとくできた。

なお三角関数だけではなく，物理学の数式にはよく，π という不尽根数（小数で書き尽くせない数値。つまり無理数）が出てくるが，これは直線（あるいは三角とか四角）と曲線（つまりマル）とを当然ながら同時にとり扱っていかなければならないことからくる宿命（？）である。直径を1と約束すると(要するに定義すると)，円周は不尽根数にならざるをえない。逆に円の面積を1ときめることにすると，その直径を1辺とする正方形の面積は $4/\pi$ となってしまい，マルとシカクはどこまでいっても有理数的な関係にはならない。両者には越えることのできない境界がある。

πという値は実に便利なものであり，マルもシカクも同時進行で(しかも近似式ではなく，正確な値で)記述されることになる。物理学の本を見て，なぜこんなに π が多いかといぶかるひともいるが，「物理的な対象として，直線的なものも，円も（たとえば円運動など）同時に記載し，これを基礎にして物理学は発達していくからだ」と答えるのがもっともなっとくされやすい。

指数関数

指数関数の $\exp(x)$ は，微分しても積分しても全く形が変わらない，という不思議なものである。この $e=2.718281828$ (鮒一杯二杯，一杯二杯と覚えるといい）は，円周率ほどわかりいい不尽根数ではないが，たとえば利率 100 ％の預金の，預け入れの回数を無限に増やしたときの極限の元利合計金という意味をもたせることができる。*

対数関数

対数関数 $y=\log x$ は，理論物理学の論文の結果式などとしては用いられることが少なく，むしろ逆関数 $x=\exp(y)$ を結論とすることが多い。$\log x$ は，x を無限に大きくしていくと無限大になるが，非常につつましく無限大になっていくのである。たとえば

$$1+\frac{1}{2}+\frac{1}{3}+\frac{1}{4}+\cdots\cdots$$

という級数があるとき，項は先細りではあるが，結果は無限大になる。その証明は，任意項とその次の項との比で，両者がうんと先にあるとき，つまり

$$\lim_{n \to \infty}\frac{1/n}{1/(n+1)}=1$$

になることから，つまりは 1 の無限和のように考えられて級数は無限大になる。級数ではわかりにくいから連続関数にしてみると，$y=1/x$ という直角双曲線で

---

* 「なっとくする統計力学」p.73 参照。

$$\int_1^x \frac{1}{t} dt = \log x$$

であり，これは図の斜線部の面積に当たる。曲線が $x \to \infty$ で，$y \to 0$ に漸近するようなものはこれ以外に $\exp(-x)$ などいろいろあり，x の上限を無限大までとったとき，積分値は（つまり斜線部の面積は）必ずしも無限大になるとは限らない。

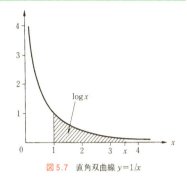

図 5.7　直角双曲線 $y = 1/x$

むしろ有限値になることのほうが多い。$y = 1/x^n$ で $n > 1$ なら，——n がたとえ 1.001 でも——有限値である。被積分関数が $1/x$ になって，その下部面積は初めて，つつましい無限大になる。直角双曲線を右から $x \to 0$ に近づけたときの面積，つまり曲線と y 軸との間も，同様なつつましい無限大である。

このように同じ無限大でも，いろいろな種類があり，物理数学の計算式では強力な無限大と微力な無限大の違いを大いに利用する。

正の整数 m と n とで，$m < n$ なら

$$\lim_{x \to \infty} \frac{x^m}{x^n} = 0$$

であるが，他の関数に対しては

$$\lim_{x \to \infty} \frac{x^n}{e^x} = 0, \quad \lim_{x \to \infty} \frac{\log x}{x^n} = 0$$

である。上式の左は，分母をテーラー展開すれば，……$+ x^n/n! + x^{n+1}/(n+1)! + \cdots$ の部分があるから，分母が分子を凌駕していることはすぐにわかる。また対数の小さいことは，たとえば真数が 10^{100} というとんでもなく大きな値でも，対数そのものは 230 ほどの小さな数である。そんなにのろい増加でも，真数が無限大になればやはり対数も無限大になるという，かなり不思議な感じのするものが対数である。この，無限大にはなかなかなりそうに見えないが，結局は無限大になるという奇妙な関数を，例題について考えてみよう。

例 5-4 ひらべったい同形の板なら何でもいいが、ここではわかりやすく十円硬貨をとり上げよう。一番下（つまり床の上）に1枚置き、その上に1枚、さらにその上に1枚と重ねて、うんと積み上げようとしてみる。風が吹いたり、揺れたりなどという現実的な障害は全くないとし、地球の重力 g はどこまでいっても一定方向（つまり真下）で、大きさも同じだと仮定する。この仮定では、硬貨を真上に積み上げれば、理論上無限に積み重ねることができる。それでは何の面白味もない。なるべく一方の側に、たとえば正面から見て右側に、積んでいきたいのである。自分で十円玉をうんと準備しても、たいていは10枚目くらいでどさっと右側に倒れる。現実に試すよりも、このような問題は頭の中で考えたほうがいい。物理学は実践が大切であるが、このような形式的な問題は、むしろ数学を大切にしたい。

結論をさきにいおう。「重ねた十円硬貨は、好きなだけ右側へ積み伸ばしていける」のである。現実を直視する読者諸氏は「そんなばかな」といわれるかもしれない。一番底が十円1枚、この上に乗せただけで、一番上が1キロも2キロも右にあるはずはない、せいぜい底の十円の円周の上に最上部の十円の中心がくるくらいではないか……と思いたくなるのが常識であり、かつ人情である。ところが $\log x$ という関数は、もっと詳しくいえば x が無限大で $\log x$ も無限大になるという数学的形式が、この常識を破るのである。

積み重ねた硬貨でも他の何でもいいが、それが水平面に置かれていて、転倒しない条件とは、それが水平面（つまり床）と接するいくつかの点（面でもいい）を凸に

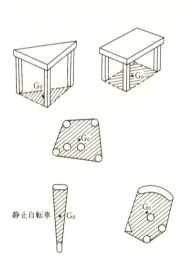

図 5.8 G_0 が基底面上にあれば転倒しない

結んだ図形（これを基底面とよぶことにしよう）の真上に，その物体の重心があることが必要だ。それでは自転車はどうだ，さらに一輪車はどうだといわれるかもしれないが，それらは車輪の回転軸を変えたくない，というような別の自然界の性質によるものであり，静力学においてはつねに重心は基底面の上になければならない。もっとも自転車で静止する人もいるが，これは必ず前輪を（つまりハンドルを）真横にして，細長いながらも三角形の基底面をつくっているようである。それにタイヤの空気を少なくしておくと，接する面積が大きくなって，具合がいい。

さて硬貨に話を戻そう。1枚の硬貨の上に重心が下の硬貨の端にくるように乗せることはできる。ぐらぐらして危いという現実的な話はやめにする。このとき硬貨の半径ぶんだけ右へ寄る。しかし3枚目からはもういけない。2枚目の真上に乗せるしかなく，何枚重ねても，右側へは半径分しか「はみ出す」ことができない。これでは話にならない。

さきの転倒しない条件を振り返ってみると，下から数えて n 枚目と，$n+1$ 枚目の接触面積の鉛直上方に，$n+1$ 枚目以上の全体の重心があればいい。この条件を満たしながら積み重ねていくためには，上に積まずに下に積み重ねるように考えればいい。

一番上の硬貨に対し，上から2番目のものは直径の1/2だけ左側にあってもいい。上から1枚目と2枚目との和の重心は，2枚目の右端より $r/2$（ただし r は硬貨の半径とする）のところにある。ここは3枚目の右端

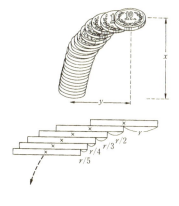

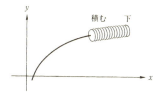

図 5.9　$y=\log x$

から $r/3$ のところである。このように順次下に重ねていくと，硬貨が $n+1$ 枚あれば，一番上と一番下との水平距離のへだたり（y とする）は

$$y = r\left(1 + \frac{1}{2} + \frac{1}{3} + \cdots\cdots + \frac{1}{n}\right)$$

になる。n が非常に大きいとき，上の級数は積分に置き換えられるとして差し支えなく

$$y = r \log n$$

となる。あるいは硬貨の厚みを d とし，積み重ねた高さ（低さというべきか？）を x とすれば

$$y = r \log \frac{x}{d}$$

となり，x さえ適当に大きくとってやれば，y はいくらでも大きな値になる。つまり底の硬貨と比べて，一番上の硬貨はいくらでも右に寄せることが可能であり，この理論を支えるのが対数（$\log x$）という関数である。

しかし，実際の値はどうなるか。

かりに y を 1 m ほどにするためには硬貨の数は 10^{36} 枚（1 兆の 1 兆倍の 1 兆倍）必要であり，高さにしてほぼ 10^{33} m $= 10^{30}$ km であり光速に換算して 10^{17} 光年，すなわち 1 兆光年の 10 万倍である。

宇宙はビッグ・バンに始まり，その後 100～200 億年を経過したといわれる。膨張し続けているが，その大きさも 100 数十億光年と推定される。ところがかりに（このかりには，もはや何の役にも立たないが）g が一定だとして，十円硬貨を積んでその頂上のものを右に 1 m ずらすためには，高さを宇宙の大きさの 1 千万倍も積まなければならない……という，そら恐ろしい結論になる。

$\log x$ という関数は，x を宇宙の大きさのなお 1 千億倍とすると，硬貨の例ではたったの 1 m となる。しかし，ここが数学である。x をもっともっと，そんな現実問題にくじけることなく大きくしたら，右の方へのずれ $\log x$ も無限大になり得る，と結論づけられる。そこが数学の面白いところか，あるいは非現実的な面であるかは，筆者には判断できない。

見たことのない関数でもビックリしない

関数論の本とか，公式集などを見てもわかるように，関数の種類はうんと多い。数学専攻の者でもとても覚えてはいない，などの声も聞く。いわんや物理屋が全部知っていることなどなかろう。なぜそんなに多いのか。

筆者の推測にすぎないが，数学的な研究から，あるいは物理的な必要性から，微分方程式がつくられる。しかし，そのややこしい方程式は従来の関数形を使って解にいたることはできない。とすると，これこれの微分方程式の解は今後なになに関数とよぼう……ということで適当な記号（発案者は自分で記号を設定するという栄に浴する）をもうけて，これを認めさせ，万人が感心するようなものならオーソライズされることになる。いささか単純ないい方になってしまったが，要はこんな経過でできたものであり，見たことも聞いたこともない関数に出くわしても，さして驚くには当らない。要は人間が，場合によってはいささか苦しまぎれにつくった産物にすぎない。数多くの関数を紹介するのは無理だが，そのうちのいくつかを調べてみることにする。

ガンマ関数

けっして微分方程式の解として定義されたものではないが，級数展開式の係数や積分結果としてよく出てくるものにガンマ関数というのがある。ギリシャ文字の第三番目の大文字を使うことにして $\Gamma(x)$ と書く。

いわゆる統計・確率の理論で，整の階乗 $n!$ $(1\times 2\times \cdots \times n)$ というのが出てくる。記号的に書けば

$$n! = \prod_{t=1}^{n} t$$

であるが，積記号 $\prod$ は和の記号 $\sum$ と比べて，応用的な数学に表れることは少ない。この階乗はファクトリアルともいい，もっとも俗っぽく n のビックリ（$n!$）と称するひともいる。順列 $_n\mathrm{P}_m$ や組み合わせ $_n\mathrm{C}_m$ で，この記号が用いられることはよく知られている。

ここでガンマ関数を，今後はアーギュメントを z と書くことにして（z は複素数でもいいという意味をもつが，あまり深く立ち入らないことにし

よう），これが整数なら
$$\Gamma(z)=(z-1)! \tag{5.32}$$
とする．したがって
$$\Gamma(z+1)=z\Gamma(z) \tag{5.33}$$
であることはすぐにわかる．

　$n!$ の変数 n は普通「とびとび」に定義されるが，これを連続変数にしてしまえ，と思いきったところに現れたのがガンマ関数だといっていい．簡単に，整数の階乗なら，それがいくら大きくても内容はわかるが，1.5 の階乗だの 7/2 の階乗だのとはどんな意味をもつのか，と反問されるかもしれない．疑問はもっともであり，当然他の一般的な知識から，変数が整数でない場合を定義していくことにする．

　ガンマ関数については，すぐ次に述べるような定義に従えばいいが，もっと卑近な例として累乗を考えてみよう．たとえば 2^n というような数はよく基本的――というよりも初等的――な数学で使われる．かりに実数論の範囲だけと限定しても，2^n と書いたときの n は，どのような値でもかまわない，として計算を続行していく．何の疑いももたずに 2^n と書くが，本当にこれでいいのか．

　n が有理数なら指数の基本的な定義から
$$C^{a-b}=\frac{C^a}{C^b} \tag{5.34}$$
で合理的な計算に直結する．しかし $2^{\sqrt{2}}$ などというものは，どのように定義されるものであろうか．考えてみれば妙な話でもあるが，われわれが指数を書くとき，2^n の n はどんな数でもいい，としている．つまり無理数ならどうかと突っ込まれることはないから，2^n では当然 n は連続値（おおげさにいえば 2^n は連続関数）としているが，やかましいことはいいっこなし，と仮定しているのではなかろうか．

　実際には a を $\sqrt{2}$ よりわずかに大きな有理数，b をわずかに小さな有理数とすれば当然
$$2^b<2^{\sqrt{2}}<2^a$$

> であるが,ここで数学特有の方法で b をふやし a をへらして,両者を限りなく $\sqrt{2}$ に近づけた極限として,$2^{\sqrt{2}}$ を定義する.ある意味では,この数は,間接的に(あるいは形式的に)定義されたもの,といえなくもない.

ガンマ関数については,すぐに結論(というよりも定義)を述べると

$$\Gamma(z) = \int_0^\infty e^{-t} t^{z-1} dt \tag{5.35}$$

できめられる.z はもちろん負でもかまわないが,負の整数のときは,その留数が $(-1)^n/n!$ である1位の極(特異点のこと)をもつという.

理屈はともかく,変数 x と関数 $\Gamma(x)$ とのグラフを描くと図 5.10 のようになる.x が正のときはわかりやすいが,ゼロおよび負の整数ではグラフは正と負の無限大になっていく.$\Gamma(3) = 2! = 2$,$\Gamma(2) = 1! = 1$ はわかりやすいが,0! がなぜ 1 なのか,順列論でゼロのものをゼロ回並べる場合の数は……などと考えても,さっぱりわからなかった.ただし 0! = 1 とおくと万事がうまくいった.ゼロで割ることは数学一般に禁止されていたが,ゼロの階乗など定義してもいいのか,と危うんだ.しかし式 (5.35) に従え,と無条件降伏することにより,この疑問はクリアしていけるのである.

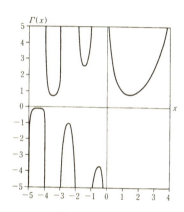

図 5.10 ガンマ関数

$\Gamma(x)$ で,x が 0 と正の整数のときは単なる階乗でいいが,それ以外の場合,結果だけであるがたとえば n が半整数の場合を書き並べると

$\Gamma(1/2) = \sqrt{\pi}$,$\Gamma(3/2) = \sqrt{\pi}/2$,$\Gamma(5/2) = 3\sqrt{\pi}/4$

のように無理数になる.一般的には

$$\Gamma\left(n+\frac{1}{2}\right)=\frac{(2n-1)!!}{2^n}\sqrt{\pi}=\frac{(2n)!}{2^{2n}n!}\sqrt{\pi}$$

$$\Gamma\left(-n+\frac{1}{2}\right)=\frac{(-1)^n 2^n}{(2n-1)!!}\sqrt{\pi}=\frac{(-4)^n n!}{(2n)!}\sqrt{\pi} \tag{5.36}$$

このように変数が半整数の場合でさえ,かなりややこしい結果になる。これ以外の簡単な有理数では

$$\Gamma\left(\frac{1}{4}\right)=2^{3/4}\sqrt{\pi}\left\{\frac{3\cdot 7\cdot 11\cdot 15\cdots}{3\cdot 9\cdot 13\cdot 17\cdots}\right\}^{1/2}$$

$$=2\left\{\sqrt{2\pi}\int_0^1 \frac{dt}{\sqrt{1-t^4}}\right\}^{1/2}$$

$$\Gamma\left(\frac{1}{3}\right)=\left\{2^{4/3}3^{1/3}\pi\int_0^1 \frac{dt}{\sqrt{1-t^3}}\right\}^{1/3} \tag{5.37}$$

のように複雑な結果になる。要するにガンマ関数のような比較的簡単なものでも,その値は——たとえ変数が簡単であっても——やたらに厄介なものになる,ということである。

ツェータ関数

ガンマ関数に関するさまざまな公式は数学書を参考にして頂くことにして,整数あるいは簡単な分数をアーギュメント(変数)とするものに,ツェータ関数というのがある。数学ではこれを使って素数定理などが証明できるらしいが,物理学では,低温で相互作用のない多数粒子を量子統計力学として扱う場合に現れる。ギリシャ文字のツェータの小文字を用いて,つぎのような級数で定義される。

$$\zeta(z)=\sum_{n=1}^{\infty}\frac{1}{n^z} \tag{5.38}$$

$\begin{pmatrix}z\text{が複素数なら,その実数部分は}\\ 1\text{より大きくなければならない}\end{pmatrix}$

z を実数に限れば,$\log x$ の場合に詳述したように,$z=1$ なら発散するが,1よりもわずかに大きいだけで無事(?)収束する関数になる。z が

---

* $(2n-1)!!=(2n-1)(2n-3)\cdots 3\cdot 1$
また $(-1)!!=1$

偶数のときは比較的簡単であり

$$\zeta(0) = -\frac{1}{2}, \ \zeta(2) = \frac{\pi^2}{2}, \ \zeta(4) = \frac{\pi^4}{90}$$

$$\zeta(2n) = 2^{2n-1}\pi^{2n}\frac{B_n}{(2n)!} \ *$$

さらに $\zeta(1-2n) = (-1)^n B_n (2n)$ ** (5.38)

となる。またこのように定義された関数は，発展，一般化されて，たとえば

$$\zeta(z, a) = \sum_{n=1}^{\infty} \frac{1}{(a+n)^z}, \quad a \text{ は定数} \tag{5.39}$$

のように定義されていくが，正直のところ定義の膨張にはきりがない，という気もする。

量子力学の関数たち

最初に微分方程式があって，その解として深く調べられたものに（歴史的な研究がこのとおりなのか，逆であるかはともかくとして），物理学では，量子力学における方程式があって，誰でも，一度は通る関門である。

量子力学のうち，シュレーディンガーらによって確立された重要な式に波動方程式がある。これは，対象の状態を表す波動関数 ψ に，演算子としてのエネルギー E をかけて（数学用語でいえば演算して），それが同じ波動関数の何倍か（これは実数）になるということを述べている。

ただし運動エネルギー $p^2/2m$ に現れる運動量 p は $-ih/2\pi$ におきかえられるという，厳粛な（？）事実がある。詳細は量子力学の本で学んで頂くことにして，たとえば単振動する小物体では，位置エネルギーが $2\pi^2 m\nu^2 x^2$ であるから（高校物理ではこれを $(K/2)x^2$ と書く）方程式は

$$\left\{-\frac{h^2}{8\pi^2 m}\frac{d^2}{dx^2} + 2\pi^2 m\nu^2 x^2\right\}\psi = E\psi \tag{5.40}$$

であり，この解は特別に設定せざるを得ない特別関数になる。$\alpha = 4\pi^2 m\nu^2/h$ とおきかえて，さらに変数も $\zeta = \sqrt{\alpha}x$ とし，微分方程式である

---

* たとえば「なっとくする量子力学」p.297 参照。
** B_n は本書の式 (4.23) で示したベルヌーイの数。

から物理的な境界条件，つまり $x \to \pm\infty$ で $\phi(x) \to 0$ とおいてやって（振動の中心から遠い所には，振動粒子は行かないという現実から），この解は

$$\phi = \left\{ \left(\frac{a}{\pi}\right)^{1/2} \frac{1}{2^n n!} \right\}^{1/2} \exp(-\zeta^2/2) H_n(\zeta) \tag{5.41}$$

と書かれ，ここに現れた $H_n(\zeta)$ をエルミート多項式とよぶ。具体的にどのようなものかは物理学書を参照して頂くことにして,* この関数は量子力学を学ぶ者にとっては極めて有用なものになっている。

微分方程式のタイプはいくらでもつくれるではないか，簡単に既知の関数で解答が書けないとき，いちいち新関数を設定していたのではたまったものではない……ということになるかもしれない。それやこれやで，どの程度の新関数がつくられたか，数はしれない。多くは「数学」という学問の神髄を追究するために研究されていったものだろうが，しかしその中に，エルミート多項式のように物理数学として特筆されるべきものもある，といいたかったのである。

同じく量子力学では，原子核のまわりをめぐる水素の電子について，その波動関数を ψ とした場合，極座標 (r, θ, ϕ) を採用することにより，波動方程式は

$$\left[-\frac{h^2}{8\pi^2 m} \left\{ \frac{1}{r^2} \frac{\partial}{\partial r} \left(r^2 \frac{\partial}{\partial r} \right) + \frac{1}{r^2 \sin\theta} \frac{\partial}{\partial \theta} \left(\sin\theta \frac{\partial}{\partial \theta} \right) \right. \right.$$
$$\left. \left. + \frac{1}{r^2 \sin\theta} \frac{\partial^2}{\partial \phi^2} \right\} - \frac{e^2}{r} \right] = E\psi \tag{5.42}$$

となり，解を $\psi = R(r) \Theta(\theta) \Phi(\phi)$ と分離して，さらに $a = h^2/(4\pi^2 m e^2)$ とおいて，なお量子数 n をも含んで半径方向の長さを $\rho = 2r/(na)$ とおきかえ，さらに微分方程式であるから，境界条件として，波動関数 ψ はまるく（つまり $\theta = 0$ と $\theta = 2\pi$ とで値がつながっていること），その勾配もつながっていること（そこで波がとがっているようなことがないこと）に留意して解くと

$$R_{nl}(r) = \left\{ \left(\frac{2}{na}\right)^3 \frac{(n-l-1)!}{2n[(n+l)!^3]} \right\}^{1/2} e^{-\frac{\rho}{2}} \rho^l L_{n+l}^{(2l+1)}(\rho) \tag{5.43}$$

---

* 「なっとくする量子力学」p.222 参照。

$$\Theta_{lm}(\theta) = \left\{ \frac{2n+1}{2} \frac{(l-|m|)!}{(l+|m|)!} \right\}^{1/2} P_l^{|m|}(\cos\theta) \tag{5.44}$$

$$\Phi_m(\psi) = \frac{1}{\sqrt{2\pi}} e^{im\phi} \tag{5.45}$$

となる。[*] 力学的には,人工衛星のように遠心力と引力とのつり合いで公転しているだけのものでも,それを波にたとえると,初めて聞くラゲールの陪多項式 $L_{n+l}^{(2l+1)}(\rho)$ とか,ルジャンドルの陪関数 $p_l^m(\cos\theta)$ などというものが現れてしまう。もともとの微分方程式 (5.42) は一見複雑にみえるが,極座標を使ってあるからこのような形になるのであり,ポテンシャル・エネルギーはわずかに $-e^2/r$ にすぎない。いわばパターンとしては 1 つの類形的な方程式のように見えるのだが,それでも微分方程式の解として式 (5.45) のようなものが現れてくる。

ここでは方程式を解くということが主題ではない。数学にはどうしてあんなにさまざまな関数があるのか,のいわれを理解していただきたかったのである。数ある微分方程式のうちのあるものは物理現象にピッタリと対応しており,それからつくられた(あるいは定義された)新関数は,実に有用であることを心に留めておいて頂きたい。

ベッセル関数

今一つだけ,微分方程式の解として登場し,物理学の応用として比較的よく使われるベッセル関数について,簡単に調べてみよう。古典的な波で,それが 1 次元の場合には式 (1.10) が適用されて,たとえば式 (1.11) のようにサインあるいはコサインというもっとも見馴れた超越関数がその解になる。

ところが太鼓の膜のような 2 次元(面)の振動については,波の方程式はその関数を u とするとき(u はたとえば面の正常位置からの「ぶれ」のように考えればいい)

$$\frac{\partial^2 u}{\partial t^2} = \frac{\sigma}{\rho}\left(\frac{\partial^2 u}{\partial x^2} + \frac{\partial^2 u}{\partial y^2}\right) \tag{5.46}$$

---

[*] 「なっとくする量子力学」p.225 参照。

の微分方程式が成立する。σ は膜の張力であり、単位長さ当りの力だから $[LMT^{-2}]\div[L]=[MT^{-2}]$ である。さらに ρ は面密度 $[L^{-2}M]$ であるから、σ/ρ は $[L^2T^{-2}]$ となって速度の2乗の元をもち、上式は式(1.10)を面の振動におきかえたものだと思えばいい。

ここで $a=\sqrt{\sigma/\rho}$ とおき、極座標 $r=\sqrt{x^2+y^2}$ および θ を採用すると方程式は

$$\frac{\partial^2 u}{\partial t^2}=a^2\left\{\frac{1}{r}\frac{\partial}{\partial r}\left(r\frac{\partial u}{\partial r}\right)+\frac{1}{r^2}\frac{\partial^2 u}{\partial \theta^2}\right\} \tag{5.47}$$

と書かれる。ここでも関数 u を、それぞれ t, r, θ に関係する部分だけに分離できると考えて(変数分離法という)

$$u=T(t)R(r)\Theta(\theta) \tag{5.48}$$

と書くことができるものとする。代入すれば

$$\frac{1}{R}\frac{1}{r}\frac{d}{dr}\left(r\frac{dR}{dr}\right)+\frac{1}{r^2}\frac{1}{\Theta}\frac{d^2\Theta}{d\theta^2}=\frac{1}{a^2}\frac{1}{T}\frac{d^2T}{dt^2} \tag{5.49}$$

となるが、これは定数でなければならないから $-\omega^2/a^2$ とおいて、時間については次の式が成り立つ。

1次元波

$$T(t)=A\cos\omega t+B\sin\omega t \tag{5.50}$$

式(5.49)の左辺については

$$\frac{1}{\Theta}\frac{d^2\Theta}{d\theta^2}=-r^2\left\{\frac{1}{Rr}\frac{d}{dr}\left(r\frac{dR}{dr}\right)+\frac{\omega^2}{a^2}\right\} \tag{5.51}$$

この式もまた定数になるから、これを $-\nu^2$ とおいて、θ については

$$\Theta(\theta)=A'\cos\nu\theta+B'\sin\nu\theta \tag{5.51}'$$

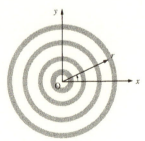

円形膜の波

図5.11 1次元波と2次元波

Θ は周期的でなければならないから $\Theta(0)=\Theta(2\pi)$ であり、したがって ν は整数でなければならない。

$R(r)$ についての微分方程式は

$$\frac{1}{r}\frac{d}{dr}\left(r\frac{dR}{dr}\right)+\left(\frac{\omega^2}{a^2}-\frac{\nu^2}{r^2}\right)R=0 \tag{5.52}$$

ただし $R(r_0)=0$ （ただし r_0 は膜の半径）

となる。ここで変数 r を $x=\omega r/a$ と変換し，関数を改めて y とおくと式 (5.52) は，いま少し見やすい式

$$\frac{1}{x}\frac{d}{dx}\left(x\frac{dy}{dx}\right)+\left(1-\frac{\nu^2}{x^2}\right)y=0 \tag{5.52$'$}$$

となる。この解はこれまでの（この書物に出てきた）関数で書くことはできない。ならば，この解を1つの関数と考え，ν をパラメータとして含むからこれを

$$y=J_\nu(x) \tag{5.53}$$

と書いてベッセル関数とよぶことにしよう，という具合に（いささか大げさないい方をすれば）歴史は進んできたわけである。ベッセル(1784〜1846)はドイツの数学者でもあるが，天文学にも多くの業績を残し，1813年に初代のケーニヒスベルク（現在のカリーニングラード）の天文台長になり，1824年頃，惑星の運動論の研究のために，ベッセル関数なるものをつくったといわれる。

ベッセルの微分方程式は，書き直せば

$$x^2 y''+xy'+(x^2-\nu^2)y=0 \tag{5.54}$$

となるが，この解をさらに深く調べていくと，解として

$$J_\nu(x)=\sum_{p=0}^{\infty}\frac{(-1)^p}{p!\,\Gamma(\nu+p+1)}\left(\frac{x}{2}\right)^{\nu+2p} \quad (\nu \text{ 次ベッセル関数}) \tag{5.55}$$

$$J_{-\nu}(x)=\sum_{p=0}^{\infty}\frac{(-1)^p}{p!\,\Gamma(-\nu+p+1)}\left(\frac{x}{2}\right)^{-\nu+2p} \quad (-\nu \text{ 次ベッセル関数})$$

$$\tag{5.56}$$

のほか，両者の一次結合である。

$$N_\nu(x)=\frac{J_p(x)\cos\pi\nu-J_{-\nu}(x)}{\sin\pi\nu} \quad (\text{ノイマン関数}) \tag{5.57}$$

も解の1つであり，さらに虚数をも含めて1次結合をつくって

$$H_\nu^{(1)}(x)=J_\nu(x)+iN_\nu(x) \quad (\text{第1種ハンケル関数}) \tag{5.58}$$

$$H_\nu^{(2)}(x)=J_\nu(x)-iN_\nu(x) \quad (\text{第2種ハンケル関数}) \tag{5.59}$$

など，学習者には全くきりがない……とさえ思われるように，つぎからつぎへと関数がつくられていく。(狭義の)ベッセル関数，さらにノイマン関数やハンケル関数などいわゆる円柱関数と称されるものの仲間に入るわけであるが，その実は太鼓の膜の振動を扱うのに都合よく設定されたものであり(歴史的にはベッセルの星の研究)，それが抽象化，数式化して，関数論の中の大きな部分を含めるにいたった，と思えばいい。無数にもある関数の起源はもともとこのようなものであるから，物理数学としてこれを習う場合には，数学書から最小限必要なものを会得すればいい……と，いささかずるい忠告をしておこう。

小手しらべ

具体的に物理問題を解く場合に，微分方程式があって，解は未知の関数形として出てくる，ように述べたが，ときには制式ではなく問題で調べてみることにしよう。ガンマ関数だとかツェータ関数，ベッセル関数のように「公式に認知」されてはいない関数（?）というものも，とり扱う必要があることを認めていただきたい。

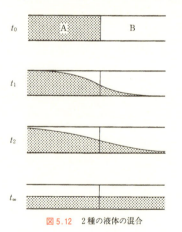

図5.12 2種の液体の混合

例 5-5 細長い一様な太さの，十分に長い円筒がある。最初，原点の右側に透明な水，左側には赤色の液体が入っているとする。ある瞬間（これを時刻 t_0 とする）に境の壁をとり除く。当然ながら無色の水と赤とは混合し始める。最初は境界線付近が徐々にピンク化し，それが両方に広がっていき，物質によって早い遅いの違いはあ

---

* 格子点とは元来は固体論で用いる言葉であり，その点に原子の収まる点をいう。収まっていてはそこへは原則的には移動できないが，隙間などを利用して，隣に動くことは可能と考える。液体でも格子モデルは採用され，固体と同じように扱われる。

るが，やがて一様なピンクに変っていく。このとき境界点(これを $x=0$ と おく)から x だけ離れた場所での（ x は負，つまり左側で論じてもいい），時間経過 t のときの濃度（水に対する赤の比率）はどう表されるか，がここでの問題である。図では水（B）と赤色液体（A）とを分離して描いてあるが，曲線の値（タテ軸の値）は下から測って赤の比率だと考えていただきたい。とにかく混合の比率（全体に対する赤の割り合いとする）は，場所 x と時間 t との関数で $c(x, t)$ で表され，この関数形を調べるのが，ここでの問題である。

解答　赤は通常はインキなどを考える。分子論的には水(H_2O)よりはるかに大きな高分子であろうが，対象を理想化して，水（今後は白とよぼう）も赤も点分子のように考え，これらは液体内の格子点を自由に動きまわることができると仮定する。*

さて最初左側にあった赤分子も，右側にあった白分子も，かなり自由に隣の格子点に移ることができる。問題の円筒の軸の方向（ x 方向）への移動だけを考慮し，これに垂直な他の2方向へいくら跳ぼうとも問題にしないとすると，これは分子の1次元の酔歩蹣跚(すいほまんさく)の話になる。* その結果を直ちに書くと，分子は単位時間に p 回の跳躍をすると仮定し（この p は分子の振動数に関係する），1回の跳躍で距離 a だけ左か右へ動くものとすると（この a は格子点間の距離になる），最初から時間 t だけたった後では，最初の位置から x だけ離れた場所での存在確率は

$$P_t(x) = \frac{1}{a\sqrt{2\pi pt}} \exp(-x^2/2a^2 pt) \tag{5.60}$$

となる。*

t を一定として $P_t(x) \sim x$ の曲線を描くと，原点($x=0$)の両側に，よく知られた正規分布の線ができる。t が小さいときは中心部がシャープであるが，時間の経過とともに中央の山は低くなり，両側の裾野は広がってなだらかな山になっていく。分子は右・左とまったく無作為に動き，最初の頃は中央付近にいる確率が大きいが，やがて右か左にもいく可能性大，というのは十分に想像できる。

---

* 「なっとくする統計力学」p.79 参照。

さて赤分子に注目しよう。これは最初 $x<0$ のどこにもいた。それがしばらく後には，最初いた位置を中心として釣り鐘型の正規分布曲線に乗る。これを $x>0$ のある地点で調べると，次から次へと分布の裾野がたくさんやってくることになる。これらの分布の中心は $x<0$ の各点である。これらの各点は古典物理学的には連続点だが，原子論ではとびとびの格子点ということになろう。とはいえ，格子点間隔は非常に短いから，裾野を連続的に「かぶる」といっていい。いいかえると，ある時核 t で，$x(>0)$ にある赤分子の数は，その点にきた裾野の和であり，まさに図の曲線のテイル（しっぽ）の部分に相当する。

ここで正規分布の不定積分

$$\int_0^x e^{-t^2} dt = \frac{\sqrt{\pi}}{2} \mathrm{erf}(x)$$

をそのまま用いると，混合が始まって時間 t だけ経過した後，境界点から右へ x だけ離れた場所での赤分子の濃度は

$$c(x, t) = \frac{1}{2}\{1 - \mathrm{erf}(x/\sqrt{2a^2 pt})\} \tag{5.61}$$

となる。

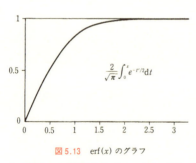

図 5.13　erf(x) のグラフ

それでは，この erf(x) は，x の増加とともにどのように変化するのか。調べてみると図 5.13 のようになり，規格化定数[*] $\sqrt{\pi}/2$ のために，$x \to \infty$ で erf(x) $\to 1$ に漸近する。当然ゼロから始まるが，$x=1$ では図でも示したようにすでに 0.88 に達する。図 5.13 があるかぎり，濃度 $c(x, t)$ は t をパラメータとして含む x の関数として，つねにグラフに描くことができる。

もちろん a や p の値は物理的に，もっと正確にいえば物性論的に調べら

---

[*]　全空間での積分値が 1 になるようにするための係数のこと。

れなければならないだろう。さらに現実に赤インキなどでの話は，分子の大きさに大小があったり，水分子が水素結合などで大きく塊っていたりするために，このような簡単な，というよりも理想化したモデルどおりにはいかないだろう。

にもかかわらず，erf(x) の曲線を追究していくと，図 5.14 のように右側に順次赤分子が流れ込み，かなり現実性のあるグラフが得られる。むしろこの結果から，物性論的な拡散係数とか粘性率が，ある程度逆算されるのである。

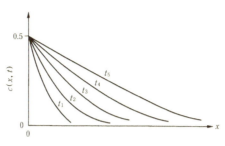

時間の経過とともに混合の割り合いは 0.5 に均一化していく
図 5.14　赤分子の濃度

そのような分子論的な研究は物理学にまかせることにして，ここでは何々関数というものが微分方程式の解として現れて，その数学的解析が物理学の対象になること，さらに最後の不定積分 erf(x) のようなものも，物理学のグラフ化にとり入れられることを述べたかった。erf(x) はエラー・ファンクションなのだろうが，ベッセルとかガンマなどのように正規の（？）関数としてのとり扱いは受けていない。要するに物理学としては，必要ならばどのような数学でも，どのようなグラフでもすべて受け入れて，自然界のカラクリを解き明かす材料にしようと考えているのである。

第5章問題

[問 5-1]

直交座標の (x, y, z) とつぎの関係で結ばれる座標系を，何座標というか。

(i) $x = r\cos\phi,\ y = r\sin\phi,\ z = z$

(ii) $x = r\sin\theta\cos\phi,\ y = r\sin\theta\sin\phi,\ z = r\cos\psi$

(iii) $x = \dfrac{c}{2}(\zeta^2 - \eta^2),\ y = c\zeta\eta,\ z = z$

(iv) $x = c\cosh\zeta\cos\eta,\ y = c\sinh\zeta\sin\eta,\ z = z$

(v) $z = \dfrac{c}{2}(\zeta^2 - \eta^2),\ (\sqrt{x^2 + y^2} - c\zeta\eta)$

  $x = c\zeta\eta\cos\phi,\ y = c\zeta\eta\sin\phi$

[問 5-2]

つぎの座標系での，ラプラシアンを書け。

(i) 円筒座標：$\triangle \psi$

(ii) 放物筒座標：$\triangle \psi$

[問 5-3]

$x^2 + y^2 = a^2$ は円，$x + y = a$ は直線，それでは $x^{2/3} + y^{2/3} = a^{2/3}$ はどのような曲線になるか。

[問 5-4]

曲線 $y^2 = x^2/(x^2 - 1)$ はどのような曲線になるか。

[問 5-5]

ゼロで割るのは禁止。つまり $a/0$ なる数は全く扱われないが，よく知れる関数で，これと同じく全く扱われない（矛盾が出てきてしまう）もの

を挙げてみよ。

〔問 5-6〕

$\lim_{n\to\infty} \dfrac{n!\, n^z}{(1+z)(2+z)\cdots(n+z)}$ という数を定義したとき，これをガンマ関数で書くことはできないか。

〔問 5-7〕

ガンマ関数の定義から，つぎの値がどうなるか考えてみよ。

(i) $\Gamma(z)\Gamma(1-z)$
(ii) $\Gamma(z+1/2)\Gamma(1/2-z)$
(iii) $\Gamma(2z)$

〔問 5-8〕

ガンマ関数とツェータ関数の定義から，つぎの結果を考えてみよ。

(i) $\zeta(z)\Gamma(z/2)$ (ii) $\zeta(1-z)$

〔問題解答〕

1-1

(i) $y=2x^2+C$ (ii) $\log y=-3x+C$ ∴ $y=Ae^{-3x}$

(iii) $\log y=x^2+C$ ∴ $y=Ae^{x^2}$

(iv) $\log(y+3/2)=2x+C$ ∴ $y=Ae^{2x}-3/2$

(v) $\dfrac{y^2}{2}+3x^2+C=0$ ∴ $y^2+6x^2+A=0$

(vi) $y^2/2=4\log x+C$ $y=\pm\sqrt{8\log x+A}$

1-2

(i) $y=\dfrac{x^3}{3}-\dfrac{1}{2}(a+b)x^2+abx+C$

(ii) 部分分数分解を使い

$x=\dfrac{1}{a-b}\log\left|\dfrac{y-a}{y-b}\right|+C$

∴ $\dfrac{y-a}{y-b}=Ae^{(a-b)x}$ $(a\neq b)$

ただし $a=b$ なら $y=a+\dfrac{1}{C-x}$

(iii) $a^2y-\dfrac{1}{3}y^3=-b^2x+\dfrac{x^3}{3}+C$

(iv) $\dfrac{1}{a}\tanh^{-1}\dfrac{x}{a}=-\dfrac{1}{b}\tanh^{-1}\dfrac{y}{b}+C$

(v) $\tan^{-1}x+\tan^{-1}y=C$ ∴ $y=\tan(C-\tan^{-1}x)=\dfrac{\tan C-x}{1+x\tan C}=\dfrac{C-x}{1+Cx}$

(vi) $\sqrt{1+x^2}+\sqrt{1+y^2}=C$ ∴ $y^2=(C-\sqrt{1+x^2})^2-1$

1-3

(i) 公式 $\sin(x+y)-\sin(x-y)=2\cos x\sin y$ を使う

$\dfrac{dy}{\sin y}=2\cos x\cdot dx$ から $\left|\tan\dfrac{y}{2}\right|=Ce^{2\sin x}$

(ii) 整頓して $2y=xyy'-xy'=x(y-1)y'$

$\dfrac{2dx}{x}=\left(1-\dfrac{1}{y}\right)dy$ ∴ $2\log|x|=y-\log|y|+C$

(iii) $ye^{-y^2}dy=xe^{x^2}dx$

$$-e^{-y^2} = e^{x^2} + C$$

あるいは $-(C+e^{x^2})e^{y^2}=1$

(iv) これは(i)のようにはいかない。

$x+y=u$ とおくと

$$\frac{du}{dx} = 1 + \frac{dy}{dx} = 1 + \cos u$$

結局, $\int \frac{du}{1+\cos u} = \int dx$ となり左辺は

$$\frac{1}{2} \int \frac{du}{\cos^2(u/2)} = \tan \frac{u}{2} + C$$

∴ $\tan \dfrac{u}{2} = \tan \dfrac{x+y}{2} = x + C$

あるいは $y = 2\tan^{-1}(x+C) - x$

(v) 右辺は因数分解できて

$$y' = (x^2 - x)(1 - e^{-y})$$

∴ $\dfrac{e^y dy}{e^y - 1} = (x^2 - x) dx$ ∴ $\log(e^y - 1) = \dfrac{x^3}{3} - \dfrac{x^2}{2} + C$

(vi) $x+y=u$ とおくと $1+y'=u'$ ∴ $u^2(u'-1)=1$

∴ $\dfrac{u^2}{u^2+1} du = \left(1 - \dfrac{1}{u^2+1}\right) du = dx$

∴ $u - \tan^{-1} u = x + C$ ∴ $y = \tan^{-1}(x+y) + C$

2-1

(i) 一般式において $P(x) = 3/x$, $Q(x) = \sin x / x$

$$\int \frac{2}{x} dx = 2\log x, \quad \exp \int \frac{3}{x} dx = x^2$$

∴ $y = \dfrac{1}{x^2} \left(\int x^2 \dfrac{\sin x}{x} dx + C \right)$

　　$= \dfrac{1}{x^2}(-x\cos x + \sin x + C)$

(ii) $\dfrac{dy}{dx} - \dfrac{1}{x} y = -x\cos x$ の形にして公式を使えば

$$y = \exp(-\log x) \left\{ \int (-x\cos x \exp[-\log x]) dx + C \right\}$$

　　$= -x(\sin x + C)$

(iii) $y = \exp\left(-\dfrac{x^2}{2}\right)\left\{\displaystyle\int x\exp\left[-\dfrac{x^2}{2}\right]dx + C\right\}$

$= \exp\left(-\dfrac{x^2}{2}\right)\left\{-\exp\left[-\dfrac{x^2}{2}\right] + C\right\}$

$= 1 + C\exp(-x^2/2)$

(iv) $y = \exp(-x^2)\left\{\displaystyle\int x^3 e^{x^2}dx + C\right\}$

$= \exp(-x^2)\left\{\dfrac{1}{2}x^2\exp[x^2] - \displaystyle\int x\exp[x^2]dx + C\right\}$

$= \dfrac{1}{2}(x^2 - 1) + C\exp(-x^2)$

(v) $\exp\left\{\displaystyle\int\dfrac{2}{x}dx\right\} = \exp(2\log x) = x^2$ であるから

$y = x^2\left\{\displaystyle\int\dfrac{2}{x^2}(x^{-2})dx + C\right\}$

$= x^2\left\{-\dfrac{2}{3}\cdot\dfrac{1}{x^3} + C\right\} = -\dfrac{2}{3}\cdot\dfrac{1}{x} + Cx^2$

(vi) $-\displaystyle\int\cot x\,dx = -\log|\sin x| + C$ であるから

$\sin x > 0$ のとき

$y = \sin x\left\{\displaystyle\int\dfrac{\sec x}{\sin x}dx + C\right\}$

$= \sin x\left\{\displaystyle\int\dfrac{2dx}{\sin 2x} + C\right\}$

$= \sin x(\log|\tan x| + C)$

$\sin x < 0$ でも同じ解答が得られる。

2-2

(i) $\exp\left\{\displaystyle\int\dfrac{-2x}{1+x^2}dx\right\} = \exp[-\log(1+x^2)]$

$= \dfrac{1}{1+x^2}$

であり,この $\dfrac{1}{(1+x^2)}$ をもとの微分方程式の両辺にかけることによって

$\dfrac{1}{1+x^2}\dfrac{dy}{dx} - \dfrac{2xy}{(1+x^2)^2} = 1 \quad \therefore\quad \dfrac{d}{dx}\left(\dfrac{y}{1+x^2}\right) = 1$

$\therefore\quad \dfrac{y}{1+x^2} = x + C \quad \therefore\quad y = (1+x^2)(x+C)$

(ⅱ) 方程式の両辺に $\exp(x^2)$ をかけると

$$\frac{dy}{dx}\exp(x^2)+2xy\exp(x^2)=x$$

$\therefore \ \dfrac{d}{dx}(y\cdot\exp[x^2])=x \quad \therefore \ \exp(x^2)y=\dfrac{x^2}{2}+C$

$\therefore \ y=\exp(-x^2)(x^2/2+C)$

(ⅲ) $x^3\dfrac{dy}{dx}+3x^2y=\dfrac{d}{dx}(x^3y)=\exp(x)$

$\therefore \ x^3y=\exp(x)+C \quad \therefore \ y=x^{-3}\{\exp(x)+C\}$

(ⅳ) 両辺を y^2 で割ると

$$\frac{dy}{dx}y^{-2}+y^{-1}\sin x=\sin x$$

$y^{-1}=u$ とおき, x での微分をプライムで書くと

$-u'+u\sin x=\sin x \quad \therefore \ u'-u\sin x=-\sin x$

また $\int(-\sin x)dx=\cos x+C$ であるから

$u=\exp(-\cos x)\left\{\int(-\sin x)\exp(\cos x)dx+C\right\}$

$=\exp(-\cos x)\{\exp(\cos x)+C\}$

$\therefore \ y=\dfrac{\exp(\cos x)}{\exp(\cos x)+C}$

(ⅴ) 右辺をないものとして

$\dfrac{1}{y}\dfrac{dy}{dx}=-\dfrac{1}{x} \quad \therefore \ \log y=-\log x+C$

$\therefore \ xy=C \quad \therefore \ y=C/x$

この C を変数として $y=C(x)/x$ をもとの式に代入して

$x\left(-\dfrac{C}{x^2}+\dfrac{C'}{x}\right)+\dfrac{C}{x}=x\log x$

$C'=x\log x$

$C=\dfrac{x^2}{2}\log x-\int\dfrac{x^2}{2}\dfrac{1}{x}dx$

$=\dfrac{x^2}{2}\log x-\dfrac{x^2}{4}+A$

$\therefore \ y=\dfrac{x}{4}(2\log x-1)+\dfrac{A}{x}$

(vi) 両辺を y^2 でわり，$u=y^{-1}$ とおくと

$u'-u\tan x=-1 \quad -\int\tan x\,dx=\log|\cos x|+C$

$\therefore\ u=\sec x\left(-\int\cos x\,dx+C\right)$

$\qquad =\sec x(C-\sin x)$

$\therefore\ y=\dfrac{\cos x}{C-\sin x}$

2-3

(i) 2次方程式 $z^2-7z+12=0$ の解は $z=3,\ 4$

基本解は $\exp(3x)$ と $\exp(4x)$

$\therefore\ y=C_1\exp(3x)+C_2\exp(4x)$

(ii) 3次式は $(z-2)^2(z-3)=0$

基本解は $\exp(-2x),\ x\exp(-2x),\ \exp(3x)$

$\therefore\ y=(C_1+C_2 x)\exp(-2x)+C_3\exp(3x)$

(iii) 右辺をゼロとしたときの解は

$\exp(-x)\cos x$ と $\exp(-x)\sin x$ （斉次形）

特解は $\left(\dfrac{x}{2}+\dfrac{1}{2}\right)e^{-x}$ （非斉次形）

一般解は

$y=e^{-x}(C_1\cos x+C_2\sin x)+\dfrac{x+1}{2}e^{-2x}$

(iv) $\dfrac{dy}{dx}=\pm(y-\exp[x])$

右辺が正の場合と負の場合とに分けて

（正） $y'-y=-e^x$

$y=\exp(x)\left\{\int(-\exp[x]\exp[-x])dx+C\right\}$

$\quad =\exp(x)\left\{-\int dx+C\right\}=\exp(x)(C-x)$

（負） $y'+y=e^x$

$y=\exp(-x)\left\{\int\exp[x]\exp[-x]dx+C\right\}$

$\quad =\exp(-x)(x+C)$

したがって，一般解は

$$\{y-\exp[x](C-x)\}\{y-\exp[-x](C+x)\}=0$$

3-1

電荷は球面に等しく分布するから単位面積では

$\sigma=Q/4\pi a^2$

また表面に均等に電荷, 質量などが分布しているとき, 中空内部ではそれによるポテンシャルは全く相殺する (実験的には認められており, 理論的には積分式によって証明できる)

ゆえに $E(r)=\begin{cases} 0 & (r<a) \\ Q/4\pi\varepsilon_0 r^2 & (r>a) \end{cases}$

ポテンシャルは $r<a$ で

$$V(r)=\int_r^\infty E(r)\,\mathrm{d}r=\frac{Q}{4\pi\varepsilon_0 a} \quad (\text{一定})$$

$r>a$ で

$$\frac{Q}{4\pi\varepsilon_0}\int_r^\infty \frac{\mathrm{d}r}{r^2}=\frac{Q}{4\pi\varepsilon_0 r}$$

$E(r)$ と $V(r)$ は図のようになる。

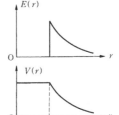

3-2

(ⅰ) $|[\boldsymbol{A}, \boldsymbol{B}]|=\{(A_yB_z-B_zA_y)^2+(A_zB_x-A_xB_z)^2+(A_xB_y-A_yB_x)^2\}^{1/2}$

(ⅱ) $l=\dfrac{A_yB_z-A_zB_y}{|[\boldsymbol{A},\boldsymbol{B}]|}=\dfrac{AB(m_1n_2-n_1m_2)}{AB|\sin(\widehat{\boldsymbol{AB}})|}$

$=\dfrac{m_1n_2-n_1m_2}{|\sin(\widehat{\boldsymbol{AB}})|}, \quad m=\dfrac{n_1l_2-l_1n_2}{|\sin(\widehat{\boldsymbol{AB}})|}$

$n=\dfrac{l_1m_2-m_1l_2}{|\sin(\widehat{\boldsymbol{AB}})|}$

3-3

各成分ごとに詳しく計算してみると, ベクトル3つの場合は

$(\boldsymbol{A}[\boldsymbol{B},\boldsymbol{C}])=([\boldsymbol{A},\boldsymbol{B}]\boldsymbol{C})$

$[\boldsymbol{A}[\boldsymbol{B},\boldsymbol{C}]]=\boldsymbol{B}(\boldsymbol{A},\boldsymbol{C})-\boldsymbol{C}(\boldsymbol{A},\boldsymbol{B})$

であることなどを考慮して, 結局

$([\boldsymbol{A},\boldsymbol{B}][\boldsymbol{C},\boldsymbol{D}])=(\boldsymbol{AC})(\boldsymbol{BD})-(\boldsymbol{BC})(\boldsymbol{AD})$

3-4

$$\nabla^2 \boldsymbol{A} = \boldsymbol{i}\nabla^2 A_x + \boldsymbol{j}\nabla^2 A_y + \boldsymbol{k}\nabla^2 A_z$$
$$= \boldsymbol{i}\left(\frac{\partial^2 A_x}{\partial x^2} + \frac{\partial^2 A_x}{\partial y^2} + \frac{\partial^2 A_x}{\partial z^2}\right)$$
$$+ \boldsymbol{j}\left(\frac{\partial^2 A_y}{\partial x^2} + \frac{\partial^2 A_y}{\partial y^2} + \frac{\partial^2 A_y}{\partial z^2}\right)$$
$$+ \boldsymbol{k}\left(\frac{\partial^2 A_z}{\partial x^2} + \frac{\partial^2 A_z}{\partial y^2} + \frac{\partial^2 A_z}{\partial z^2}\right)$$

3-5

(ⅰ) $\displaystyle \operatorname{div}(f\boldsymbol{A}) = f\left(\frac{\partial A_x}{\partial x} + \frac{\partial A_y}{\partial y} + \frac{\partial A_z}{\partial z}\right) + \left(A_x\frac{\partial f}{\partial x} + A_y\frac{\partial f}{\partial y} + A_z\frac{\partial f}{\partial z}\right)$
$\displaystyle \qquad\qquad\quad = f\cdot\operatorname{div}\boldsymbol{A} + (\boldsymbol{A}\cdot\operatorname{grad}f)$

(ⅱ) 右辺の x 成分を計算すると

$(\boldsymbol{A}\nabla)B_x + (\boldsymbol{B}\nabla)A_x + [\boldsymbol{A},\operatorname{rot}\boldsymbol{B}]_x + [\boldsymbol{B},\operatorname{rot}\boldsymbol{A}]_x$
$\displaystyle = A_x\frac{\partial B_x}{\partial x} + A_y\frac{\partial B_x}{\partial y} + A_z\frac{\partial B_x}{\partial z} + B_x\frac{\partial A_x}{\partial x} + B_y\frac{\partial A_x}{\partial y} + B_z\frac{\partial A_x}{\partial z}$
$\displaystyle \quad + A_y\left(\frac{\partial B_y}{\partial x} - \frac{\partial B_x}{\partial y}\right) - A_z\left(\frac{\partial B_x}{\partial z} - \frac{\partial B_z}{\partial x}\right)$
$\displaystyle \quad + B_y\left(\frac{\partial A_y}{\partial x} - \frac{\partial A_x}{\partial y}\right) - B_z\left(\frac{\partial A_x}{\partial z} - \frac{\partial A_z}{\partial x}\right)$
$\displaystyle = B_x\frac{\partial A_x}{\partial x} + B_y\frac{\partial A_y}{\partial x} + B_z\frac{\partial A_z}{\partial x} + A_x\frac{\partial B_x}{\partial x} + A_y\frac{\partial B_y}{\partial x} + A_z\frac{\partial B_z}{\partial x}$
$\displaystyle = \frac{\partial}{\partial x}(A_xB_x + A_yB_y + A_zB_z) = \frac{\partial}{\partial x}(\boldsymbol{A}\boldsymbol{B})$
$= \operatorname{grad}_x(\boldsymbol{A}\boldsymbol{B})$

y 成分も z 成分も同様に計算されて結局 $\operatorname{grad}(\boldsymbol{A}\boldsymbol{B})$ になる。

(ⅲ) $\displaystyle \operatorname{div}[\boldsymbol{A},\boldsymbol{B}] = \frac{\partial}{\partial x}(A_yB_z - A_zB_y) + \frac{\partial}{\partial y}(A_zB_x - A_xB_z)$
$\displaystyle \qquad\qquad + \frac{\partial}{\partial z}(A_xB_y - A_yB_x) = B_x\left(\frac{\partial A_z}{\partial y} - \frac{\partial A_y}{\partial z}\right)$
$\displaystyle \qquad + B_y\left(\frac{\partial A_x}{\partial z} - \frac{\partial A_z}{\partial x}\right) + B_z\left(\frac{\partial A_y}{\partial x} - \frac{\partial A_x}{\partial y}\right) - \Big\{A_x\left(\frac{\partial B_z}{\partial y} - \frac{\partial B_y}{\partial z}\right)$
$\displaystyle \qquad + A_y\left(\frac{\partial B_x}{\partial z} - \frac{\partial B_z}{\partial x}\right) + A_z\left(\frac{\partial B_y}{\partial x} - \frac{\partial B_x}{\partial y}\right)\Big\}$
$= (\boldsymbol{B}\operatorname{rot}\boldsymbol{A}) - (\boldsymbol{A}\operatorname{rot}\boldsymbol{B})$

(iv) 左辺の x 成分 $\mathrm{rot}_x(f\boldsymbol{A})$ を計算すれば

$$\frac{\partial (fA_z)}{\partial y}-\frac{\partial (fA_y)}{\partial z}=f\left(\frac{\partial A_z}{\partial y}-\frac{\partial A_y}{\partial z}\right)+A_z\frac{\partial f}{\partial y}-A_y\frac{\partial f}{\partial z}$$
$$=f(\mathrm{rot}\,\boldsymbol{A})_x+[\mathrm{grad}\,f,\boldsymbol{A}]_x$$

(v) 左辺の x 成分は

$$\frac{\partial}{\partial y}(A_xB_y-A_yB_x)-\frac{\partial}{\partial z}(A_zB_x-A_xB_z)$$
$$=A_x\left(\frac{\partial B_y}{\partial y}+\frac{\partial B_z}{\partial z}\right)-B_x\left(\frac{\partial A_y}{\partial y}+\frac{\partial A_z}{\partial z}\right)$$
$$-A_y\frac{\partial B_x}{\partial y}+B_y\frac{\partial A_x}{\partial y}-A_z\frac{\partial B_x}{\partial z}+B_z\frac{\partial A_x}{\partial z}$$

右辺の x 成分は

$$(\boldsymbol{B}\nabla)A_x-(\boldsymbol{A}\nabla)B_x+A_x\mathrm{div}\,\boldsymbol{B}-B_x\mathrm{div}\,\boldsymbol{A}$$
$$=A_x\left(\frac{\partial B_y}{\partial y}+\frac{\partial B_z}{\partial z}\right)-B_x\left(\frac{\partial A_y}{\partial y}+\frac{\partial A_z}{\partial z}\right)$$
$$-A_y\frac{\partial B_x}{\partial y}+B_y\frac{\partial A_x}{\partial y}-A_z\frac{\partial B_x}{\partial z}+B_z\frac{\partial A_x}{\partial z}$$

y 成分,z 成分についても,それぞれ同様に証明される。

(vi) x 成分は

$$[\mathrm{rot}\,\mathrm{grad}\,f]_x=\mathrm{rot}_x\left(\boldsymbol{i}\frac{\partial f}{\partial x}+\boldsymbol{j}\frac{\partial f}{\partial y}+\boldsymbol{k}\frac{\partial f}{\partial z}\right)$$
$$=\frac{\partial^2 f}{\partial y\partial z}-\frac{\partial^2 f}{\partial y\partial z}=0$$

(vii) $\mathrm{div}\,\mathrm{rot}\,\boldsymbol{A}=\dfrac{\partial}{\partial x}\left(\dfrac{\partial A_z}{\partial y}-\dfrac{\partial A_y}{\partial z}\right)+\dfrac{\partial}{\partial y}\left(\dfrac{\partial A_x}{\partial z}-\dfrac{\partial A_z}{\partial x}\right)+\dfrac{\partial}{\partial z}\left(\dfrac{\partial A_y}{\partial x}-\dfrac{\partial A_x}{\partial y}\right)$
$\qquad\qquad =0$

(viii) 右辺の x 成分は

$$\mathrm{grad}_x\mathrm{div}\,\boldsymbol{A}-\nabla^2 A_x=\frac{\partial^2 A_y}{\partial x\partial y}+\frac{\partial^2 A_z}{\partial z\partial x}-\frac{\partial^2 A_x}{\partial y^2}-\frac{\partial^2 A_x}{\partial z^2}$$
$$=\frac{\partial}{\partial y}\left(\frac{\partial A_y}{\partial x}-\frac{\partial A_x}{\partial y}\right)-\frac{\partial}{\partial z}\left(\frac{\partial A_x}{\partial z}-\frac{\partial A_z}{\partial x}\right)=\mathrm{rot}_x\mathrm{rot}\,\boldsymbol{A}$$

y 成分,z 成分も同様に,それぞれ等しい。

(ix) x 成分は

$$\mathrm{rot}_x\nabla^2\boldsymbol{A}=\frac{\partial}{\partial y}(\nabla^2 A_z)-\frac{\partial}{\partial z}(\nabla^2 A_y)$$

$$= \nabla^2 \left(\frac{\partial A_z}{\partial y} - \frac{\partial A_y}{\partial z} \right) = \nabla^2 \mathrm{rot}_x \boldsymbol{A}$$

y 成分,z 成分もそれぞれ等しい。

(ⅹ) $\mathrm{rot}\,\mathrm{rot}\,\mathrm{rot}\,\boldsymbol{A} = \mathrm{rot}\,(\mathrm{grad}\,\mathrm{div}\,\boldsymbol{A} - \nabla^2 A)$

$\qquad\qquad\quad = \mathrm{rot}\,\mathrm{grad}\,\mathrm{div}\,\boldsymbol{A} - \mathrm{rot}\,\nabla^2 \boldsymbol{A}$

$\qquad\qquad\quad = -\mathrm{rot}\,\nabla^2 \boldsymbol{A}$

$\qquad\qquad\quad = -\nabla^2 \mathrm{rot}\,\boldsymbol{A}$

途中の計算については,(ⅷ),(ⅵ),(ⅸ) などの結果を用いた。

3-6

$$\nabla \times \left(\frac{\boldsymbol{A} \times \boldsymbol{r}}{r^3} \right) = \boldsymbol{A} \left[\nabla \cdot \left(\frac{\boldsymbol{r}}{r^3} \right) \right] - (\boldsymbol{A} \cdot \nabla) \left(\frac{\boldsymbol{r}}{r^3} \right)$$

$$= \boldsymbol{A} \left(\boldsymbol{r} \cdot \nabla \frac{1}{r^3} + \frac{1}{r^3} \nabla \cdot \boldsymbol{r} \right) - \boldsymbol{r} (\boldsymbol{A} \cdot \nabla) \frac{1}{r^3} - \frac{1}{r^3} (\boldsymbol{A} \cdot \nabla) \boldsymbol{r}$$

$$= \boldsymbol{A} \left(-3 \frac{\boldsymbol{r} \cdot \boldsymbol{r}}{r^5} + 3 \frac{1}{r^3} \right) + 3 \boldsymbol{r} \frac{\boldsymbol{A} \cdot \boldsymbol{r}}{r^5} - \frac{\boldsymbol{A}}{r^3}$$

$$= -\frac{\boldsymbol{A}}{r^3} + 3 \frac{\boldsymbol{A} \cdot \boldsymbol{r}}{r^5} \boldsymbol{r}$$

初項は $\boldsymbol{A}$ の逆向きで数値は A/r^3,第 2 項は $\boldsymbol{r}$ 方向(半径の正の向き)で値は $3A/r^3$ になる。

4-1

(ⅰ) $\log \dfrac{1+x}{1-x} = 2 \left\{ x + \dfrac{x^3}{3} + \dfrac{x^5}{5} + \cdots\cdots \right\}$

(ⅱ) $\log m = 2 \left\{ \dfrac{m-1}{m+1} + \dfrac{1}{3} \left(\dfrac{m-1}{m+1} \right)^3 + \dfrac{1}{5} \left(\dfrac{m-1}{m+1} \right)^5 + \cdots\cdots \right\}$ \quad $(m > 0)$

$\quad\ \log m = (m-1) - \dfrac{(m-1)^2}{2} + \dfrac{(m-1)^3}{3} - \cdots\cdots$ \hfill $(0 < m \leq 2)$

(ⅲ) $\log(n+1) - \log n = 2 \left\{ \dfrac{1}{2n+1} + \dfrac{1}{3(2n+1)^3} + \dfrac{1}{5(2n+1)^5} + \cdots\cdots \right\}$

4-2

(ⅰ) $(1+x)^{-2} = 1 - 2x + 3x^2 - \cdots\cdots + (-1)^n (n+1) x^n$

(ⅱ) $(1+x)^{\frac{1}{2}} = 1 + \dfrac{1}{2} x - \dfrac{1}{8} x^2 + \dfrac{1}{16} x^3 - \cdots$

$\qquad\qquad \cdots + (-1)^{n-1} \dfrac{1 \cdot 3 \cdot 5 \cdots\cdots (2n-3)}{2 \cdot 4 \cdot 6 \cdots\cdots 2n} x^n + \cdots\cdots$

(iii) $(1+x)^{-\frac{1}{2}} = 1 - \frac{1}{2}x + \frac{3}{8}x^3 - \frac{5}{16}x^4 + \cdots$

$\cdots + (-1)^n \frac{1\cdot 3\cdot 5\cdots (2n-1)}{2\cdot 4\cdot 6\cdots 2n} x^n + \cdots$

(iv) $(1-x)^{-2} = 1 + 2x + 3x^2 + \cdots + (n+1)x^n + \cdots$

(v) $(1-x)^{\frac{1}{2}} = 1 - \frac{1}{2}x - \frac{1}{8}x^2 - \frac{1}{16}x^3 - \cdots - \frac{1\cdot 3\cdot 5\cdots (2n-3)}{2\cdot 4\cdot 6\cdots 2n} x^n - \cdots$

(vi) $(1-x)^{-\frac{1}{2}} = 1 + \frac{1}{2}x + \frac{3}{8}x^2 + \frac{5}{16}x^3 + \cdots + \frac{1\cdot 3\cdot 5\cdots (2n-1)}{2\cdot 4\cdot 6\cdots 2n} x^n + \cdots$

4-3

(i) $-1 + \frac{x}{2} + \frac{x^2}{12} + \frac{x^3}{24} + \frac{19x^4}{720}$ $(|x|\leq 1,\ x\neq 1)$

(ii) $\sum_{n=1}^{\infty} \left(\sum_{t=1}^{n} \frac{1}{t}\right) x^n = x + \frac{3x^2}{2} + \frac{11}{6}x^3 + \frac{25}{12}x^4 + \cdots$

(iii) $\sum_{n=1}^{\infty} (-1)^n \frac{x^n}{n} - \sum_{n=1}^{\infty} (-1)^n \frac{x^{2n}}{n}$

$= -x + \frac{x^2}{2} + \frac{2}{3}x^3 + \frac{x^4}{4} - \frac{x^5}{5} - \frac{x^6}{3} - \frac{x^7}{7} + \frac{x^8}{8} + \cdots$ $(|x|\leq 1,\ x^3\neq 1)$

(iv) $-2 \sum_{n=1}^{\infty} \frac{\cos n\theta}{n} x^n$ ただし $a = \cos\theta$ $(-1\leq a\leq 1,\ |x|<1)$

4-4

(i) $x + x^2 + \frac{x^3}{3} - \frac{x^5}{30} - \frac{x^6}{90} - \frac{x^7}{630} + \cdots$

$= \sum_{n=1}^{\infty} (-1)^n \frac{2^{2n} x^{4n+1}}{(4n+1)!} + \sum_{n=1}^{\infty} (-1)^n \frac{2^{2n+1} x^{4n+2}}{(4n+2)!} + \sum_{n=0}^{\infty} (-1)^n \frac{2^{2n+1} x^{4n+3}}{(4n+3)!}$

(ii) $1 + x - \frac{x^3}{3} - \frac{x^4}{6} - \frac{x^5}{30} + \frac{x^7}{630} + \cdots$

$= \sum_{n=0}^{\infty} (-1)^n \frac{2^{2n} x^{4n}}{(4n)!} + \sum_{n=0}^{\infty} (-1)^n \frac{2^{2n} x^{4n+1}}{(4n+1)!} - \sum_{n=0}^{\infty} (-1)^n \frac{2^{2n+1} x^{4n+3}}{(4n+3)!}$

4-5

(i) $1 + x + \frac{x^2}{2!} - \frac{3x^4}{4!} - \frac{8x^5}{5!} - \frac{3x^6}{6!} + \frac{56x^7}{7!} + \cdots$

(ii) $1 - \frac{x^2}{2!} + \frac{4x^4}{4!} - \frac{3!}{6!}x^6 + \cdots$

(iii) $1 + x + \frac{x^2}{2!} + \frac{3x^3}{3!} + \frac{9x^4}{4!} + \frac{37x^5}{5!} + \cdots$

(iv)　$1+x^2+\dfrac{x^4}{3}+\dfrac{x^6}{120}-\dfrac{11x^8}{560}+\cdots$

(v)　$1+x+\dfrac{x^2}{2}-\dfrac{x^3}{3}-\dfrac{11x^4}{24}-\dfrac{x^5}{5}+\dfrac{61x^6}{720}+\dfrac{13x^7}{105}+\cdots$

(vi)　$1+x+\dfrac{x^2}{2}+\dfrac{2x^2}{3}+\dfrac{13x^4}{24}+\dfrac{7x^5}{24}+\dfrac{x^6}{4}+\cdots$　　　$(|x|<\pi/2)$

4-6

(i)　$1+x+\dfrac{x^2}{2}+\dfrac{x^3}{3}+\dfrac{5x^4}{24}+\dfrac{x^5}{6}+\cdots$　　　$(|x|\leqq 1)$

(ii)　$1+x+\dfrac{x^2}{2}-\dfrac{x^3}{6}-\dfrac{7x^4}{24}+\dfrac{x^5}{24}+\cdots$　　　$(|x|\leqq 1)$

4-7

(i)　$x-\dfrac{x^3}{3}-\dfrac{x^5}{5}+\dfrac{13x^7}{105}+\cdots$

(ii)　$1+\dfrac{x^2}{2}-\dfrac{11x^4}{24}+\dfrac{61x^4}{720}+\cdots$

5-1

(i)　(r, φ, z) は円筒（円壔）座標

(ii)　(r, θ, φ) は極座標

(iii)　(ξ, η, z) は放物筒座標

(iv)　(ξ, η, z) は楕円筒座標

(v)　(ξ, η, φ) は回転放物面座標

5-2

(i)　$\Delta\psi=\dfrac{1}{r}\dfrac{\partial}{\partial r}\left(r\dfrac{\partial\psi}{\partial r}\right)+\dfrac{1}{r^2}\dfrac{\partial^2\psi}{\partial\varphi^2}+\dfrac{\partial^2\psi}{\partial z^2}$

(ii)　$\Delta\psi=\left\{\dfrac{1}{c^2(\xi^2+\eta^2)}\left(\dfrac{\partial^2\psi}{\partial\xi^2}+\dfrac{\partial^2\psi}{\partial\eta^2}\right)+\dfrac{\partial^2\psi}{\partial z^2}\right\}$

5-3

$x=a, -a, y=a, -a$ を通ってこれを尖点とするアステロイド（これを特に星芒線とよぶ）になる。

5-4

$x=\pm 1, y=\pm 1$ をそれぞれ漸近線とする4つの直角双曲線。

5-5

$\sqrt{-1}$ は数学的構築要素の基礎になるが, $\arcsin 2$ とか, $\log(-3)$ とかはたとえ定義しても, 数学的法則が適用されず, 意味をなさない。

5-6

$n \to \infty$ で $\Gamma(z+1)$ になる。なおこれは $\Gamma(z+1) = \Pi(z)$ と書き, ガウスのパイ関数とよぶことがある。z がゼロまたは正の整数なら当然

$$\Pi(z) = z!$$

5-7

(ⅰ)　$\pi/\sin \pi z$　　(ⅱ)　$\pi/\cos \pi z$

(ⅲ)　$\dfrac{2^{2z}}{2\sqrt{\pi}} \Gamma(z) \Gamma\!\left(z + \dfrac{1}{2}\right)$

5-8

(ⅰ)　$\pi^{z-(1/2)} \zeta(1-z) \Gamma[(1-z)/2]$

(ⅱ)　$2^{1-z} \pi^{-z} \zeta(z) \Gamma(z) \cos(\pi z/2)$

(索　引)

ア行

アーベル　227
1次反応　71
一般解　99
インピーダンス　102
ウェーバー　137
うず巻き　179
宇宙定数　156, 157
宇宙方程式　157
運動方程式　25, 29
運動量　19, 33
運動量エネルギー・テンソル　157
n次反応　79
エネルギー　23
エルミート多項式　240
円柱関数　244
オイラーの数　184
オイラーの方程式　224
オームの法則　82
音波　201

カ行

カール　133
階乗　235
回転エネルギー　58
ガウスの定理　110, 112, 118, 148
確率密度　26
過渡解　88
カノニカル方程式　226
可付番無限個　199
ガリレイ変換　210
慣性モーメント　25, 46, 55
ガンマ関数　235
逆演算　23
逆三角関数　187
キャパシタンス　102
強制振動　100
極性ベクトル　141
曲率　174
曲率半径　174
キルヒホッフの法則　83
空気抵抗　32
クーロン力　110
グラディエント　128
グリーンの定理　150
クリストッフェルの3添字記号　155
クロネッカー・デルタ　154
形態因子　55
計量テンソル　157
原始関数　20
向心力　83
抗力　54
コンデンサー　82

サ行

最小作用の原理　224
最大摩擦力　55
座標変換　209
三角関数　186
3次反応　78
磁界　109
軸性ベクトル　141
仕事率　23
自己誘導　84
指数関数　186
実数化　98
重心　40, 41
終端速度　36, 37
重力マトリックス　153

状態密度　45
蜃気楼　225
真空の誘電率　110
シンプソンの公式　21
スカラー　109
スカラー積　125
ステ・ラジアン　113
ストークスの定理　150
斉一次（せいいちじ）　154
正弦級数　197
整次関数　21
静止摩擦　54
正準方程式　226
積分量　16
線膨張　168
速度　11

タ行

対数関数　21，186
代数関数　226
第2法則　84
ダイバージェント　120
体膨張　168
弾道計算　31
力　25
力のモーメント　25
超越関数　21，229
調和関数　132
ツェータ関数　238
定常解　88
テーラー展開　171
テスラ　137
電界　109
電気双極子モーメント　193
電磁誘導　135
電束密度　116
電力　83
導関数　20
等式　28
透磁率　120

動摩擦　54
特殊関数　12
特解　99
トランジション曲線　179
トルク　25

ナ行

ナブラ　130
2次反応　72
ニュートン　14，18
熱伝導方程式　27

ハ行

場　109
8進法　161
波動関数　26
ハミルトン関数　226
ハミルトンの原理　224
速さ　10
ビオ・サバールの法則　15，143
微分　12
微分方程式　27，28
微分量　16
ヒルベルト空間　200
フーリエ逆変換　216
フーリエ級数　26，196
フーリエ正弦変換　216
フーリエ積分表示　215
フーリエ変換　216
フーリエ余弦変換　216
フェルミ・エネルギー　45
不確定性原理　19
部分分数分解　73
プランク定数　19
フレミングの右手の法則　136
分数関数　21
並進エネルギー　58
ベクトル　107
ベクトル解析　110
ベクトル積　125

ベッセル関数　243
ベルヌーイの数　184
変位電流　145
変数変換　34
法線　112
ポテンシャル・エネルギー　35

マ行

マクスウェルの電磁方程式　146
マクローリン展開　181
摩擦力　55
無限小　14
無理関数　21

ヤ行

ヤコビアン　213
余弦級数　197

ラ行

ライプニッツ　14, 18

ラグランジュ関数　223
ラグランジュの運動方程式　223
ラゲールの陪多項式　241
ラプラシアン　130
ラプラスの方程式　132
ラプラス変換　220
ランジュバン関数　195
リアクタンス　102
力学的不動点　55
力積　33
立体角　113
リッチ・テンソル　157
ルジャンドルの陪関数　241
レイノルズ数　36
レジスタンス　102
連続1次反応　74
ローテーション　133
ローレンツ変換　210

著者紹介
都筑 卓司（つづき たくじ）
1952年　東京文理科大学理学部卒業
　　　　横浜市立大学名誉教授　理学博士
2002年7月　逝去

NDC 420　　267p　　19 cm

なっとくシリーズ
新装版（しんそうばん）　なっとくする物理数学（ぶつり すうがく）

2018年8月8日　第1刷発行

著　者	都筑卓司（つづきたくじ）
発行者	渡瀬昌彦
発行所	株式会社　講談社

〒112-8001　東京都文京区音羽2-12-21
　　販売　(03) 5395-4415
　　業務　(03) 5395-3615

編　集	株式会社　講談社サイエンティフィク
代表	矢吹俊吉

〒162-0825　東京都新宿区神楽坂2-14　ノービィビル
　　編集　(03) 3235-3701

装　幀	芦澤泰偉＋児崎雅淑
本文デザイン	海野幸裕
本文データ制作	新日本印刷株式会社
カバー・表紙印刷	豊国印刷株式会社
本文印刷・製本	株式会社講談社

落丁本・乱丁本は，購入書店名を明記のうえ，講談社業務宛にお送りください．送料小社負担にてお取替えいたします．なお，この本の内容についてのお問い合わせは，講談社サイエンティフィク宛にお願いいたします．定価はカバーに表示してあります．
Ⓒ Toru Tsuzuki, 2018
本書のコピー，スキャン，デジタル化等の無断複製は著作権法上での例外を除き禁じられています．本書を代行業者等の第三者に依頼してスキャンやデジタル化することはたとえ個人や家庭内の利用でも著作権法違反です．
[JCOPY] ＜(社) 出版者著作権管理機構委託出版物＞
複写される場合は，その都度事前に (社) 出版者著作権管理機構 (電話03-3513-6969, FAX03-3513-6979), e-mail:info@jcopy.or.jp)の許諾を得てください．
Printed in Japan
ISBN 978-4-06-512449-9

講談社の自然科学書

なっとくシリーズ

新装版　なっとくする量子力学	都筑卓司／著	定価 2,200
新装版　なっとくする物理数学	都筑卓司／著	定価 2,200
なっとくする群・環・体	野崎昭弘／著	定価 2,700
なっとくする行列・ベクトル	川久保勝夫／著	定価 2,700
なっとくする電子回路	藤井信生／著	定価 2,700
なっとくする数学記号	黒木哲徳／著	定価 2,700
なっとくする数学の証明	瀬山士郎／著	定価 2,700
なっとくする集合・位相	瀬山士郎／著	定価 2,700
なっとくするフーリエ変換	小暮陽三／著	定価 2,700
なっとくする流体力学	木田重雄／著	定価 2,700
なっとくするディジタル電子回路	藤井信生／著	定価 2,700
なっとくする演習・熱力学	小暮陽三／著	定価 2,700
なっとくする複素関数	小野寺嘉孝／著	定価 2,300
なっとくする微分方程式	小寺平治／著	定価 2,700
なっとくするオイラーとフェルマー	小林昭七／著	定価 2,700
なっとくする偏微分方程式	斎藤恭一／著	定価 2,700

（以下のタイトルは電子書籍配信中）

なっとくする熱力学	都筑卓司／著	定価 2,200
なっとくする統計力学	都筑卓司／著	定価 2,200
なっとくする解析力学	都筑卓司／著	定価 2,200
なっとくする音・光・電波	都筑卓司／著	定価 2,200
なっとくする虚数・複素数の物理数学	都筑卓司／著	定価 2,200
なっとくする電気回路	國枝博昭／著	定価 2,200
なっとくする微積分	中島匠一／著	定価 2,200
なっとくする一般力学	小暮陽三／著	定価 2,200
なっとくする電磁気学	後藤尚久／著	定価 2,200
なっとくする量子力学の疑問55	和田純夫／著	定価 2,200
なっとくする演習・電磁気学	後藤尚久／著	定価 2,200
なっとくする演習　行列・ベクトル	牛瀧文宏／著	定価 2,200
なっとくする演習・量子力学	小暮陽三／著	定価 2,200

※表示価格は本体価格（税別）です。消費税が別に加算されます。　「2018年7月30日現在」

講談社サイエンティフィク　http://www.kspub.co.jp/